A CAMINHO DE MARTE

"O desenvolvimento de uma nação está atrelado à educação científica de sua população. Este livro é uma fonte inspiradora e estimulante para que os jovens brasileiros se interessem pelas ciências. Em um texto envolvente, Ivair mostra que com trabalho, determinação e inteligência é possível a qualquer jovem tornar-se um competente profissional das ciências e ir além." – ALEXANDRE TADEU GOMES DE CARVALHO, professor e pesquisador da UFV

"Ivair Gontijo escreve sobre a trajetória para se tornar um cientista e participar de projetos da NASA. Ele mostra o lado humano de como vencer os desafios e comemorar as vitórias de maneira leve, descontraída e envolvente. Prepare as almofadas, pois é difícil largar o livro antes do final." – ANA MARIA DE PAULA, coordenadora do laboratório de biofotônica, professora e pesquisadora do departamento de física da UFMG

"*A caminho de Marte* é uma narrativa fascinante. Formado na UFMG e em Glasgow, Ivair construiu uma bela carreira científica que o credenciou a contribuir para o sucesso da missão MSL. Graças ao pouso suave do Curiosity, hoje dispomos de um sofisticado e valioso instrumento para desvendar os segredos do planeta vermelho." – CARLOS ARAGÃO DE CARVALHO, professor titular da UFRJ, ex-presidente do CNPq, ex-diretor do Inmetro e membro da Academia Brasileira de Ciências

"Ivair conta sua trajetória desde a infância humilde no interior de Minas até se tornar um dos responsáveis pelo pouso do mais sofisticado laboratório móvel da NASA em Marte. Misturando lembranças pessoais e histórias de bastidores do projeto do jipe marciano, Ivair encanta, inspira e ensina." – CÁSSIO BARBOSA, astrônomo e blogueiro do G1 para a área de ciência e tecnologia

"Ivair descreve sua trajetória de forma envolvente, falando sobre a realização de sonhos e projetos de vida. É claro que seu lado físico acrescentou alguns dados técnicos, mas sempre mantendo a leitura fácil e interessante. Sem dúvida, um livro para você se emocionar e ter orgulho desta viagem a Marte." – DÉBORA MILORI, doutora em física pela USP e pesquisadora da Embrapa

"Quando conheci Ivair, me encantei com o seu jeito simples de falar sobre coisas não tão simples. Apaixonado pela ciência, com uma capacidade intelectual tremenda e uma determinação inabalável, seus olhos brilhavam quando finalmente juntou-se à equipe do JPL, realizando assim um sonho de criança. O caminho de Ivair a Marte é um rico exemplo da incansável jornada do ser humano rumo ao progresso e à plenitude de seu potencial, inspiração para todos os brasileiros que sonham fazer a diferença." – JULIANA SARETTA, vice-presidente global para a cadeia de fornecimento da Mars Drinks

"Ivair Gontijo nos transporta do interior de Minas para a superfície de Marte. Aqui fica clara a complexidade dessa nossa jornada pela vida e de nossas viagens para as estrelas. *A caminho de Marte* mostra a capacidade de sonhar e de materializar esses sonhos." – LUIZ MELLO, diretor-presidente do Instituto Tecnológico Vale

"Este livro combina simplicidade, conhecimento e fantásticas experiências em uma narrativa dinâmica e acessível, abrindo uma janela para o mundo fascinante deste projeto que segue deixando pegadas na história da humanidade. A trajetória de Ivair reflete o poder do trabalho e do foco na realização de grandes sonhos. Imperdível!"– MARCO BOMBARDI, diretor executivo da multinacional de consultoria tecnológica Avanade

"Ivair Gontijo descreve a evolução das missões espaciais desde o Sputnik até o lançamento do veículo de observação científica Curiosity. Ele conta sua história de tenacidade, desde a infância pobre numa cidadezinha de Minas Gerais, onde teve a oportunidade de ver numa TV tosca os primeiros passos do homem na Lua, até sua atuação no campo da exploração espacial nos Estados Unidos." – RAMAYANA GAZZINELLI, professor emérito do departamento de física da UFMG

"De Moema para Belo Horizonte. De Belo Horizonte para o mundo.
O mundo ficou pequeno? Não tem problema!
Vamos para Marte, para Júpiter...
Esse é o Ivair. Menino de Moema que tem ajudado a humanidade nos passos iniciais da saga de se espalhar pelo Universo." – RENATO LAS CASAS, coordenador do grupo de astronomia e professor do departamento de física da UFMG

Ivair Gontijo

A CAMINHO de MARTE

A incrível jornada
de um cientista
brasileiro até a NASA

SEXTANTE

Título original: *A caminho de Marte*

Copyright © 2018 por Ivair Gontijo
Todos os direitos reservados. Nenhuma parte deste livro pode ser utilizada ou reproduzida sob quaisquer meios existentes sem autorização por escrito dos editores.

edição: Rafaella Lemos e Virginie Leite
revisão: Ana Grillo e Luis Américo Costa
diagramação: Ana Paula Daudt Brandão
capa: Retina_78
imagens de capa: Shutterstock
impressão e acabamento: Lis Gráfica e Editora Ltda.

CIP-BRASIL. CATALOGAÇÃO NA PUBLICAÇÃO
SINDICATO NACIONAL DOS EDITORES DE LIVROS, RJ

G649c   Gontijo, Ivair
          A caminho de marte/ Ivair Gontijo; Rio de Janeiro: Sextante, 2018.
          288p.; 16 x 23cm.

          ISBN 978-85-431-0579-6

          1. Pesquisa espacial. 2. Autobiografia 3. Iniciação científica 4. Não ficção I. Título.

18-47574   CDD: 629.4
                                                                   CDU: 52-12

Todos os direitos reservados, no Brasil, por
GMT Editores Ltda.
Rua Voluntários da Pátria, 45 – Gr. 1.404 – Botafogo
22270-000 – Rio de Janeiro – RJ
Tel.: (21) 2538-4100 – Fax: (21) 2286-9244
E-mail: atendimento@sextante.com.br
www.sextante.com.br

Dedico este livro à memória de minha mãe, Sílvia Maria de Jesus, que um dia me disse que gostaria de ter nascido não no início, mas no fim do século XX, porque assim poderia aprender tudo sobre átomos, planetas e galáxias.

NOTA DO AUTOR:

As opiniões expressas aqui são minhas
e não representam o JPL,
o Caltech ou a NASA.

Sumário

	Prólogo	9
1	O lançamento	11
2	No princípio...	18
3	Civilizações marcianas e o que sabemos sobre Marte	24
	O movimento das estrelas	27
	Civilizações marcianas e missões pioneiras	29
4	E essa meninada aí, hein, como é que faz?	36
5	Mistérios marcianos e segredos de pedra	42
	Na imensidão do Universo	44
	Habitabilidade marciana	51
	Formação e geologia marciana	54
6	A abolição das distâncias	63
7	E será que foram mesmo?	69
	O Sputnik e o início da corrida espacial	70
	O projeto Gemini	75
	Dando um tiro na Lua	79
	O programa Apollo – perguntas e respostas	84
8	Em busca do local ideal	88
	A cratera Eberswalde	91
	A cratera Gale	93
	A cratera Holden	95
	O Mawrth Valles	97
	A escolha	98

9	Os trabalhos e os dias	102
10	**O palco de dança de Ares e um veículo do outro mundo**	113
	Antes do Curiosity	115
	MSL – Uma missão ambiciosa	123
	Como chegar a Marte	126
11	**Minhas universidades**	130
	A vida tem pressa	132
12	**Como fazer perguntas à esfinge**	138
	A questão da energia	149
13	**Vamos para a Califórnia!**	151
14	**Do sonho à realidade: a construção do Curiosity**	164
	Desafios técnicos	174
	À espera de uma nova oportunidade	187
15	**No espaço interplanetário**	191
	Comportamentos emergentes	198
16	**Tango Delta Nominal**	206
	Momentos decisivos	214
17	**E agora, José?**	227
18	**Operações, descobertas e problemas em Marte**	236
	Dirigindo um veículo marciano	236
	Avanços técnicos em Marte	240
	Descobertas científicas	242
	Problemas científicos	248
	Qual é a cor do planeta Marte?	249
	Uma nova odisseia no espaço	252
19	**Próximos passos na exploração de Marte**	259
	Epílogo	265
	Agradecimentos	269

Prólogo

Dizem que o sucesso tem muitos pais, mas o fracasso é órfão. Você não estaria lendo este livro se a missão Mars Science Laboratory (ou MSL) da NASA, que enviou o veículo Curiosity para Marte, não tivesse dado certo. O veículo foi projetado e construído no Jet Propulsion Laboratory (JPL),* onde trabalho. Meu papel foi liderar a equipe que construiu os transmissores e receptores do radar usado na descida triunfal do robô Curiosity na superfície de Marte.

Aqui você vai conhecer muitos detalhes desse projeto que tinha milhões de razões para não funcionar: acompanhará a construção, o lançamento e a operação do maior e mais complexo veículo já enviado para outro mundo. Espero que o relato da minha jornada profissional, dos desafios e problemas, sirva de inspiração para os jovens de corpo ou espírito que estão no início da própria caminhada.

Apesar de contar um pouco da minha história, este livro não é uma autobiografia. É antes um passeio por 25 séculos de estudos do céu – e do planeta Marte em particular – com o intuito de transmitir o prazer, o entusiasmo e o privilégio que sinto por ter seguido esta carreira. Quero mostrar que mesmo as conquistas mais difíceis, desde que não sejam logicamente impossíveis, estão ao alcance de qualquer pessoa que se disponha a sonhar grande e a pagar o preço necessário em horas de trabalho, de estudo, de planejamento de longo prazo e de isolamento enquanto a vida acontece lá fora. Não há obstáculo que resista a horas de trabalho árduo e diário

---

* Jet Propulsion Laboratory (JPL) – www.jpl.nasa.gov.[1]

durante 20 anos! Todos nós, sem exceção, somos capazes de pensar, planejar e fazer muito mais do que imaginamos. Os maiores obstáculos estão dentro de nós mesmos.

A pergunta que mais escuto é: "Como você foi parar na NASA?" Vou contar então como tudo aconteceu e você verá que não importa muito o tamanho dos seus desafios presentes e futuros. É inteiramente possível construir uma carreira sem depender de muita ajuda e você também pode realizar seus maiores projetos se souber se dedicar e aplicar seus talentos. Espero que esta leitura o inspire a sempre dar o seu melhor em tudo o que fizer. Nosso tempo produtivo é muito curto para fazermos as coisas malfeitas e vivermos uma vida mal vivida. Além disso, espero provocar algumas risadas, e quem sabe você se convença de que ciência e tecnologia podem ser tão emocionantes quanto gol em final de Copa do Mundo. Prepare-se para seguir um caminho mais tortuoso que as estradas das montanhas de Minas, onde acidentes são frequentes, mas a viagem precisa continuar. Aproveite a jornada!

Coordenadas

Ao longo de todo o livro, foram incluídas coordenadas terrestres e marcianas para que você tenha a oportunidade de localizar de forma simples os lugares da Terra e de Marte mencionados no texto. Os números indicam coordenadas de latitude e longitude.

No caso dos locais na Terra, você pode acessar imagens de satélite, fotos e, em muitos locais, a vista tridimensional no nível da rua digitando as coordenadas em algum mapa on-line digital, como o Google Mapas.

No caso dos locais de Marte, você pode baixar o aplicativo Google Earth e utilizar a função *Mars* para acessar as coordenadas do planeta vermelho. Outra opção é acessar o site https://mars.nasa.gov/maps/explore-mars-map, onde é possível procurar locais específicos, como crateras e montanhas, pelo nome.

[1] Jet Propulsion Laboratory (JPL) – coordenadas terrestres: 34°12'03" N, 118°10'20" W.

1
O lançamento

De: Ivair Gontijo
Enviada em: sexta-feira, 25 de novembro de 2011 9:27
Para: Amigos e familiares
Assunto: FW: NASA está pronta para o lançamento em novembro da sonda para Marte

Oi, pessoal:
Se tudo sair de acordo com os planos, amanhã (sábado) às 7:02 da manhã (hora do Pacífico, ou 13:02, hora de Brasília) o poderoso rugido do foguete Atlas V será ouvido em Cabo Canaveral, na Flórida, levando o MSL para além do poço gravitacional da Terra e colocando-o em uma trajetória para se encontrar com Marte em agosto de 2012. Na chegada, o radar que eu ajudei a construir controlará a descida final do veículo Curiosity na superfície de Marte.

Nossa janela de lançamento amanhã tem 1 hora e 43 minutos de duração. Se ele não for lançado amanhã, nós temos uma janela de lançamento todo dia, até o dia 18 de dezembro. Clique no link abaixo para ver 15 fotos do MSL sendo montado e preparado para o lançamento.

Boa sorte para nós todos!
Ivair.
https://goo.gl/ioM8k4

Nosso lançamento já estava atrasado um dia. Ele poderia ter acontecido no dia anterior, que tinha sido o primeiro propício, mas a equipe precisou de mais tempo para remover e trocar uma bateria do sistema de proteção e aborto de voo. Quando mandei esse e-mail, eu já trabalhava nesse projeto havia mais de quatro anos, mas alguns colegas estavam na equipe havia mais de 10 anos. A apreensão era grande e todos estávamos cansados dos problemas que acontecem em um empreendimento tão complexo. O veículo já estava pronto, mas, como havíamos passado anos nos referindo à missão e ao veículo pela sigla MSL – de Mars Science Laboratory –, ainda não estávamos acostumados a chamá-lo de Curiosity. Ele estava montado no topo de um foguete gigantesco no Kennedy Space Center, na Flórida, nos Estados Unidos, planeta Terra, em órbita do Sol, esperando para ser lançado de forma a alcançar a órbita de Marte e descer no planeta vermelho.

O veículo era o maior laboratório robotizado móvel já criado pela NASA a ser enviado para outro mundo, para fora do planeta Terra, com uma capacidade científica sem precedentes. Seu destino, a pouco mais de oito meses no futuro, seria um ponto específico dentro de uma cratera de 150km de diâmetro no planeta Marte, de onde nunca mais sairia. Tudo estava quase pronto e, embora eu não tivesse ido assistir ao lançamento na Flórida, era como se estivesse lá. Só o pessoal que realmente precisava comparecer recebeu autorização de viagem com tudo pago. Como a data exata do lançamento depende de muitos fatores, inclusive do clima, preferi assistir a tudo de casa, pela NASA TV. Como todos que trabalharam no projeto, eu também estava apreensivo. Apesar de saber em detalhes o que ia acontecer, também conhecia os riscos que enfrentaríamos durante o lançamento, a viagem e, principalmente, a chegada. Era comum entre os engenheiros do projeto perguntarmos uns aos outros se algum problema específico tirava nosso sono à noite. Eu sempre respondia que não.

Porém, naqueles dias e horas antes do lançamento, comecei a pensar que nosso radar poderia não funcionar, que algo poderia dar errado durante o lançamento ou ao longo da viagem para Marte. Talvez houvesse a possibilidade de que outra parte da espaçonave causasse alguma interferência. Quando foi testado aqui na Terra, o radar funcionava direitinho, mas era impossível não ficar com a pulga atrás da orelha. Acho que todo mundo tinha preocupações assim, cada um com a sua parte. Nossas chances de que tudo desse certo não eram lá muito grandes. Milhares, talvez milhões de problemas poderiam aparecer. Todos colocavam a integridade acima de tudo e haviam feito o melhor que podiam. Infelizmente, o melhor nem sempre é suficiente. Teríamos de esperar pelo resultado.

Na hora que mandei o e-mail, eu achava que o lançamento era a parte mais fácil e ia dar certo. Não havia trabalhado em nada relacionado a isso. É sempre assim: ignorância às vezes aumenta a confiança da gente. Quanto mais conhecemos os detalhes, mais apreensivos ficamos. Nesse caso, eu nem sabia que era a primeira vez que esse foguete seria lançado com aquela configuração específica de quatro foguetes auxiliares de combustível sólido.

Em lançamentos assim, há um processo a ser seguido que aumenta as chances de sucesso. Antes de o lançamento ser autorizado, o controlador das operações faz uma chamada que inclui todas as áreas envolvidas no projeto: "sistemas do Atlas: propulsão", "hidráulica", "pneumática", "água"; "sistemas do Centauro: sistemas elétricos", "apoio de Terra", "controle de voo", "instrumentação", "comunicações", "cordões umbilicais", "qualidade", "clima e proteção da área", "diretor do lançamento". Essa chamada leva cerca de 5 minutos, até que todas as áreas sejam citadas e cada um dos gerentes responsáveis responda "Go" – vamos em frente. Qualquer um desses gerentes tem autoridade para adiar o lançamento se houver algum problema em sua área.

Atrasos são comuns. Eu havia assistido ao lançamento da espaçonave Juno, que partira a caminho do planeta Júpiter. Nessa ocasião, o responsável por garantir a segurança da área marítima que seria sobrevoada pelo foguete pediu um adiamento de meia hora durante a chamada porque recebera a informação de que dois barquinhos à vela haviam aparecido na costa e estavam bem embaixo da trajetória da espaçonave. Como uma medida preventiva em caso de acidente, não pode haver ninguém nessa área. Foi necessário enviar um helicóptero para lá e mandar esse pessoal literalmente "sair da reta". Essa chamada é um momento muito tenso. Todo mundo sabe que pode haver atrasos, mas, se todos os gerentes aprovarem, dali em diante é quase certo que o lançamento vá mesmo acontecer.

Nossa chamada passou sem incidentes, a contagem regressiva continuou, até que... 5, 4, 3, 2, 1, o motor principal disparou, 0... e o Atlas V decolou, levando o Curiosity à procura de pistas para o quebra-cabeça planetário sobre a vida em Marte! Todos os sistemas estavam funcionando sem problemas, os quatro foguetes auxiliares queimando toneladas de combustível sólido por segundo, acelerando o veículo rumo ao azul profundo.

O lançamento de um foguete é uma das imagens mais bonitas que já vi, e não importa se é o primeiro voo do Gagarin, que vejo de vez em quando, se é a decolagem do gigantesco foguete russo Próton para iniciar a construção da Estação Espacial Internacional, se é algum dos americanos Delta II e Atlas V ou se é o francês Ariane. Todos eles fazem a gente respirar fundo várias vezes e causam aquela pressão no peito que vai subindo e para na garganta. Um foguete decolando é uma das visões mais otimistas do futuro da humanidade.

A mais bela descrição de um lançamento foi feita por Valentina Tereshkova. Ela decolou no dia 16 de junho de 1963 e orbitou o planeta Terra 48 vezes durante 70 horas. Mantendo a calma, mas com 156 batimentos cardíacos por minuto, a primeira filha de Adão e Eva a ir para o espaço se preparava para a ignição daquela montanha de combustível abaixo dela. Mais tarde, ela descreveu sua decolagem: "A música do lançamento começa com as notas graves. Eu ouço o rugido que me lembra trovões. O foguete está balançando como uma vara verde no vento. O rugido cresce, alarga-se e as notas mais agudas então aparecem. A espaçonave está tremendo... de repente eu digo para mim mesma: 'Estou voando!'"*

Nosso foguete continuou acelerando e 1 minuto e 52 segundos depois da decolagem o combustível sólido dos quatro foguetes auxiliares acabou. O primeiro par se separou e, poucos segundos depois, foi a vez dos outros dois. Nesse ponto nosso veículo já estava a 48km de altura e 50km de distância do ponto de lançamento, viajando a 5.288km/h. O foguete Atlas V estava queimando seu combustível líquido e tudo parecia normal. Um minuto e meio depois da ejeção dos foguetes de combustível sólido, 3 minutos e 25 segundos depois da decolagem, já atingira a altura de 118km, a 253km de distância de Cabo Canaveral. Já no espaço, o veículo atingira a velocidade de 12.158km/h.

Em seguida o foguete foi colocado mais ou menos "em ponto morto", como em um carro. Nesse momento, o sistema de controle e teleguiagem

---

* David J. Shayler e Ian A. Moule, em *Women in Space – Following Valentina*, página 59, série SPRINGER-PRAXIS Books in Space Exploration, Springer, Alemanha, 2005.

foi desligado e a injeção de combustível no Atlas V foi parcialmente fechada, de forma a reduzir a aceleração para 2,5g – ou 2,5 vezes a aceleração da gravidade na superfície terrestre. Uma válvula começou a pressurizar o cone do foguete, preparando-o para sua abertura. O MSL seria então exposto pela primeira vez ao espaço extraterrestre e ao vácuo.

O foguete respondeu a todos os comandos sem nenhum problema. Logo a pressão chegou ao ponto correto e as duas partes da carenagem se separaram, voando para longe do foguete sem danificar nada. Tudo isso foi filmado em tempo real por câmeras montadas do lado de fora do foguete e transmitido para os controladores do voo e para a NASA TV. Por isso, milhares de computadores e TVs no mundo inteiro puderam mostrar as várias fases do lançamento.

Assim que a carenagem se separou, a teleguiagem foi religada e a aceleração do foguete Atlas V aumentou outra vez. Ainda havia combustível para queimar por mais um minuto. Quatro minutos e 27 segundos depois da decolagem, o combustível do Atlas V também acabou. Tendo cumprido seu papel durante a subida, ele se separou, para não diminuir o poder de aceleração do restante.

Chegou então a hora do acionamento do Centauro, o segundo estágio (ou segundo foguete) de combustível líquido. Se algo desse errado, o MSL não atingiria velocidade suficiente para entrar em órbita nem escaparia da Terra e com certeza cairia de volta e seria destruído ao reentrar na atmosfera. Novamente tudo aconteceu sem anomalias: dez segundos depois da separação do Atlas, o Centauro acordou, disparando seus jatos de combustível na câmara de combustão e produzindo aceleração por quase 7 minutos antes de se desligar novamente. Isso colocou o nosso veículo em órbita terrestre e os 19 minutos e 52 segundos seguintes foram sem aceleração. Estávamos em uma órbita elíptica* de 163 × 322km em torno da Terra,

---

* Um círculo pode ser descrito por um único número, que é seu raio. Se um objeto está em uma órbita circular, sua altura acima da superfície terrestre é fixa – por exemplo, ele ficará sempre a uma altura de 500km. Já uma elipse é um "círculo achatado" e, por isso, tem uma direção em que a altura será mínima e outra em que será máxima. No caso do nosso veículo, ele estava se movendo em uma órbita com distância mínima da Terra de 163km e distância máxima de 322km.

mas não iríamos completar uma volta inteira ao redor do planeta. Durante esse tempo os controladores do voo checaram se tudo estava bem, se havia eletricidade para alimentar todos os circuitos, se os computadores estavam funcionando e se a trajetória estava correta.

O foguete partiu da Flórida no rumo su-sudeste, passou sobre grande parte da África, indo em direção ao Sudeste africano, depois de novo sobre a água e cruzou a ilha de Madagascar. Ao entrar novamente em uma região acima da água – o oceano Índico dessa vez –, o plano era que o Centauro ligasse uma segunda vez por 8 minutos, desligando 39 minutos e 6 segundos depois da decolagem. Aí, sim, teríamos velocidade suficiente para escapar do abraço gravitacional da Terra e ir ao encontro de Marte. Esse era outro momento crítico. Se tudo não corresse exatamente de acordo com os planos, a missão poderia terminar aí.

Um problema similar havia acontecido duas semanas antes, com a missão russa Phobos-Grunt (Solo de Fobos). No dia 9 de novembro de 2011, os russos haviam lançado uma nave para Fobos, uma das luas de Marte, com o objetivo de pousar em sua superfície, coletar cerca de 200g de solo e voltar trazendo a amostra para a Terra. Infelizmente, eles tiveram problemas com os sistemas de controle. Os dois computadores de bordo reiniciaram durante a subida e parece que o segundo estágio do foguete nunca disparou para mandar a missão a Marte. A espaçonave russa ficou presa na órbita terrestre e entrou de volta na atmosfera no dia 15 de janeiro de 2012, provavelmente caindo sobre o oceano Pacífico, a oeste da costa chilena. Segundo a imprensa, a falha pode ter sido causada por um erro de programação no software dos computadores, por raios cósmicos ou por componentes falsos e adulterados, o que vem sendo um problema atualmente. Sentimos muito o que aconteceu. Sabemos como é triste e difícil passar por problemas assim. Nossos irmãos e irmãs da Rússia nessa aventura de descobrimento e exploração têm todo o nosso respeito, apoio e simpatia.

Felizmente não enfrentamos o mesmo problema. O Centauro respondeu a todos os comandos exatamente como planejado e aumentou a velocidade do veículo, de forma que ele pôde escapar de sua órbita elíptica ao redor da Terra. Passados 42 minutos e 48 segundos da decolagem, o Centauro virou o nosso veículo na direção certa, colocando-o em uma trajetória hiperbólica de partida da Terra, e se separou. Agora nosso veículo estava a caminho de Marte, mas o trabalho do Centauro ainda não havia terminado, pois ele também continuaria se movendo mais ou menos na mesma direção que o MSL. Se não fizéssemos nada, havia uma chance de que continuasse na mesma trajetória e chegasse a Marte, atingindo a superfície do planeta. Se fôssemos terrivelmente azarados, ele poderia até colidir com nosso veículo durante a viagem ou nas manobras de chegada. No melhor dos casos, se também atingisse Marte, o Centauro contaminaria seu local de descida com compostos orgânicos do resto de combustível e possivelmente com bactérias terrestres que tivessem pegado carona no foguete e pudessem ter sobrevivido à viagem. Por essas razões, ele foi programado para girar 180 graus, apontando seu jato na direção do movimento, e disparar uma última vez até queimar todo o combustível. Dessa forma ele iria frear. Nosso objetivo era garantir que não escapasse da Terra e acabasse reentrando em nossa atmosfera, desintegrando-se.

O lançamento foi um sucesso! A sensação era de primeira etapa cumprida, mas ainda havia muita expectativa para o futuro. Agora tínhamos mais de oito meses de espera, enquanto nossa navezinha não tripulada completava a viagem interplanetária para Marte.

2
No princípio...

Lá pelas bandas da lagoa das Piranhas,[1] o São Francisco é um rio criança ainda. Riozinho perto das nascentes, nem 70 metros de largura tem porque ainda não recebeu as águas do rio Pará, do rio das Velhas, do Paracatu, do Urucuia e de todos os outros afluentes em seu caminho para o Nordeste e para o mar.

– A caída do rio aqui é pouca, por isso na enchente ele sai do caminho dele e alaga tantas áreas. Dizem até que a lagoa das Piranhas já foi rio um dia – dizia Seu Zé Pio, um homem magro e muito alto, ao lado das três filhas com quem trabalhava na beira do rio.

Muito trabalho esse do meeiro, por isso as filhas tinham de ajudar também, plantando e cuidando do arroz. Zé Pio entrava com a semente e o trabalho; o dono da fazenda entrava com a terra. No final dividiam a produção: metade para Zé Pio e metade para o dono.

– Meu pedacinho de chão é muito pequeno e a terra não é boa para arroz – continuava ele, explicando por que trabalhava como meeiro. – Tem pouca água, muita pedra e morro. Em uma parte pequena dá para plantar milho, e todo ano a gente colhe o suficiente para engordar uns porcos e galinhas.

Então emendava:

– Quem não tem terra boa para plantar e quer comer tem que ter coragem de trabalhar.

A esposa ficava em casa, cuidando do que hoje chamaríamos de logística: comida para todos, roupas lavadas e remendadas. Além disso, era preciso cuidar dos alimentos para as galinhas, os porcos, os bois do carro de boi e uma infinidade de outros afazeres desde que o dia clareava. As tarefas eram divididas mais ou menos meio a meio.

Muito trabalho sim, mas não tinham do que reclamar: as enchentes anuais do rio tornavam aquela área um terreno muito fértil – como acontece com as margens de outro grande rio do outro lado do mundo, abraçado por desertos e pirâmides. A terra lá perto da lagoa das Piranhas era excelente para o arroz e a produção, muito boa. Com isso viviam bem, plantavam também feijão em outros lugares e o carro de boi servia para o transporte da produção para casa, depois da colheita. Naquele tempo já falavam de guerra braba nos longes da Europa e diziam que rapazes de cidadezinhas próximas seriam chamados a ir para lá, lutar nessas guerras. Seu Zé Pio, no entanto, não tinha por que se preocupar com aquelas coisas. Suas meninas não iam para guerra nenhuma e, quando fossem moças, se Deus quisesse, arranjariam bons maridos.

Ventos de progresso surgiam por ali. Começavam já a aparecer alguns automóveis naquelas estradas tão esburacadas que às vezes nem carro de boi passava direito. Aquelas carroças sem cavalo já tinham aparecido na cidade. Eram muito barulhentas, mas tinham uma técnica quase mágica que as fazia andar. Diziam que tinham "motor". Quando chovia, era uma dificuldade terrível, aqueles automóveis pesados e muito baixos se arriscando nos atoleiros. Diziam que na Europa, onde sopravam ventos de guerra, já existiam máquinas de fazer cair o queixo. Agora só esperando os rapazes voltarem de lá para confirmar se era verdade.

Das filhas, a mais nova, com uns 7 anos, era a que mais falava, fazia e corria para todo lado. Tinha até inventado um jeito de trazer os bois do carro para o curral que economizava bem uma meia hora de caminhada no pasto molhado pelo orvalho da manhã. Em vez de sair correndo a pé ou a cavalo atrás de boi, ela arranjou um jeito melhor. No início, quando os bois eram levados para o curral, a diabinha da menina sempre arranjava umas espiguinhas de milho. Ela abria a palha e dava o milho aos animais, das mãos dela, conversando com eles. Em pouco tempo eles se acostumaram com aquilo. Quando Zé Pio vinha tocando os bois, ela subia na porteira com umas espigas na mão, chamando-os. Eles corriam para lá, sem necessidade de ninguém ficar tocando. Pouco depois ninguém precisava mais ir ao pasto ajuntar boi de manhã. Bastava ela subir na porteira com as espigas e chamar por eles. Os bois podiam estar distantes, mas, assim que a viam e ouviam, vinham correndo ganhar milho. Era bonito e engraçado ver aquela coisa franzina fazendo um boi de 20 arrobas correr na sua direção para comer milho na mão.

Aquele dia tinha começado igual aos outros. Depois da chuva à noite, havia clareado com poucas nuvens e agora já tinha muito sol, calor e umidade, as cigarras e os tizius fazendo uma algazarra. Com certeza haveria muita nuvem e chuva à tarde ou à noitinha. Já passava um pouco das 10 da manhã e o calor apertava. Os mosquitos na beira do rio incomodavam mais que o calor, mas o arroz estava sendo capinado direito – mais uns dois dias e terminariam aquela capina. Daí em diante haveria pouco o que fazer com o arroz. Seria só dar uma olhada de vez em quando para evitar que um animal qualquer entrasse lá e fizesse um estrago. Como teriam pouco o que fazer, Zé Pio ainda não tinha decidido se iriam para casa cuidar do milho ou se passariam primeiro pelo feijão, que também tinha sido plantado de meia.

Além de cuidar da plantação e de umas vaquinhas, Seu Zé Pio era raizeiro e dizem que sabia umas rezas. Ele era meio estranho. Na Semana Santa, quem é que sai de casa à tardinha depois do trabalho na roça e anda horas pelos matos, procurando plantas e só marcando onde elas estão? Gente normal faz isso não, mas Seu Zé Pio não era qualquer gente normal. E, depois de achar essas plantas, como é que ele fazia para lembrar onde elas estavam? Nem ler nem escrever ele sabia e não podia desenhar nada, porque naquela época tanto papel quanto lápis eram escassos e ele mesmo nunca usara nem um nem outro. Ele lembrava tudo era de cabeça mesmo. "Fica aqui, ó", dizia, batendo o indicador acima da orelha direita.

E depois, havia o medo de Sexta-Feira da Paixão. As meninas nunca podiam ir com ele. Saía à noite por aqueles matos sem nem uma lanterna, porque, se lanterna já existia, ele não tinha uma e usava mesmo era uma lamparina.

– Eu não preciso de luz nenhuma para andar pelos matos, preciso só quando chego perto, para poder apanhar a planta certa. Só nessa hora eu gasto um palito de fósforo para acender a lamparina e apago logo que arranco a planta e enfio no embornal. Querosene custa caro e andar com lamparina acesa pelo mato só denuncia a gente. Se a luz chama mosquito, chama outras coisas também – dizia ele.

E quando chovia na noite de Sexta-Feira da Paixão? Era raro, mas acontecia.

– Não vou morrer de frio, então essa chuva não vai me atrapalhar de sair no único dia que posso colher minhas plantas.

Zé Pio não mudava de planos ou de opinião facilmente. Dele ninguém nunca viu uma foto porque ele não deixava tirar. Dizia que não e não dava explicação. A filha mais nova contava que Zé Pio uma vez disse que não queria que tirassem fotos suas porque no futuro alguém iria olhar para aquilo e chorar por ele. Ele não queria isso. Então esse era o Seu José Pio da beira do rio São Francisco.

No meio daquela manhã, apesar da capina, das conversas e das cigarras, ouviram um som diferente de tudo que já tinham ouvido antes. O pai disse que parecia com os barulhos daqueles automóveis. Não era possível esperar ver uma coisa daquelas ali, na margem do São Francisco, com todas essas lagoas e barro, sem estrada. *Pois automóvel precisa de estrada lisinha,* pensava ele. Para piorar, a menina gritou:

– Pai, o barulho não vem de longe, não vem do chão. Vem do céu!

– Mas como vem do céu, menina? Tem automóvel no céu agora? – perguntou exasperado Seu Zé Pio.

Pararam todos de capinar – coisa que só fariam em caso de doença – e começaram a olhar para o céu. Não viram nada porque parecia que o barulho estranho vinha mais ou menos da direção do Sol. *Será o fim do mundo? Será que o Sol agora vai queimar tudo? Dizem que o mundo já acabou uma vez em água e na segunda vez ele vai acabar em fogo,* matutava um dos ajudantes que capinava o arroz, filho de um vizinho. Depois de uns dois minutos, viram a cruzinha preta, muito pequena, movendo-se no céu e se afastando do Sol. Parecia mesmo que o barulho estava vindo dela! O ajudante gritou:

– Seu Zé Pio, louvado seja Deus! É a cruzinha de São José!

Assustados, começaram todos a rezar um terço.

– Pode ser que o mundo está acabando mesmo, Seu Zé?

A cruzinha de São José continuou a se mover, foi ficando cada vez menor e o barulho, mais distante, até que nem as meninas conseguiam vê-la mais. Ninguém mais conseguiu trabalhar naquele dia e resolveram ir para casa, saber se estava tudo bem por lá. No caminho passaram perto dos vizinhos e alguns confirmaram que também tinham visto a tal cruzinha preta no céu.

Mais ou menos uma semana depois, começaram a dizer por aquelas roças que não, "que tinha gente dentro daquilo"! Tinha gente dentro daquela cruzinha que nem cruzinha era. Era bem maior que uma cruz e só parecia pequena porque estava muito alta.

– Mas como não caía? – vinha logo a pergunta.

Diziam que cabiam umas duas ou quatro pessoas dentro e se chamava aeroplano ou avião. Aquilo era uma máquina, algo como um automóvel que voava! Zé Pio pensava: *Agora, qual é mais fácil de acreditar? É mais fácil pensar que é a cruzinha de São José, um milagre que aconteceu para nós, talvez o presságio de coisas do fim do mundo, ou essa coisa mais fora do eixo, que tem gente lá dentro?* Ele logo concluía: *Gente acredita em cada coisa!*

Zé Pio, meu avô, ganhou dinheiro suficiente para comprar uma boa casa no centro da cidadezinha de Moema,[2] onde uns 25 anos mais tarde me pegava do chão e me punha em seus ombros ou na janela para ver os automóveis passando. Ele me explicava que aquilo era o progresso e me deixava às vezes usar algumas de suas ferramentas, serrotes e martelos. Dei muitas marteladas nos dedos tentando pregar uns pregos tortos em tábuas duras que ele me dava. Minha mãe ficava brava, dizendo para ele:

– Pai, como o senhor deixa uma criança brincar com essas coisas e terminar com dedos escalavrados, muito choro e lágrimas?

Ele nada dizia em resposta.

Meio século depois, minha mãe ainda contava a história de sua infância, capinando arroz nas margens do São Francisco, e da "cruzinha de São José". Muito orgulhosa, falava rindo:

– Imagina se meu pai sonhasse que no futuro um dos seus netos trabalharia na NASA e iria contribuir para a exploração de outros planetas.

Minha impiedosa resposta – de que ainda hoje me arrependo pela falta de tato – apontava o anacronismo:

– Mãe, ele não teria nem como sonhar isso. A NASA ainda nem existia naquela época.

Coordenadas

[1] Lagoa das Piranhas, Moema, Minas Gerais – coordenadas terrestres: 19º48'08" S, 45º29'03" W.
[2] Moema, Minas Gerais – coordenadas terrestres: 19º50'40" S, 45º24'45" W.

3
Civilizações marcianas e o que sabemos sobre Marte

Como queríamos fazer o Curiosity descer no solo de Marte em um lugar bem específico, precisávamos de um meio de localizar diferentes pontos na superfície marciana – um sistema de coordenadas de latitude e longitude. Felizmente isso já existe. Estabelecer a latitude é fácil, porque o planeta é uma esfera achatada como a Terra. Então a posição dos dois polos é óbvia, ainda mais porque, mesmo daqui da Terra, podemos ver as calotas de gelo polar marciano. Os polos marcianos foram designados como Norte e Sul em analogia com os polos terrestres. O Polo Norte marciano está mais ou menos na mesma direção que o Polo Norte terrestre e o mesmo acontece com o Polo Sul. Equidistante dos dois fica o equador marciano – que também está próximo do plano do equador terrestre. Portanto, medindo-se ângulos a partir do equador marciano, fica fácil definir a latitude – tanto Norte quanto Sul – em perfeita analogia com as latitudes terrestres.

Já a definição de longitude, assim na Terra como em Marte, é um pouco mais arbitrária. Não há um ponto especial de onde começar. Na Terra, a longitude é medida como um ângulo a leste ou oeste de Londres, considerado o ponto de longitude zero. Londres tem essa posição especial simplesmente porque foi lá que começaram a medir a longitude, no observatório astronômico de Greenwich.[1] A hora local está intimamente ligada ao ângulo medido a partir de Greenwich, porque a Terra faz uma rotação completa (360 graus) em 24 horas. Por isso, uma hora corresponde a 15 graus de longitude.

É interessante que até o fim do século XIX não havia um padrão de tempo que fosse aplicado ao planeta inteiro. Os franceses, por exemplo, mediam longitude e estabeleciam a hora a partir de Paris. Foi somente em 1884, durante a International Meridian Conference, em Washington, que 22 países votaram a favor da adoção do meridiano que passa pelo Observatório de Greenwich como o meridiano zero (*prime meridian*) da Terra. Assim se definiu também um padrão de hora para o planeta inteiro, baseado na hora de Londres: o Greenwich Mean Time (GMT), ou Universal Time. O Brasil participou dessa conferência histórica, sendo representado pelo diretor do Observatório Nacional do Rio de Janeiro. Depois de cerca de dez anos, a maioria dos países da Europa passou a acertar o relógio por esse padrão de tempo, mas a França só fez a conversão em 1911.

É fácil entender esse padrão de tempo planetário e como se aplica ao Brasil, por exemplo. A Terra foi dividida, do ponto de vista astronômico, em 24 fatias: 12 a oeste de Londres e 12 a leste. Na direção oeste, para cada 15 graus, temos uma hora a menos que Londres; na direção leste, uma hora a mais. A definição astronômica sofreu algumas adaptações, tanto no Brasil quanto em outros países, para evitar situações inusitadas: Minas Gerais, por exemplo, teria dois fusos horários, se fôssemos aplicar a definição de hora estritamente astronômica. Além disso, os fusos horários brasileiros são regidos por leis e têm sido alterados ao longo dos anos.

O padrão GMT ainda é usado no dia a dia, mas para uso astronômico e para telecomunicações, o padrão UTC – Universal Time Coordinated, é preferido. Nele, o segundo (e suas divisões como milissegundo, microssegundo, etc.) tem uma duração fixa, mas de vez em quando adiciona-se ou subtrai-se um segundo de uma hora. Então, nesse padrão, a hora, os dias e os anos não têm sempre a mesma duração; somente o segundo (e suas subdivisões) é fixo. Esses ajustes são feitos para manter o tempo UTC sincronizado com a rotação terrestre, que varia devido a marés e outros fenômenos mais complexos. A diferença entre o padrão GMT e o UTC é de menos de um segundo. Portanto, quando estamos falando de horas e dias e não estamos interessados em medidas de precisão, podemos considerar os dois como sinônimos.

Desde 2013 o Brasil tem oficialmente quatro fusos horários. As ilhas no oceano Atlântico estão no fuso horário UTC-2 ou GMT-2, que é o fuso horário de Fernando de Noronha. Isso quer dizer que, quando são dez da manhã em Londres, em Fernando de Noronha são oito horas, ou seja, duas a menos. O fuso seguinte, UTC-3, é o horário de Brasília e inclui o Distrito Federal, as regiões Sul, Sudeste e Nordeste, além dos estados de Goiás, Tocantins, Pará e Amapá. O horário da Amazônia é o UTC-4, observado nos estados de Mato Grosso, Mato Grosso do Sul, Rondônia, Roraima e quase todo o estado do Amazonas. Finalmente, o UTC-5, nosso fuso horário mais distante de Londres, engloba o estado do Acre e treze municípios do Amazonas. Essa definição do padrão universal de tempo se complica um pouco por causa dos horários de verão meridional e setentrional. Tanto o Brasil quanto a Inglaterra preveem horários de verão que não coincidem um com o outro, causando variações ao longo do ano nessas diferenças de tempo que examinamos.

A medição da longitude em Marte é uma situação parecida com a da Terra, porque não há um ponto ou um meridiano no planeta que seja de alguma forma especial e possa ser usado para marcar a longitude zero. O melhor que os astrônomos acharam foi uma cratera mais ou menos especial, a que deram o nome de "Airy", em homenagem ao matemático e astrônomo inglês George Airy. Essa cratera tem mais ou menos 40km de diâmetro e, quase no centro dela, há uma craterinha de 500m de diâmetro que parece uma espécie de alvo: a Airy-0. O círculo (ou meridiano – um meio círculo, para ser mais exato) que passa pelos polos de Marte e pelo centro da craterinha Airy-0 foi definido como o meridiano de longitude zero. O centro da cratera maior fica um pouquinho a leste, com longitude de 0 grau, 3 minutos e 3 segundos Leste (e latitude de 5 graus, 8 minutos e 3 segundos Sul).[2]

Com esse sistema de latitude e longitude, qualquer ponto na superfície de Marte tem um "endereço" indicado por coordenadas como essa da cratera Airy. Isso é essencial para planejarmos o pouso de espaçonaves no planeta vermelho. Por exemplo, o Curiosity desceu em outra cratera, a Gale,[3] 4,5894 graus ao sul do equador marciano e 137,4418 graus a leste da craterinha Airy-0. Entretanto, não vamos nos apressar e colocar o carro na frente dos bois; temos de contar essa história do começo. Vamos voltar e plantar nossos pés firmemente na Terra, começando muito tempo atrás.

O movimento das estrelas

É bem provável que, há milhares de anos, olhos humanos tenham observado esses pontos luminosos no céu à noite e a incipiente inteligência humana, com um prosaico coçar de cabeça, tenha se perguntado: "O que são essas luzes? Por que elas se movem no céu durante a noite? Por que, com a vinda do frio ou do calor, algumas desaparecem e outras tomam seu lugar, alternando-se no céu com o passar das estações?"

Nossos ancestrais intelectuais notaram que, se a gente começar a acompanhar umas quatro ou cinco dessas estrelas mais brilhantes, observando a posição delas no céu todas as noites à mesma hora, algo estranho acontece. Essas estrelas não mudam de posição da mesma forma que as outras. Elas fazem uns movimentos estranhos no céu. Uma delas, avermelhada, se move em uma direção primeiro, para depois, por alguma razão, "mudar de ideia" e voltar em seu caminho. Dias mais tarde, acontece uma nova inversão desse movimento celeste e a estrela volta a seguir em frente, descrevendo uma trajetória que forma laços, em uma dança complexa no céu.

Alguns milhares de anos atrás, a humanidade – ou pelo menos aqueles que se interessavam por isso – achava que essas estrelas erráticas eram deuses no céu. Observatórios astronômicos foram criados por muitas civilizações antigas em vários continentes e o conhecimento sobre os movimentos dos corpos celestes foi se acumulando. Os antigos estavam sempre querendo saber em que época do ano uma estrela qualquer desaparece e quando ela volta a ser vista de novo no céu. Isso tinha razões tanto teóricas, como diríamos hoje, porque eles simplesmente queriam entender esses movimentos, quanto práticas.

No Egito Antigo, quando a estrela Sirius podia ser vista no céu de madrugada pela primeira vez no ano, isso queria dizer que a inundação do rio Nilo era iminente. Era o momento de começarem a se preparar para as inundações dos vales. Quando a água baixasse, seria a época do plantio. Por isso o céu e o movimento das estrelas foram o primeiro calendário da humanidade.

Hoje temos bons relógios e saber a hora ou o dia do ano em que estamos é algo trivial. Mas imagine que amanhã o mundo acorde sem nenhum relógio ou qualquer outra maneira de marcar o tempo. Com certeza o método para calcular o tempo voltaria a se basear na posição dos astros. Vemos então que a astronomia é a mais velha das ciências e é um privilégio sermos os herdeiros desse conhecimento acumulado por mais de 60 séculos. Essa é a nossa ligação direta com o berço da humanidade e do pensamento científico.

Muitos livros excelentes descrevem as descobertas feitas pelos que vieram antes de nós. Os gregos, por exemplo, já herdaram essa tradição de associar as estrelas que se movem no céu aos deuses. As outras estrelas que eles conseguiam ver a olho nu foram catalogadas também e muitas delas, em geral as mais brilhantes, foram associadas aos semideuses. Na Grécia Clássica, na época de Péricles, tudo isso já era mais tradição e cultura do que religião, apesar de a população ainda ter medo de fenômenos celestes como eclipses e cometas.

Temos hoje uma compreensão muito mais refinada do movimento das estrelas. Aliás, aquelas cinco estrelas que se movimentam de maneira estranha nem estrelas são. São outros planetas do nosso sistema solar: Mercúrio, Vênus, Marte, Júpiter e Saturno. Os outros planetas e planetoides não são visíveis a olho nu. E, como os gregos não tinham telescópio, nunca viram nem souberam da existência de nenhum deles. Passaram-se quase dois mil anos até que o telescópio fosse inventado.

Marte, por exemplo, aquela estrela avermelhada que às vezes se move para a frente, para trás e para a frente de novo, não é um deus da guerra. É um mundo como o nosso, girando em torno da nossa estrela de verdade, o Sol, e tem um diâmetro de 6.780km – metade do diâmetro da Terra ou mais ou menos o dobro do diâmetro da nossa Lua.

A massa do planeta Marte inteiro corresponde a apenas 10% da massa terrestre e a gravidade em sua superfície corresponde a 38% da nossa. Isso significa que alguém que pesa 100kg na Terra pesaria somente 38kg em Marte! Sinto muito se você concluiu com isso que, ao chegar em Marte, ficaria magrinho ou magrinha de repente. Seu corpo e sua massa não mudariam em nada, mas, como o planeta Marte é bem menor que a Terra, ele vai puxar você para o chão com uma força muito menor. Essa força com que o planeta nos puxa (ou atrai, como dizemos em física) é seu peso; o "material" de que você é feito é sua massa. Resumindo: seu peso diminuiria em Marte, mas sua massa continuaria igual. O Curiosity, por exemplo, pesa 900kg na Terra, mas em Marte seu peso é de somente 342kg.

Marte sempre foi um planeta intrigante para a humanidade. Johannes Kepler, no século XVII, passou 20 anos estudando as medidas feitas pelo seu empregador na época, Tycho Brahe, que vivia na Dinamarca – em uma região que hoje pertence à Suécia – até conseguir decifrar aquela massa de dados que ninguém entendera até então. Ele descobriu que fazia muito mais sentido pensar que Marte girava em torno do Sol, e não em torno da Terra, como ainda pensavam naquela época. Além disso, compreendeu que, em vez de Marte girar em um círculo perfeito ao redor do Sol, seu caminho, ou sua órbita, é um círculo achatado, uma elipse. Marte está bem mais distante do Sol do que a Terra e, como a órbita marciana é muito achatada, sua distância do Sol varia entre a mínima de 206,7 milhões de quilômetros e a máxima de 249,2 milhões de quilômetros. Para fins de comparação, a distância média da Terra até o Sol é de 150 milhões de quilômetros.

Marte gasta mais tempo para dar uma volta completa em torno do Sol do que a Terra. Na verdade, nosso planeta dá quase duas voltas em torno do Sol no tempo que Marte leva para dar somente uma. Marte gasta 687 dias para dar uma volta completa (um ano marciano), enquanto a Terra gasta 365 dias (um ano terrestre). Mais interessante ainda é que o dia marciano é muito parecido com o nosso. Enquanto um dia aqui dura 24 horas, o dia marciano dura 24 horas, 39 minutos e 35 segundos. Para evitar mal-entendidos, chamamos o dia marciano de "sol", o que faz sentido: cada vez que o Sol passa por uma determinada posição lá em Marte, isso quer dizer que mais um dia marciano se passou.

Civilizações marcianas e missões pioneiras

Como dizia o astrônomo Carl Sagan, na famosa série de TV *Cosmos*: "O pior e mais inóspito lugar da Terra ainda é um paraíso se comparado com qualquer lugar em Marte ou qualquer outro dos planetas do nosso sistema solar." O ar na Terra tem muito nitrogênio (78%), muito oxigênio (21%) e um pouquinho de argônio (0,9%). O resto é, em sua maioria, gás carbônico (0,04%) e vapor d'água. É claro que essa composição varia um pouco de um local para outro e varia muito com a altitude, mas esses valores dão uma ideia da composição típica do nosso ar por volume.

Já em Marte o pouquíssimo ar que existe é formado quase só de gás carbônico: 95,3%. Tem também um pouquinho de nitrogênio (2,7%) e argônio (1,6%), além de uma pequena quantidade de outros gases, inclusive vapor d'água. Com essa composição, não dá para respirar o ar do planeta vermelho. Para piorar, a pressão atmosférica em Marte é somente 1% da pressão atmosférica ao nível do mar na Terra, ou seja, a "quantidade de ar" em Marte é mais ou menos a mesma que temos a 30km de altura na atmosfera terrestre. Lembre-se que aviões a jato viajam a mais ou menos 11km de altura, numa região já com densidade muito baixa e sem oxigênio suficiente para respirarmos. Por isso a cabine dos aviões tem de ser pressurizada.

Além de tudo isso, uma das consequências da atmosfera rarefeita e quase sem vapor d'água é que a temperatura em Marte é muito baixa, principalmente depois que o Sol se põe. Não há nada para segurar o calor. Esse fenômeno é conhecido na Terra também: em regiões de deserto faz muito calor durante o dia, mas depois que o Sol se põe faz frio. Isso acontece porque a quantidade de vapor d'água no ar do deserto é muito pequena. Portanto, lá em Marte, só poderíamos sobreviver com roupa de astronauta. Para colonizar um planeta assim sem precisar viver dentro de trajes espaciais, provavelmente teríamos que colocar redomas sobre algumas crateras, levar oxigênio daqui, ou produzi-lo lá, e aumentar a pressão atmosférica dentro dessas redomas até recriarmos um ar parecido com o nosso aqui na Terra.

Já deu para perceber que nosso conhecimento sobre Marte não surgiu de um dia para outro, não é? Ele é o resultado de milhares de anos de observações. A humanidade se interessa pelo planeta vermelho desde sempre. Seu estudo telescópico em moldes mais científicos começou para valer no fim do século XIX.

Giovanni Schiaparelli, um astrônomo italiano trabalhando em Milão, resolveu testar se o novo telescópio que usava era capaz de mostrar os detalhes da superfície de um planeta.* Schiaparelli estudava estrelas binárias e estava acostumado a fazer medições cuidadosas de imagens de estrelas

---

* William Sheehan, "The Mars of Image & Dream", página 50, na coletânea de artigos sobre Marte *Mars Misteries and Marvels of the Red Planet*, publicada por Sky & Telescope, 2014.

muito próximas umas das outras. Naquela época, usando telescópios muito pequenos, os astrônomos tentavam observar algumas estrelas e descobrir se a imagem que estavam vendo vinha de uma estrela ou de mais de uma. Às vezes eles viam um ponto de luz no céu que parecia meio alongado e desconfiavam que aquilo era a luz de duas estrelas muito próximas, de uma estrela dupla, ou binária, mas com frequência era quase impossível distinguir ou separar a luz das duas. Por isso Schiaparelli passava muitas noites observando estrelas assim e tinha suas técnicas para tentar separar a luz das duas. Usando essas mesmas técnicas para observar a superfície de Marte, ele distinguiu tantos detalhes que resolveu lhes dar nomes, de forma a poder se referir a eles mais tarde. Em menos de um ano de observações, ele registrou em desenhos detalhados da superfície de Marte o que tinha conseguido avistar e produziu um mapa, publicado em 1878.

Schiaparelli herdou da Antiguidade Clássica a tradição de dar nomes provenientes da mitologia grega ou latina a planetas e outros objetos celestes. Por isso fez o mesmo com os detalhes que viu na superfície marciana: Hesperia,* Hellas Planitia e Chryse Planitia foram alguns dos muitos pontos "batizados" por ele. Até hoje usamos esses nomes dados por Schiaparelli e, posteriormente, muitos outros locais da superfície marciana foram batizados de forma parecida, sobretudo com o início da era espacial e a possibilidade de ver Marte "de perto".**

Até aí nada de mais, porém, como vimos, Schiaparelli era especialista em observar detalhes no limite da visão. Em seu mapa de Marte, ele incluiu linhas finas escuras e as chamou de "canali". Foi aí que começou a confusão. Em italiano ou português, a palavra "canal" não faz distinção entre estruturas naturais e artificiais, mas em inglês não é assim. Nessa língua existem duas palavras: "channel" é um canal natural, enquanto "canal" designa uma estrutura artificial, feita por alguém. Quando traduziram os "canali" de Schiaparelli como "canals" em inglês, começaram a dizer que existiam canais

---

* Hesperia, por exemplo, é um termo clássico que significava o limite oeste da Grécia, ou seja, a Itália. Já os romanos consideravam que Hesperia era a Espanha, o "seu" limite oeste.
** Em uma homenagem ao astrônomo milanês, uma grande cratera em Marte com 461km de diâmetro, próxima ao equador, recebeu o nome de Schiaparelli.[4]

artificiais em Marte. A coisa pegou fogo. Todo mundo começou a imaginar que havia seres inteligentes por lá, mas o pior ainda estava por vir.

Percival Lowell, um americano de Boston com muito mais dinheiro que formação científica, montou um telescópio no Arizona que era enorme para a época. As condições de observação no local eram excelentes. Ele então começou a observar o planeta Marte e seus "canais". Em 1895, publicou um livro intitulado *Mars*, em que dizia que, com base em suas observações, Marte não só possuía vida inteligente como os marcianos haviam construído canais para levar água dos polos e fazer uma rede de irrigação para suas plantações próximas ao equador! Ideias assim têm uma capacidade enorme de comover o público. Em pouco tempo surgiram vários livros de ficção científica sobre a "civilização marciana", colocando ainda mais lenha na fogueira da vida inteligente em Marte.

Lowell e alguns astrônomos da época, além da maior parte da opinião pública, consideravam que a comunicação com os marcianos seria inevitável. Um caso engraçado* do fim do século XIX foi o episódio com a francesa Madame Guzman, que morreu em 1891 deixando 100 mil francos para a Academia Francesa de Ciências. Ela pretendia criar um prêmio em memória de seu filho Pierre Guzman, que seria dado a quem desenvolvesse um meio de comunicação interestelar que comprovadamente funcionasse. O curioso é que Marte foi deliberadamente excluído do prêmio porque o fato de existir vida inteligente naquele planeta "já era suficientemente bem conhecido".

Havia uma grande expectativa de que poderíamos estabelecer contato com marcianos inteligentes. Em um encontro na Suíça no início do século XX, o escritor de ficção científica H. G. Wells disse ao nosso genial Santos Dumont que sua invenção (um equipamento de propulsão que deveria ser acoplado às costas de esquiadores, como uma mochila, para ajudá-los a subir montanhas) poderia ser empregada em Marte. Daí em diante Santos Dumont passou a chamá-lo de "conversor marciano".

---

* William Sheehan, "The Mars of Image & Dream", página 50, na coletânea de artigos sobre Marte *Mars Misteries and Marvels of the Red Planet*, publicada por Sky & Telescope, 2014.

É possível afirmar que, do fim do século XIX até 1965, a humanidade como um todo considerava que a probabilidade de existência de vida (inteligente ou não) em Marte era de 100%. Parecia algo óbvio. Uma das vantagens de trabalhar com ciência é que ela se autocorrige com o tempo. Muitas vezes é preciso uma nova geração, novas mentes para investigar problemas antigos com novos olhos, novas ideias, novos instrumentos. Assim a ciência progride, apesar dos frequentes tropeços e becos sem saída com que às vezes se defronta.

Estudos telescópicos feitos na França já mostravam que os tais canais em Marte, a vegetação e os mares que a maioria das pessoas acreditava existirem não passavam de ilusões de óptica e de astrônomos tentando ver coisas além da resolução de seus instrumentos e do olho humano. Vozes contrárias dizendo o que quase ninguém queria ouvir foram toleradas e ignoradas – até que as evidências se tornaram incontestáveis e a ciência precisou se corrigir sobre Marte. A grande mudança veio em julho de 1965, quando não só a probabilidade da existência de civilizações marcianas, mas de qualquer forma de vida naquele planeta, caiu de 100% para essencialmente zero. O que aconteceu em 1965 foi o início do estudo de Marte "de perto", com a chegada da Mariner 4 ao planeta vermelho.

A espaçonave não tripulada Mariner 4 fez um sobrevoo, um *flyby*, da região próxima ao Polo Sul de Marte. As imagens capturadas pelas câmeras e enviadas para a Terra mostraram uma superfície bem parecida com a da nossa Lua – muito antiga e coberta de crateras. A nave de exploração não achou qualquer sinal de canais, água, vida inteligente (ou não) ou vegetação. Marte se mostrou um planeta desolado, frio, morto. Finalmente a humanidade pôde ver de perto como era sua superfície, e o resultado, mais que uma decepção, foi um grande desalento.

Depois da Mariner 4, o estudo do nosso vizinho poderia ter terminado por aí. Não era óbvio, no entanto, que aquela visão desolada do Polo Sul marciano se repetia no planeta como um todo. Será que não havia mais nada a ser visto ali? A resposta veio com a Mariner 9. Desde então, nossa crença na possibilidade de vida em Marte vem se recuperando um pouco, mas não muito.

A Mariner 9 da NASA foi mandada para Marte seis anos depois da Mariner 4, entrando em órbita marciana em 13 de novembro de 1971, 14 dias antes de uma missão soviética, a Mars 2. A Mariner 9 foi a primeira espaçonave terrestre a orbitar outro planeta. Com câmeras bem melhores, teve tempo e oportunidade de mapear quase toda a superfície marciana, causando uma revolução no nosso conhecimento sobre o planeta e descobrindo que Marte teve grandes vulcões. O maior deles foi denominado Olympus Mons[5] – ou Monte Olimpo, mais uma vez um nome de inspiração greco-latina –, e é a mais alta montanha no sistema solar.

Outra grande descoberta foi o gigantesco canal ou rasgo na superfície marciana, que recebeu o nome de Valles Marineris[6] (ou Vale da Mariner) em homenagem à Mariner 9. Uso aqui a palavra "canal" com receio e mal-estar, pois "canal" e "Marte" nunca mais deveriam aparecer juntos na mesma frase. O Valles Marineris, com mais de 4.000km de extensão, 200km de largura e até 7km de profundidade em alguns lugares, não é bem um vale e ainda não temos certeza de como se formou. Pelo menos algumas partes dele formam a maior voçoroca do sistema solar, um canal escavado por erosão hídrica, e voltaremos a falar dele mais tarde.

Entre 1960 e 1971 os soviéticos também mandaram muitas missões para Marte (nove no total), mas oito delas fracassaram. Algumas por falha no lançamento, outras porque não saíram da órbita terrestre, outras porque perderam a comunicação com a Terra. A Mars 2 da URSS, que já mencionamos, entrou em órbita marciana em 27 de novembro de 1971, 14 dias depois da Mariner 9. A missão soviética já tinha um veículo, que se separou da espaçonave-mãe e foi o primeiro objeto feito por mortais mãos humanas a descer até a superfície marciana. Infelizmente duas coisas deram errado.

Eles chegaram em Marte durante uma tempestade global de poeira e a nave-mãe tirou muitas fotos que não mostravam quase nada de útil, já que a atmosfera do planeta estava coberta de poeira, impedindo uma visão da superfície (parece que Marte, preparado para a guerra, não queria saber de fotos!). Além disso, hoje temos como reprogramar o Curiosity daqui da Terra e é possível até reformatar sua memória se preciso. Naquela época, no entanto, a URSS não tinha como mudar a programação no computador a bordo da Mars 2 para esperar a tempestade de poeira passar antes de soltar o veículo que iria para a superfície. Como tudo funcionou exatamente tal qual programado, o veículo se separou da nave-mãe durante a tempestade de poeira e iniciou o processo de entrada na atmosfera, descida e pouso. A missão não havia sido projetada para sobreviver àquelas condições climáticas. O paraquedas não se abriu e o veículo colidiu com o solo, provavelmente a uma velocidade de muitos quilômetros por segundo. Mesmo assim, resultados importantes foram obtidos, inclusive dados de temperatura, pressão e concentração de vapor d'água, além de algumas fotos de montanhas que foram usadas para criar o primeiro mapa do relevo marciano.

Hoje temos vários satélites terrestres em órbita marciana, medindo, mapeando, fotografando, estudando a atmosfera e tentando aumentar nosso conhecimento e diminuir o mistério que envolve o planeta vermelho. Teremos muitas oportunidades para falar mais sobre os mistérios marcianos. Antes disso, no entanto, vamos voltar para Minas Gerais.

Coordenadas

[1] Marco zero de longitude no Royal Greenwich Observatory, em Londres – coordenadas terrestres: 51°28'38" N, 0° W.
[2] Centro da cratera Airy e a craterinha Airy-0 – coordenadas marcianas: 0°03'03" E, 5°08'03" S.
[3] Cratera Gale – coordenadas marcianas: 4°35'22" S, 137°26'30" E.
[4] Cratera Schiaparelli – coordenadas marcianas: 2°34' S, 16°29' E.
[5] Olympus Mons – coordenadas marcianas: 18°24' N, 133°27' W.
[6] Valles Marineris – coordenadas marcianas: 11°11' S, 69°22'10" W.

4
E essa meninada aí, hein, como é que faz?

Eu brincava com bolas de gude nos fundos da nossa casa no centro de Moema, Minas Gerais. Tínhamos um quintal enorme. Criança sempre acha que as coisas são muito maiores do que realmente são, mas aquele quintal era mesmo gigantesco. Duas décadas mais tarde, quando vendemos a casa, construíram outras três no terreno. De manhã fazia muito sol na parte do quintal onde brincávamos, mas, depois das duas da tarde, o sol já tinha cruzado o meridiano local e ficava atrás da casa, que projetava sua sombra naquele "cantinho" entre casa e muro, com uns 5 metros de largura por 10 de comprimento. À tarde fazia bem menos calor naquele local e eu e meu irmão um ano mais novo gostávamos muito de brincar ali com nossas bolas de gude. Dava briga às vezes, mas era raro. Depois que cresci um pouco, fizemos uma horta nessa área. Eu plantava muito tomate, alface e couve. Tínhamos verduras suficientes para a família, além de alguns pés de quiabo e jiló. Mas essa horta só foi acontecer uns oito anos depois. Naquela tarde só queríamos nos divertir.

No dia anterior tínhamos ido todos para a nossa fazenda. Meu pai havia levantado cedo e feito os preparativos para o que seria uma verdadeira viagem, apesar de nosso destino ficar a apenas 6km de distância. Ele buscou o cavalo que ficava em um pasto alugado de um vizinho, a pouco mais de um quilômetro de nossa casa. Depois de atrelá-lo à nossa charrete, meu pai encarapitou em cima as crianças menores, a mãe grávida com uma barriga enorme, panelas e mantimentos e fomos para a nossa fazendinha. Os filhos mais velhos foram a pé ou de bicicleta. Tínhamos uma linda casa nova, toda pintada de branco, com janelas e portas azuis, no alto de uma colina. Pouco mais de um ano havia passado desde que ficara pronta, uma promessa do meu pai à minha mãe quando moravam em uma casinha de chão de terra batida e cobertura de folhas de coqueiro: "Um dia ainda vou construir uma casa para nós onde as pessoas terão de limpar os pés para entrar."

Riam daquelas promessas mais sem pé nem cabeça, mas meu pai sabia muito bem do que estava falando. Comprava e vendia gado. Tinha reputação de ser um negociador formidável, mas generoso no final. As pessoas tinham certo receio de fazer negócio com ele, mas sempre voltavam, principalmente porque, com ele, o pagamento era garantido. Se havia prometido que pagaria em um determinado dia e já eram cinco da tarde e ele ainda não tinha aparecido, sabiam que viria para jantar. Não se tem notícia de ele ter atrasado um pagamento sequer. Assim, meu pai era como um ímã para negócios por ali. Às vezes comprava 10 bezerros aqui com 60 dias de prazo, mais 2 de outro conhecido à vista, mais 6 com 30 dias e, depois de um mês de bom trato, criava um lote com os 15 melhores e vendia com umas 2 semanas de prazo. Com isso pagava suas contas e ganhava um dinheirinho – que foi crescendo até ser o suficiente para comprar uma fazendinha, construir uma casa nova lá e também comprar a casa com o enorme quintal no centro da cidade de Moema. A vida era boa e seu plano para o ano seguinte era comprar um carro.

– Mas como comprar carro, com essas estradas aqui esburacadas? E você nem sabe dirigir, que loucura é essa? – perguntava minha mãe com seu senso prático.

Ele não argumentava muito, sabia que ela tinha razão, mas também sabia que para todo problema existe uma solução, tudo "tem jeito", como diziam.

Meu pai tinha resolvido levar a família toda para a fazenda para que lavássemos e organizássemos a casa enquanto ele escolhia um lote de bezerros para vender. Voltaríamos para a cidade ao entardecer. Não lembro muito bem dos detalhes do que aconteceu, mas trabalhamos muito. Quando voltamos para a casa em Moema, à noite, ele estava cansado e se deitou em uma das camas. Nós, crianças, corríamos pela casa toda e às vezes pulávamos na cama com ele, que nos tratava com doçura. Minha mãe, muito cansada também, gritava muito brava:

– Para com essa confusão e deixa o seu pai descansar!

A vida era boa e naquela cidadezinha do centro-oeste de Minas diziam que meu pai ia "ficar rico". Ele não ligava muito para aquilo, só lhe importava que seus filhos estudassem. Sabia fazer somas e subtrações simples, mas não muito mais do que isso.

– O problema é fazer essas contas de juros na cabeça. Agora todo vendedor quer receber juro em vendas com prazo de 30 e 60 dias, por causa da carestia que vem desde 1959. Tudo aumenta de preço e ninguém quer esperar para receber o dinheiro da venda de nada.*

Meu pai sentia na pele a necessidade do estudo e tinha comprado a casa na cidade para que seus filhos e filhas estudassem. Mesmo analfabeto – e talvez por causa disso –, ele percebia que a nova geração não teria as mesmas chances que ele se não estudasse.

Apesar da vida alegre e do progresso material dos dois, minha mãe vivia muito preocupada com a tempestade que se aproximava. Pouco mais de um ano antes, ela levantara uma manhã com o dia clareando e fizera café. Achou estranho que o marido ainda não tivesse acordado, então chamou:

– Sô, o café está pronto.

Nada. Chamou o marido de novo, sem resposta. Foi logo ao quarto ver se ele tinha saído de fininho. Ele permanecia deitado e ela continuou insistindo, sem resposta.

– Brincadeira boba essa sua, está passando da hora de levantar e cuidar das coisas – disse, tomando dele o cobertor.

Com muita dificuldade, ele conseguiu mexer o braço esquerdo e com a mão apontou para a boca.

Como se tivesse ouvido a eterna abertura da *Quinta Sinfonia* de Beethoven, ela entendeu que o destino havia batido à porta. O lado direito do corpo e a voz dele estavam paralisados. Em uma casinha no meio do mato, sem carro nem estradas, com crianças e animais dependendo deles, o que

---

* A inflação no Brasil estava disparando na época; entre 1959 e 1965 os índices anuais de inflação foram 39%, 31%, 48%, 52%, 80%, 92% e 34%, respectivamente.

fazer? Minha mãe mandou primeiro chamar a mãe dela para ajudar com as crianças, pois não tinha como mover o marido daquela cama. Os 15 dias seguintes foram de reza e chá feito com plantas da horta mesmo, além de alguma comida quando ele aceitava e conseguia comer. *Com o tempo as coisas se resolvem*, ela pensava. E se resolveram mesmo. Depois de uma semana na cama, ele começou a falar com muita dificuldade, com a língua enrolada. O braço e a perna direitos também voltaram lentamente a funcionar. Depois de duas semanas já conseguia ficar fora da cama uma boa parte do dia.

No mês seguinte, ele já estava quase normal e minha mãe insistiu que fossem ao médico mais próximo, a cerca de 60km dali. O médico, competente, não economizou palavras:

– Sr. Sebastião, o senhor está com a impressão de que está curado porque teve muita sorte. Não ficou nenhuma sequela aparente, mas o que aconteceu é gravíssimo. Pelo que me contaram, o senhor teve um derrame de sangue dentro da cabeça, do lado esquerdo do cérebro. Essa área controla a fala e os movimentos do lado direito do corpo. Digo que o senhor teve muita sorte porque essa situação poderia piorar, com mais sangue sendo derramado, o que poderia ter deixado o senhor sem andar nem falar para o resto da vida, ou poderia ter sido fatal. Felizmente, esse sangue derramado dentro da cabeça foi reabsorvido e o senhor voltou ao normal.

– Mas, doutor, então, se o sangue foi reabsorvido e eu estou bom, qual o problema?

– O problema é que pode acontecer de novo! O senhor não está livre disso e vai ter de tomar muito cuidado daqui para a frente. Não ande sozinho para lugar nenhum, porque não dá para saber quando isso vai se repetir. Como o senhor viu, isso aconteceu durante o sono, então pode ser a qualquer hora.

– Mas como viver com uma maldição assim?

– O senhor vai precisar achar a melhor maneira de viver. Não faça muito exercício físico. Não vá a lugar nenhum sozinho. A dieta também terá de mudar. Tem alguns remédios que ajudam com isso, mas não tenho aqui. Teria de pedir e o senhor viria buscar outro dia. Além disso, aviso que isso custa caro. O senhor tem de fazer de tudo para evitar que isso aconteça de novo, porque, como já disse, pode ser fatal.

Isso não mudou muito a vida do meu pai. Os remédios, ele não comprou porque era inconveniente demais voltar ao médico. Dali em diante ele sempre levava alguém quando ia para a roça e, com a compra da casa na cidade, estavam agora mais perto de "recurso", como diziam. Meu pai passou a evitar certos tipos de comida, como o médico tinha recomendado, mas não havia muito mais o que fazer, de forma que ele foi aos poucos se esquecendo do problema e a vida estava quase normal. Talvez aquilo não fosse assim tão sério. E quem sabe só aconteceria de novo dali a uns 30 ou 40 anos. Todo mundo vai morrer um dia, então não dá para viver uma vida assustada por causa disso.

Naquela noite, depois da visita da família toda à fazenda, ele estava cansado. Pouco depois das oito da noite, fomos todos dormir e, na manhã seguinte, sua última como um ser vivo na Terra, ele já estava se arrumando por volta das seis da manhã para ir para a fazenda novamente. Eu acordei também e queria ir de novo, porque o dia anterior tinha sido muito bom com todos lá.

– Hoje você não pode ir, filho. Só eu e sua irmã mais velha vamos para lá. Ela vai me fazer comida e companhia e à noite estaremos de volta.

Acho que voltei a dormir e à tarde, depois que a sombra cobriu a parte de trás da casa, lá estávamos eu e meu irmão brincando quando ouvimos a voz de uma mulher falando com minha mãe. Não entendemos nem prestamos atenção na hora, mas depois ficamos sabendo que a conversa entre elas foi mais ou menos assim:

– Boa tarde, Dona Sílvia, eu vim dar uma injeção na senhora – disse a mulher da farmácia.

Minha mãe lavava roupa naquela hora e disse que não estava doente, não precisava nem tinha pedido injeção alguma.

– Eu sei que a senhora não pediu, mas essa injeção é só um calmante. A senhora vai precisar. Me mandaram aqui porque seu marido passou mal lá na fazenda.

O comentário cauteloso era o primeiro raio da tempestade que chegara. Não teriam pedido para ela ir lá com essa injeção se a situação não fosse grave. Mamãe perguntou como ele estava e a resposta que teve foi sucinta:

– Já foram lá com um caminhão. Vão trazê-lo para cá.

Nós, crianças, só escutamos os gritos e o choro. Ficamos assustados. Aquilo era um comportamento totalmente novo e estranho em minha mãe. Em menos de uma hora chegaram com meu pai. Muita gente na rua, na porta de casa, quando o retiraram da carroceria do caminhão. Eu queria rir porque ele parecia estar brincando com a gente, fazendo de conta que era um tronco de árvore, muito quieto e duro. Havia morrido umas cinco horas antes. Muito choro e caos em um ambiente onde eu nunca tinha visto algo parecido.

– Mas o que é morrer? – perguntei.

Alguém me explicou sobre uma viagem sem volta ou coisa parecida. Como todos estavam chorando, meio sem saber por quê, chorei também, agachado em um canto no quintal.

Na manhã seguinte, muita gente na nossa casa, o caixão no meio da sala. Ouvi alguns homens, amigos do meu pai, comentando:

– E essa meninada aí, hein, como é que faz?

Um conhecido, de quem meu pai havia comprado alguns bezerros, chegou e foi logo perguntando à minha mãe:

– Eu vendi uns bezerros para ele há uns 20 dias. E agora, quem vai me pagar? Vou ter de ir lá na fazenda e pegar meus bezerros de volta ou a senhora tem o dinheiro para cobrir as dívidas dele?

Minha mãe, no estado em que estava, não tinha nem como falar, mas um amigo de meu pai disse que aquilo era um desrespeito e que dali em diante ele se responsabilizaria por vender o que precisasse e pagar as dívidas. Ficou muito bravo com o vendedor, dizendo que ele não tinha o direito de falar aquilo em uma hora daquelas. Realmente, esse amigo ajudou muito. Meu pai tinha somente umas duas ou três dívidas e foi muito fácil quitar tudo. O problema maior era como iríamos manter aquela fazenda e aqueles animais todos, porque meu irmão mais velho só falava em passar o tempo estudando. Não queria saber de fazenda.

Naquele dia fatídico, éramos oito, o bando de meninos e meninas; o mais velho nem 13 anos tinha ainda. O nono, o mais novo, nasceria três dias depois.

5
Mistérios marcianos e segredos de pedra

Se quisermos ser uma espécie inteligente vivendo em dois planetas, nunca é cedo demais para começarmos a entender um planeta como um todo. Há muito o que aprender com Marte: sua formação, evolução e seu estado atual. Existe vida em Marte? Essa pergunta é simples, mas a resposta é longa, porque no momento não temos como responder simplesmente "sim" ou "não" – e ninguém aceitaria "provavelmente não" ou "talvez" como respostas satisfatórias. A primeira e única missão até hoje a tentar solucionar diretamente essa questão sobre a existência de vida em Marte construiu as duas espaçonaves Viking, que pousaram no planeta na década de 1970. Os resultados foram inconclusivos, com grande probabilidade de que não haveria vida lá.

Então, a fim de colocar esta pergunta de uma forma mais científica, precisamos voltar vários passos atrás e nos perguntar sobre a "possibilidade de vida em Marte". A missão MSL e o veículo Curiosity não estão tentando responder diretamente se há vida em Marte. Em vez disso, queremos estudar a "habitabilidade" do planeta vizinho. Não é que já estejamos fazendo planos de colonizar Marte e queiramos saber se poderíamos viver lá. A resposta a essa pergunta já temos: não, Marte não poderia ser habitado por nós no momento sem obras gigantescas de engenharia para criar um ambiente propício à vida humana. Não temos conhecimento suficiente sobre o planeta nem tecnologia bastante para fazermos tais obras – sem contar a questão do custo e do tempo necessários para isso. Assim, o objetivo do Curiosity é bem mais modesto. Ele está procurando evidências que indiquem se Marte tem ou já teve as condições necessárias para ser ou ter sido habitado por alguma forma de vida, nem que seja microbiana.

Embora ninguém espere achar vida inteligente em Marte no momento, é possível que certas regiões na superfície tenham tido no passado ou possam ter, ainda hoje, condições necessárias para a formação de vida no planeta. Também é possível que não tenha havido tempo suficiente para formas complexas de vida evoluírem antes que Marte se tornasse inóspito. Se descobríssemos, por exemplo, evidências de uma colônia de bactérias fossilizada, essa possivelmente seria uma das maiores descobertas da humanidade. Entender a formação de vida tanto na Terra quanto em outros mundos e, sobretudo, a possibilidade de vida inteligente além do nosso planeta talvez seja uma das mais importantes tarefas que a espécie humana possa realizar. Marte, nosso vizinho mais próximo, exerce uma atração inevitável sobre quem quer investigar coisas assim.

Você pode se perguntar por que não exploramos Vênus em vez de Marte. Vênus tem o mesmo tamanho que a Terra, mas é um mundo muito mais inóspito que Marte. A atmosfera venusiana é composta quase só de gás carbônico, com nuvens de ácido sulfúrico e uma pressão quase 100 vezes maior do que a pressão ao nível do mar na Terra. Isso cria um efeito estufa tão intenso que a temperatura na superfície é de mais ou menos 467°C – suficiente para derreter chumbo!* Imagine então a tecnologia que os russos tiveram que desenvolver para pousar suas espaçonaves Venera (não tripuladas) em Vênus, no início da década de 1970. Vênus, então, está fora de cogitação em termos de habitabilidade e como opção para a espécie humana, pelo menos com as tecnologias que temos hoje e que teremos em um futuro não muito distante.

Se quisermos viver em mais de um planeta, resta-nos então Marte e, possivelmente, algumas das luas de Júpiter e Saturno, que estão muito mais distantes e são um desafio ainda mais formidável. Se gerações futuras decidirem transformar a hostilidade marciana em um planeta onde a espécie humana possa prosperar, elas vão nos agradecer por termos começado o estudo da nossa segunda morada, do nosso segundo planeta. Não estamos falando de anos ou décadas, mas com certeza de séculos.

---

* O ponto de fusão do chumbo é 327,5°C.

O que será da espécie humana no futuro distante? Se conquistarmos mesmo o sistema solar e passarmos a morar em astros menores como Marte e as luas dos sistemas joviano e saturniano, nosso DNA começará a divergir em resposta ao ambiente e à gravidade diferente. Dentro de algumas centenas de milhares de anos, provavelmente teríamos mais de uma espécie descendente de nós – que, por sua vez, podem ser geneticamente incompatíveis, sem condições de se reproduzirem entre si. Para que esse futuro possível se torne factível, precisamos começar a inventá-lo agora. Precisamos começar já a tentar entender Marte e seus mistérios.

Na imensidão do Universo

Aristóteles, na Grécia Clássica, já dizia que o ser humano é um animal provido de curiosidade, que quer aprender. Queremos sempre saber o que há por trás das montanhas que encobrem nossa visão. Outros dizem que tudo o que está escondido causa mais cobiça e curiosidade – e isso também se aplica a Marte e às ciências em geral. Nossas perguntas sobre o planeta vermelho e os outros planetas do sistema solar podem ser tão antigas quanto a invenção da linguagem.

Será que somos a única espécie com inteligência suficiente para ter consciência da própria existência e da própria mortalidade? Será que estamos sozinhos no sistema solar? Existem seres inteligentes em outros planetas que orbitam o Sol? Existem seres vivos – nem que sejam somente organismos unicelulares, bactérias – nos outros planetas ou luas próximos de nós? E nas outras estrelas? Será que existem planetas em torno delas também? E, se existirem, será que há vida inteligente por lá? Somos os únicos seres assim? Quem somos nós? O que somos? Talvez sejamos os primeiros seres com esse nível de inteligência na galáxia. Afinal, isso teria de acontecer pela primeira vez em algum lugar e logicamente não há nada a nos dizer que não possamos ser os primeiros. Na verdade, as evidências que temos no momento apontam exatamente para isto: não conhecemos nenhum outro exemplo de seres assim! Não é uma ideia muito otimista. Nossa mente acha a solidão e a indiferença do resto do Universo quase repelentes. Queremos acreditar, queremos esperar que não estejamos sozinhos.

Podemos considerar outros extremos também. No século XVIII, Voltaire escreveu um conto de ficção científica chamado *Micrômegas*. Nele, um ser gigantesco vindo da estrela Sirius e um companheiro seu vindo de Saturno chegam à Terra à procura de vida inteligente. Por muito tempo não acham nada, até que descobrem criaturas microscópicas – nós – capazes de raciocínio e de ações boas e más, de humildade e de arrogância. Esse extremo de tamanho imaginado por Voltaire é interessante para a época, mas Micrômegas pensava de forma similar e tinha mais ou menos as mesmas perguntas que nós humanos temos.

Um outro extremo mais interessante ainda seria o da inteligência. Pode ser que nossa inteligência seja tão pequena, tão primitiva, que não somos nem nunca seremos capazes de perceber as outras inteligências superiores da nossa galáxia. Seríamos algo como minhocas ou formigas, que não entendem a presença de um ser humano perto delas. Pode ser que nosso cérebro de predador, que evoluiu para resolver problemas imediatos – como achar alimento e procriar –, não tenha as estruturas nem a sutileza necessárias para realmente compreendermos o que existe. Com certeza, as formigas conseguem perceber mudanças no ambiente quando são perturbadas por um ser humano, mas é mais do que improvável que percebam a presença humana como uma forma de vida e que associem as modificações no ambiente ao ser humano presente. Não deve passar pela cabeça de uma formiga o que chamamos de causalidade, a percepção de que certos acontecimentos são causados por outros, nem a compreensão da presença de um ser humano como a causa das alterações em seu ambiente. Certamente, conceitos tão complexos assim não podem ser expressos em um sistema nervoso tão primitivo.

Portanto, pode ser que sejamos como as formigas: não percebemos nem nunca teremos a capacidade de nos comunicar com as grandes inteligências da galáxia e do Universo. Pode ser que sejamos limitados, primitivos demais. Sem uma grande evolução genética, que nos transforme em animais muito mais sutis e dotados de uma inteligência muito mais penetrante, não teremos como entrar em contato com inteligências galácticas que em muito nos excedam, se é que elas existem. Nesse caso, não teríamos sequer como entender a presença dessas criaturas muito mais avançadas que nós, assim como as formigas não entendem a presença humana. Será que isso é possível? Logicamente, sim, mas nossa mente também se rebela contra essa situação extrema. Queremos companhia, queremos outros seres inteligentes – mas não inteligentes demais – com quem possamos nos comunicar.

Será, então, que esse tipo de inteligência acessível existe por aí, em nosso sistema solar ou no grupo local de estrelas, onde o Sol é só mais uma? Ou, se não estiver assim tão próximo (este é o famoso paradoxo de Fermi: afinal de contas, se existe vida inteligente perto de nós, por que ainda não nos contataram?), será que existe esse tipo de vida em alguma estrela no nosso braço da Via Láctea? Essas perguntas sobre a existência de vida em outros planetas têm passado de uma mente pensante para outra ao longo dos séculos – e não vamos parar de fazê-las até que sejam respondidas ou até que nosso regresso ao estado animal seja tão completo que não sejamos mais capazes de perguntar quem somos e deixemos de ser humanos.

Como podemos tentar começar a responder perguntas tão grandiosas? Por dezenas de séculos, nós, a espécie humana, achamos que a Terra era o centro de tudo e que não havia nada de muito interessante além deste planeta. Os gregos, sem ter o domínio do método científico e quase sem nenhum instrumento de observação, começaram a desconfiar que isso não era verdade. Chegaram até a propor uma ideia maluca que contradizia tudo o que todos podiam ver diariamente. Todo dia vemos o Sol nascer de um lado e se pôr do outro, então é mais do que óbvio que o Sol está se movendo e nós estamos parados. Aristarco de Samos,[1] no século III antes de Cristo, teve a audácia de propor o contrário. Para ele, fazia mais sentido pensar que o Sol estava no centro de tudo e que era a Terra que girava em torno dele. Isso só parece contradizer o que podemos ver no dia a dia se tomarmos essa afirmação de forma simplista. Com o entendimento mais profundo que temos hoje, sabemos que movimento é algo relativo. Tudo depende do ponto de referência. Por isso parece que o Sol está se movendo.

Há uma maneira muito simples de entendermos como o movimento é relativo. Imagine que você está dentro de um carro passando por uma rua que tem postes de iluminação a cada 50 metros. Concentre-se nos postes e você verá que eles estão se movendo, aproximando-se do carro e ficando para trás quando o carro passa por eles. Imagine agora que o carro e a rua são tão perfeitos que não dá para sentir nenhum balanço ou barulho, não há qualquer indício de que o automóvel esteja se movendo. Nossa situação na superfície deste imenso planeta é mais ou menos a mesma. Por isso temos a impressão de que é o Sol que está se movendo todo dia.

É claro que as ideias de Aristarco não fizeram muito sucesso, mas não foram totalmente esquecidas. Só temos conhecimento delas porque Arquimedes de Siracusa[2] as citou em seu livrinho *Arenarius, ou o contador de areia*, que atravessou 23 séculos e existe até hoje! Arquimedes queria saber quantos grãos de areia cabem no Universo. Para isso, ele teve de inventar um sistema de números enormes para contar os grãos e usar os melhores modelos de sua época para determinar o tamanho do Universo. Como o modelo de Aristarco dizia que o Universo era muito maior do que os outros modelos vigentes, ele foi mencionado por Arquimedes. Mas vamos deixar nossos antepassados intelectuais gregos descansarem, porque essa é outra história.

Dezessete séculos depois de Aristarco (a humanidade é lenta e aprende devagar), Nicolau Copérnico deixou-nos seu livro *De revolutionibus orbium coelestium*, cujo título pode ser traduzido como "Sobre a revolução das esferas celestes". Nesse pequeno livro, ele expôs a ideia revolucionária de que o Sol e os planetas não giram em torno da Terra. Era mais ou menos o contrário: a Terra e os outros planetas é que giravam em torno do Sol. Assim ficava muito mais fácil entender os movimentos dos planetas no céu.

Ideias como essa eram perigosas naquela época e escrever sobre elas podia atrair a ira e o desprezo de seus pares na comunidade científica – além do risco de desagradar a Igreja e seus dogmas. Depois de muita reticência, Copérnico decidiu publicar seu livro, mas, no momento em que suas "bizarrices" foram impressas, ele já havia sofrido um acidente vascular cerebral e estava paralisado. Quando o livro foi publicado, ele já não corria riscos nem podia sentir medo, pois já estava debaixo de sete palmos de terra. Até hoje consideramos sua obra o início de uma das maiores transformações do pensamento humano e da forma como nos vemos inseridos no Universo: a revolução copernicana.

Depois de Copérnico, nossos ancestrais intelectuais finalmente começaram a varrer da mente humana as teias de aranha acumuladas por séculos de ideias dogmáticas, que não eram baseadas na experiência. A partir daí o planeta Terra vem perdendo importância. Começando como o centro do Universo, a Terra foi destronada por Copérnico (ou pelo gênio grego de Aristarco, dezessete séculos antes), que posicionou o Sol no centro de tudo. Mais tarde, livres de tantos dogmas, com mais liberdade para ousar e, acima de tudo, armados com a faca afiada do método científico, matemáticos, astrônomos e físicos – ou filósofos naturais, como eram chamados na época – foram dissecando nossa ignorância e removendo tanto a Terra quanto o Sol do centro de tudo.

Nesse meio-tempo aprendemos a reconhecer que o Sol é apenas mais uma estrela – e que só parece diferente das outras porque está muito mais perto de nós. Comparado com as outras estrelas, ele não tem nada de especial: não é a maior nem a menor; não é a mais brilhante nem a menos brilhante. É uma estrela qualquer, e estrelas evoluem. Nossa estrela Sol está mais ou menos no meio de sua vida e nem se acha no centro da Via Láctea. Um dos braços menores (Órion) é a nossa morada, mais ou menos no meio do caminho entre os dois braços principais da grande espiral – Perseus e Centaurus. Ainda assim, há cerca de 100 anos acreditava-se que o Universo se resumia a isso, a esse balé cósmico, essa grande dança espiral, onde nossa estrela, o Sol, era um dos membros do corpo de baile. Presunção! Pura presunção da mente humana, que se dá mais importância do que merece. A Via Láctea inteira, que até então era considerada o Universo todo, na verdade não passa de um grãozinho de poeira na imensidão cósmica. Para cada neurônio no seu cérebro,* há pelo menos duas galáxias no Universo – e a Via Láctea não é de forma alguma especial. Não é a maior nem a menor; não é a mais brilhante nem a menos brilhante. É só mais uma.

O tamanho e a indiferença do restante do Universo em relação a nós são estarrecedores. Como compreender e aceitar esse fato? Onde estão as outras inteligências? Por que não entraram em contato? Somos tão sem importância, tão inúteis assim? O que estamos fazendo aqui?

---

* As últimas estimativas apontam a existência de 86 bilhões de neurônios no cérebro humano. Essa foi uma descoberta feita por pesquisadores brasileiros em 2009 e publicada em: F. A. Azevedo et al., "Equal numbers of neuronal and nonneuronal cells make the human brain an isometrically scaled-up primate brain", *Journal of Comparative Neurology*, 513 (5), 532-541, 2009.

De certa forma, nosso empreendimento científico nos baniu para um canto do Universo, girando em torno de uma estrelinha sem importância alguma. Mas nossa mente também se rebela frente a esse tipo de indiferença e começamos a notar outras coisas. O planeta Terra pode mesmo ser um local sem importância, mas ainda assim é um planeta estranho. No sistema solar não há nada igual. Água, o solvente universal, é abundante por aqui no estado líquido e também nos estados sólido (gelo) e gasoso (em forma de vapor d'água, principalmente na atmosfera, mas também na sua cozinha, quando você coloca água para ferver para fazer um café). A faixa de temperaturas na qual a água pode ser líquida em pressões normais é extremamente pequena. De 0 a 100º Celsius é uma faixa muito estreita, considerando as temperaturas no Universo – onde os extremos de frio e de calor são muito mais comuns. No interior do Sol, milhões de graus; no escuro do espaço interestelar ou intergaláctico, -270°C. Essas, sim, são as temperaturas mais comuns no Universo como um todo.

A Terra e o Sol podem não ter importância alguma, mas a relação entre os dois é estranhamente especial: estamos a uma distância perfeita do Sol! Se estivéssemos muito mais próximos, como Vênus, a Terra iria se aquecer demais e não seria possível ter água líquida. A superfície do planeta estaria bem acima dos 100°C e só teríamos vapor d'água. Nesse caso, é mais do que provável que não houvesse vida na Terra.

Por outro lado, se estivéssemos longe demais do Sol, não receberíamos calor e energia em quantidade suficiente nem teríamos nossos imensos oceanos de água líquida. Há, portanto, em torno do Sol, essa região especial na qual a água pode ser líquida, a região habitável.* Outras estrelas têm regiões habitáveis parecidas: se a estrela é maior e emite mais energia, essa região fica mais distante. Estrelinhas menores que o Sol têm sua região habitável mais próxima, pois, sendo menor a fonte de calor, é preciso estar mais próximo para que a água se mantenha em estado líquido.

---

* A noção de região habitável hoje se expandiu e passou a incluir também luas onde há possibilidade de água líquida, como Europa, uma lua de Júpiter, e Encélados, que orbita Saturno. Há outras luas, como Titã (também em órbita de Saturno), em que há compostos orgânicos (metano, etano) em estado líquido, mas não sabemos se a vida poderia se formar em locais assim.

Então o mais estranho da relação entre a Terra e o Sol é que estamos na posição perfeita para o planeta ser infestado de vida: estamos bem dentro da região habitável. Visto dessa forma, Vênus está próximo demais do Sol, enquanto Marte, apesar de estar dentro (ou no limite) da região habitável, é pequeno, quase sem atmosfera e sem água líquida na superfície. Olhando por essa perspectiva, a Terra volta a ser um local especial. Nenhum dos outros planetas do sistema solar tem a mesma relação com nossa estrela. De todos os planetas conhecidos, o nosso é o mais bonito, o mais acolhedor e gentil com a vida.

Por isso, não deveria causar surpresa alguma que tantas culturas falem da nossa "mãe Terra". Na próxima vez que você estiver em frente ao mar, pergunte-se de onde vem tanta água. Como é possível termos toda essa água na forma líquida? E ela ainda "cai do céu" sem nenhum esforço de nossa parte. É muito estranho que este nosso imenso planeta seja assim tão predisposto à vida, enquanto o resto do sistema solar é mais ou menos hostil ou, na melhor das hipóteses, indiferente. Na Terra tudo conspira para facilitar a presença de vida. Esta, por sua vez, não se esconde nem é tímida: uma colher de chá do solo do quintal da sua casa contém em média mais de um bilhão de formas de vida, entre pequenos animais, sementes, fungos, bactérias e vírus.

No início da formação do sistema solar, havia uma quantidade enorme de cometas e asteroides que ainda não haviam se agregado a planeta algum. Eram os restos da nebulosa – uma nuvem de matéria interestelar – que deu origem ao Sol e a seus planetas. Nessa época, a superfície dos planetas era intensamente bombardeada por esses corpos. O testemunho disso é bem evidente na superfície da nossa Lua, que é muito antiga e mostra uma grande quantidade de crateras. Mas por que não temos, em nosso planeta, crateras similares às da Lua? Fomos de alguma forma protegidos desse bombardeio? Não, não fomos. E como a Terra é bem maior que a Lua, tanto em massa quanto em diâmetro, ela sofreu muito mais colisões de cometas e asteroides. Porém a evidência disso foi apagada porque nosso planeta tem uma geologia ativa. Existem placas se movendo que causam terremotos, temos vulcões e atmosfera com ventos, que causam erosão.

Sobretudo, temos água líquida na superfície terrestre, além de chuvas. Água líquida dissolve materiais, forma rios que arrastam os sedimentos para outros lugares, entupindo crateras abertas e causando erosão em outros pontos. Água líquida também se acumula nas regiões mais baixas, formando lagos, mares e oceanos. Nesses lugares onde a água se acumula, poeiras que caem em sua superfície e detritos trazidos por rios durante milhões de anos vão se acumulando no fundo, de forma que crateras submersas são apagadas rapidamente, se tomarmos o tempo em escala geológica. Portanto, a Terra tem uma superfície ativa e, além disso, tem vida, o que também causa modificações drásticas.

Habitabilidade marciana

Se o planeta Terra é estranho em sua predisposição à vida, Marte é estranho em muitos aspectos, pois parece que, no início, tentou ser como a Terra, mas não "deu certo". Segredos de pedra e de água nos aguardam no planeta vermelho, e vamos desvendá-los se não desistirmos. Não dá para falar de Marte sem mencionar a questão da água. Água, como sabemos, é muito comum no sistema solar e, mesmo em nuvens interestelares de hidrogênio, já foram detectados sinais da presença de moléculas d'água e de compostos orgânicos. Além disso, cometas são bolas de gelo sujo com algumas impurezas orgânicas. Acredita-se que a água em nosso planeta tenha vindo de cometas e asteroides que se chocaram com a Terra em um passado remoto, quando essas colisões eram comuns.

O mesmo deve ter acontecido com Marte no passado. Que há água por lá sempre soubemos, porque dá para ver daqui da Terra usando até mesmo um telescópio amador! As calotas polares de Marte são compostas de gelo de água e há uma camada permanente de gelo seco (CO_2) acima da água no Polo Sul. Durante o inverno marciano, um terço da atmosfera de CO_2 congela e colapsa, formando uma camada de gelo seco acima do gelo de água nos dois polos. Quando chega a primavera no Polo Norte, o gelo seco sublima e resta apenas o gelo de água. Portanto, "descobrir água em Marte" não é novidade alguma. O que seria grande novidade seria ver água em estado líquido correndo na superfície, formando lagos e oceanos. Mas isso não é possível no presente, apesar de haver alguns casos bem documentados de erosão nas bordas de crateras, onde parece que água correu "morro abaixo".

Como solvente natural na Terra, a água promove e facilita várias reações químicas, algo muito importante e útil para a formação de vida. Em Marte, há evidências incontestáveis de que, no passado, um líquido corria em sua superfície por leitos hoje secos de rios. Não há como as marcas deixadas em Kasei Valles,* por exemplo, terem sido formadas por vento ou por qualquer outro processo conhecido, então é mais fácil aceitarmos que elas foram formadas por algum líquido.

"E esse líquido era água mesmo? Como sabemos disso?", você pode perguntar. Não existem muitos materiais abundantes em planetas que fiquem no estado líquido na faixa de temperatura onde Marte se encontra. Outros compostos, como metano e etano, são líquidos e formam lagos em Titã, uma das luas de Saturno, mas em Marte estariam no estado gasoso, seriam somente vapor, porque esse planeta nunca foi tão frio quanto Titã. Como a água é comum e abundante no Universo, em Marte não deveria ser diferente, pois, conforme já disse, há gelo de água lá. Temos hoje vários satélites terrestres (ou espaçonaves não tripuladas, como preferimos chamá-los) em órbita de Marte, mapeando o planeta e sua composição. Grandes quantidades de argilas, rochas sedimentares e outros materiais que na Terra só se formam na presença de água líquida já foram identificadas por eles.

Por um processo de eliminação, em pouco tempo chegamos à conclusão de que não há outro líquido para competir com a água em Marte: era mesmo água o que corria em sua superfície. Não está claro, no entanto, se a água durou muitos milhões de anos, o tempo necessário para facilitar a formação de vida. Afinal de contas, pedra líquida – lava de vulcão – de vez em quando corre na superfície do planeta Terra: será que a água líquida em Marte se reduziu a episódios assim? Pode ser que tenha havido, sim, água líquida, mas não por um período suficientemente longo. Desvendar esse tipo de mistério é, sim, um dos objetivos do veículo Curiosity. Queremos seguir a água em Marte, saber se ela existiu em abundância em sua superfície por longos períodos de tempo – o que teria dado condições para o lento processo de formação de vida acontecer lá também.

---

* "Kasei" é o nome do planeta Marte em japonês.

As evidências acumuladas até agora mostram que Marte e a Terra começaram mais ou menos do mesmo jeito, com muita água líquida, mas depois de um certo tempo – medido em bilhões de anos –, os dois foram se diferenciando bastante. Marte acabou se transformando nesse lugar frio, seco, hiper-árido, desolado e hostil. Será que existe, nas rochas marcianas, alguma evidência fossilizada de vida, como encontramos com frequência aqui? Perguntas assim nos motivam a continuar a exploração do planeta vizinho. No presente, o grande problema para se ter água líquida por lá não é a temperatura muito baixa. Em certas regiões equatoriais, a temperatura pode chegar a 30ºC durante o verão. O grande problema é a atmosfera tão rarefeita. A baixa densidade atmosférica e sua baixíssima concentração de vapor d'água fariam a água líquida evaporar rapidamente e mesmo o gelo de água iria sublimar, sem se tornar líquido.

Então, se Marte teve água líquida no passado, será que teve vida também? Não estamos interessados somente em analisar a água encontrada em Marte. Estamos interessados em vida. O que mais além de água é necessário para a vida se formar?

O tipo de vida que temos na Terra não é possível sem CHONPS: carbono, hidrogênio, oxigênio, nitrogênio, fósforo e enxofre, além de pequenas quantidades de uma grande variedade de outros elementos químicos. O carbono é um elemento quase mágico em sua capacidade de se combinar com o hidrogênio, formando moléculas imensas e criando polímeros. Esse elemento é tão especial que temos uma área do conhecimento inteira, uma química inteira, dedicada somente a ele, a química orgânica, ou química do carbono. A outra química (inorgânica) dedica-se a todos os outros elementos da tabela periódica. Os elementos da sequência CHONPS parecem estar presentes em Marte, pelo menos em forma de gás ou em rochas.

Uma das coisas que o Curiosity está procurando é a presença de compostos orgânicos – uma das condições para a habitabilidade. Então falamos até agora de dois fatores necessários para a habitabilidade: água e química, representada pelos elementos CHONPS e os compostos orgânicos. O terceiro fator é uma fonte de energia – porque, sem energia, as reações químicas não acontecem e a vida não se forma. A superfície de Marte é banhada pelo Sol todos os dias, como a nossa superfície terrestre, só que com menor intensidade. Sabemos também que em Marte existem reações químicas com percloratos, que liberam elétrons e são uma fonte de "energia química" que poderia ser usada por bactérias. Então parece que energia também não seria um grande problema por lá.

Formação e geologia marciana

Marte é essencialmente um planeta vulcânico, com uma superfície rochosa como a Terra e bem diferente dos gigantes gasosos Júpiter, Saturno, Urano e Netuno, situados depois dele à medida que nos afastamos do Sol. Que segredos as rochas marcianas guardam e podem nos contar se soubermos interrogá-las com instrumentos corretos e métodos suficientemente sutis? Há muito a saber, um mundo todo a descobrir. Por exemplo, será que as rochas marcianas preservam alguma evidência de formas de vida em nosso planeta vizinho? Já sabemos que Marte tem muitas rochas sedimentares, mas o que elas nos dizem? Que instrumentos deveríamos levar para lá com o intuito de obtermos os resultados mais significativos possíveis?

Não conseguimos ainda desvendar a evolução geológica do planeta vermelho, mas, como em um quebra-cabeça, existem muitas pistas que nos ajudam a entendê-la melhor. Fotos de alta resolução da superfície marciana e medidas de altimetria do relevo foram obtidas por satélites nas últimas décadas, possibilitando grandes avanços no entendimento da formação e evolução do planeta. Muitos planetólogos acreditam que Marte não foi estável por um período longo o suficiente para vida complexa ter evoluído ali. Segundo essa opinião, o planeta tomou um caminho diferente da Terra muito cedo, tornando-se o local inóspito que é hoje. Essa visão, no entanto, não é unânime.

Nosso planeta se formou na mesma época que Marte, e as primeiras células vivas apareceram aqui em torno de 1 bilhão de anos depois. Pelos 3 bilhões de anos seguintes, que cobrem os períodos Arcaico e Proterozoico, a Terra continuou a ser habitada somente por organismos unicelulares. Durante essa infinidade de tempo, quase nada aconteceu por aqui. Somente há 750 milhões de anos surgiram os primeiros seres vivos multicelulares.

De repente, entre 540 e 520 milhões de anos atrás, tudo mudou. Nessa época aconteceu o evento mais relevante, mais espantoso, na história do nosso planeta, que resultou na minha e na sua existência: a Explosão Cambriana. Nesse "piscar de olhos" do tempo cósmico, surgiram os primeiros seres vertebrados, que dariam origem a praticamente todos os animais vivos na Terra. Não temos ainda um conhecimento suficientemente sofisticado do nosso planeta para entender por que milhares de espécies de seres vivos surgiram ao mesmo tempo. Como a história na Terra é tão estranha, não é difícil pensar que Marte pode ter passado por uma evolução inicial parecida, com bilhões de anos de vida unicelular. Pode ser que, por alguma razão, a vida não tenha ido para a frente por lá, não tenha progredido além das formas unicelulares simples, que o planeta não tenha vivenciado o equivalente da nossa Explosão Cambriana.

Marte também evoluiu do ponto de vista geológico, passando por quatro períodos distintos desde sua formação até o presente. O primeiro período é chamado de Pré-Noachiano e durou em torno de 400 milhões de anos – indo da formação inicial do planeta, há mais ou menos 4,5 bilhões de anos, até 4,1 bilhões de anos. Nessa época, Marte, assim como a Terra, era um dos objetos crescendo em torno do Sol – que também acabara de se formar. Havia muita matéria ao seu redor e um bombardeio incessante em sua superfície. Objetos, desde grãozinhos de poeira até planetoides, "caíram do céu" e passaram a fazer parte do planeta. Foi então que se formou uma das características mais gritantes do planeta, a dicotomia Norte-Sul. Os hemisférios Norte e Sul do planeta são muito diferentes entre si. Trataremos com mais detalhes dessa dicotomia um pouco adiante.

Outro fato notável dessa época é que provavelmente o planeta tinha uma atmosfera muito mais densa, bem diferente de hoje. O período Pré-Noachiano termina mais ou menos com a escavação da grande bacia de Hellas,[3] formada por uma das últimas grandes colisões com um objeto enorme que ainda estava próximo a Marte e interceptou sua órbita. Hellas é uma supercratera, com 2.300km de diâmetro e mais de 7km de profundidade. A pressão atmosférica nas partes mais profundas de Hellas é quase o dobro da pressão na superfície de referência do resto do planeta – o equivalente ao "nível do mar" em Marte. Como não há mar no presente, a superfície de referência é uma esfera de 3.390km de raio (o raio da esfera de referência da Terra é 6.371km). A pressão atmosférica nessas regiões mais profundas de Hellas está acima do chamado ponto triplo da água, ou seja, em algumas localidades, no fundo da bacia de Hellas, poderia existir água líquida no verão, estável ainda hoje, não passando imediatamente para a fase de vapor. Por essas razões, o que mais caracteriza a era marciana Pré-Noachiana são a dicotomia Norte-Sul e a formação de Hellas.

O segundo período pelo qual Marte passou durante sua evolução até o presente é o Noachiano, nome dado em referência a Noachis Terra,[4] ou "Terra de Noé", uma das regiões mais antigas da superfície marciana. Nesse período, que vai aproximadamente de 4,1 a 3,7 bilhões de anos atrás, houve grandes dilúvios em Marte, com afloramento de água líquida na superfície, causando enchentes catastróficas e escavando voçorocas (erosão hídrica) gigantescas – como é o caso, novamente, da região de Kasei Valles.[5] Ainda não conhecemos a causa desses dilúvios. As regiões que não foram escavadas e erodidas pela água são cobertas de crateras muito antigas, e Noachis Terra é um dos melhores exemplos. Em cada 1 milhão de quilômetros quadrados de Noachis Terra existem mais ou menos 400 crateras de mais de 8km de diâmetro. Se o Brasil tivesse a mesma densidade de crateras, teríamos pelo menos 3.400 crateras com mais de 8km de diâmetro no território nacional e nossa paisagem seria completamente diferente.

Essas crateras marcianas se formaram mais ou menos no mesmo período em que a vida estava em processo de formação na Terra. Como havia água líquida em Marte nessa época, causando essas enchentes gigantescas, sua atmosfera também deveria ser muito mais densa e o planeta, bem mais quente e úmido do que hoje. Por incrível que pareça, temos uma teoria bem sólida de como isso pode ter acontecido, e ela envolve os vulcões.

Como já dissemos, o estudo de Marte poderia ter terminado após a missão da Mariner 4, que enviou para a Terra imagens que mostravam a região próxima ao Polo Sul marciano coberta de crateras. Isso fez a maioria dos cientistas considerar Marte um planeta morto. As coisas só melhoraram mais tarde, com a chegada em órbita marciana da Mariner 9, que descobriu, entre outras coisas, o planalto de Tharsis, com seus antigos vulcões.

O planeta havia sido geologicamente ativo, com o testemunho mudo dos vulcões a nos mostrar que o passado marciano não fora tão simples assim. Nessa região existem três vulcões alinhados – que são enormes em comparação com os vulcões terrestres. Para se ter uma ideia, o mais baixo deles, o monte Pavonis, ou Pavonis Mons,* tem mais de 14km de altura. Mais ao norte está o monte Ascraeus, ou Ascraeus Mons, com 18.200m de altura, e o terceiro vulcão, ao sul do equador, é o monte Arsia, ou Arsia Mons, com 17.700m. Marte não tem um dos mecanismos pelos quais a Terra perde calor, que são os movimentos de placas tectônicas. Por isso o resfriamento do planeta, desde seu nascimento de fogo, ocorreu por vulcanismo – que por alguma razão se concentrou na região de Tharsis.

Além desses três vulcões, existem nessa região outros dois que são muito, muito maiores. O primeiro é o mais alto vulcão de todo o sistema solar, Olympus Mons, erguendo-se 21km acima do nível médio de referência do planeta. Portanto, ele é quase três vezes mais alto que o monte Everest, na Ásia, a montanha mais alta da Terra. Só a base dessa montanha marciana tem mais de 500km de diâmetro. O outro é o Alba Mons, também chamado de Alba Patera. Como a lava desse vulcão era diferente da dos outros, apresentando muito menos viscosidade, ela escorria muito. Por essa razão, o Alba Mons não cresceu muito verticalmente e não passa de 6.800m de altura, um terço de Olympus Mons. No entanto, sua lava se estende até 1.350km de distância da caldeira central. Em termos de área, Alba Mons é o maior de todos e sua borda norte fica na área de transição da dicotomia Norte-Sul.

Não sabemos em detalhes como nem por que o planalto de Tharsis se formou, mas o planeta Marte vomitou do seu interior 300 milhões de quilômetros cúbicos de material, que foram depositados pelos vulcões nessa região. Esse acontecimento pode ter tido consequências enormes para o planeta como um todo. Segundo uma estimativa, se esse material tivesse CO_2 e vapor d'água nas mesmas concentrações da lava de vulcões no Havaí, então o dióxido de carbono seria suficiente para produzir uma atmosfera com uma densidade uma vez e meia maior que a densidade da atmosfera terrestre (1,5 bar). Além disso, o vapor d'água teria se acumulado na atmosfera, produzindo nuvens e chuvas que poderiam cobrir todo o planeta com um oceano global de 120 metros de profundidade!

---

* Pavonis Mons está somente meio grau acima do equador marciano e 113 graus a oeste da Cratera Ayr.[6]

Não temos certeza se podemos usar as características dos vulcões do Havaí para fazer inferências sobre os vulcões marcianos, por isso não dá para dizer se houve toda essa água mesmo. Ainda assim, é razoável tentar fazer estimativas como essa, porque os materiais presentes em Marte são os mesmos que vemos aqui na Terra. Afinal de contas, os dois planetas foram formados do mesmo material que deu origem ao nosso sistema solar. Essa questão nos dá a medida do desafio que Marte nos propõe, de tentar entender seu passado distante, durante o período Noachiano. Os fatos mais importantes desse período marciano, portanto, são a formação do planalto de Tharsis e o início do vulcanismo, seguidos pelos dilúvios e a erosão.

O terceiro período na evolução geológica de Marte é chamado de Hesperiano e começa 3,7 bilhões de anos atrás. No entanto, o fim do Hesperiano e o início do período seguinte, o Amazônico, não são bem definidos, podendo ter acontecido entre 3 e 1,5 bilhão de anos atrás. Essas datas são muito incertas, principalmente esse limiar em que termina um período e começa o seguinte. A cena mais comum em Marte no período Hesperiano incluía vulcões jorrando lavas por centenas de quilômetros – veja por exemplo a região próxima ao vulcão Tyrrhena Patera.[7] Pedra líquida inundou e cobriu grandes extensões do planeta, soterrando e apagando antigas crateras. É possível que lagos efêmeros tenham se formado nessa época também, mas não sabemos ao certo. O fato definitivo, que marca o fim desse terceiro período, é o sumiço da água. Ao final dessa era Marte secou. E não sabemos – nem em termos aproximados – quando isso aconteceu.

Finalmente, o quarto e último período – o Amazônico – é o mais longo de todos e vai de mais ou menos 3 bilhões de anos atrás – ou 1,5 bilhão de anos – até o presente. A partir desse período, o planeta já estava essencialmente morto ou em coma. Marte havia se transformado em um local hiper-árido, praticamente sem água na atmosfera ou em sua superfície. Esse período recebeu esse nome por causa da Amazonis Planitia,[8] uma região de planície a leste do monte Olimpo que é plana, quase sem nenhuma cratera, com alguns sinais de geleiras e alguma erosão hídrica na superfície. O que distingue os dois últimos períodos dos anteriores é que o Hesperiano marca a transição entre as épocas de grande bombardeio de asteroides e produção de crateras, característica dos períodos Pré-Noachiano e Noachiano, e o planeta Marte do presente, hiper-árido, frio e coberto de poeira vermelha.

Já entendemos, de modo geral, a evolução do planeta Marte, que começou como o irmão pequeno da Terra, mas teve um futuro bem diferente. Porém dois mistérios envolvem a formação de tantas marcas na superfície do planeta em um passado distante.

O primeiro grande mistério é a dicotomia Norte-Sul. Só nos últimos 20 anos obtivemos dados topográficos das diferentes regiões da superfície marciana. Com o auxílio de satélites em órbita de Marte, foi possível medir a altura da superfície – o relevo – do planeta com grande precisão. Usando lasers, podemos jogar pulsos de luz do satélite para a superfície. Ao captar um pouquinho da luz refletida de volta, é possível medir o tempo gasto para o pulso ir até a superfície e voltar para o satélite. Usando esse tempo e a velocidade da luz, é fácil calcular a distância de cada ponto da superfície de Marte até o satélite.

Essas medidas produziram mapas da altitude de cada ponto do planeta com precisão de centímetros – e o resultado é surpreendente! Veja a figura com o mapa colorido da topografia marciana nas páginas II-III do caderno de fotos. Há uma diferença gritante entre os hemisférios Norte e Sul. Se a Terra fosse como Marte, todos os nossos oceanos estariam no Hemisfério Norte e todos os continentes habitáveis estariam no Hemisfério Sul.

Ao sul do equador marciano, o solo está a uma elevação bem acima da superfície de referência e se parece um pouco com a nossa Lua, com muitas crateras em Noachis Terra. Isso indica que essa superfície é muito antiga e preservou as crateras até hoje. Já o Hemisfério Norte é completamente diferente. Em primeiro lugar, não há quase cratera alguma, a superfície é lisa. Além disso, como se fosse o fundo de um oceano, o Hemisfério Norte está 3km abaixo da superfície de referência. Apesar de muitos dados já coletados e de muitas teorias e hipóteses, não sabemos a origem da dicotomia Norte-Sul – que pode ter ditado como o planeta evoluiu e se diferenciou da Terra.

Existem pelo menos três hipóteses para a origem dessa dicotomia na crosta marciana. Uma delas envolve mecanismos endogênicos (acontecimentos no interior de Marte, abaixo da superfície), enquanto as outras duas envolvem processos exogênicos, ou seja, vindos de fora. A primeira hipótese exogênica propõe que um impacto com um grande objeto, quase do tamanho de Marte, pode ter apagado as crateras que deveriam existir no Hemisfério Norte. A grande energia liberada na colisão teria fundido as rochas e "recapeado" o Hemisfério Norte do planeta. Se essa hipótese for verdadeira, isso deve ter acontecido muito tempo atrás, durante o período Pré-Noachiano, quando Marte ainda estava em formação e havia muitos objetos grandes à sua volta. Entretanto, essa teoria não explica bem por que o bombardeio de objetos menores não formou novas crateras no Hemisfério Norte durante o período Noachiano.

A segunda hipótese exogênica envolve múltiplos impactos, que também devem ter ocorrido na infância do planeta. Eles teriam o mesmo resultado de remover parte da crosta marciana na região Norte.

Além dessas duas, há também a terceira hipótese, que é endogênica. Existe a possibilidade de que o manto marciano tenha aflorado até a superfície e seu movimento tenha afinado a crosta marciana no Hemisfério Norte, causando o "recapeamento" dessa parte do planeta.

Muitas pessoas pensam que a superfície no Hemisfério Norte é lisa porque a água correu do Hemisfério Sul para lá, levando sedimentos que entupiram as crateras e deixaram tudo liso. Se isso aconteceu, o Hemisfério Norte já seria bem mais baixo que o Sul – ou seja, a dicotomia Norte-Sul já teria se formado. Isso poderia ajudar a explicar a falta de crateras na primeira hipótese exogênica, mas mesmo assim ainda restariam muitas perguntas e inconsistências.

É bastante óbvio nos mapas topográficos de Marte que de fato muita água correu do Sul para o Norte, porque os leitos secos dos rios ainda estão lá, começando nas Terras Altas do Sul e terminando nas Terras Baixas do Norte. Em dias longínquos, dos quais ninguém pode dar testemunho, choveu muito em Marte. Que cheiro tinha essa chuva? Que barulho fazia, se não havia ninguém para cheirá-la e ouvi-la? Somente com um ciclo hídrico completo, com grande quantidade de água líquida e estável na superfície, transporte de massa para nuvens, chuva e neve seria possível encher rios que correram por milhares de anos. Se isso aconteceu mesmo, então os lagos, possíveis reservatórios dessa água líquida, acumulariam poeira no fundo por centenas de milhares (ou milhões) de anos e formariam rochas sedimentares em Marte.

Dados obtidos com radares de baixa frequência, que mapeiam o material abaixo da superfície, sugerem que existe uma população de crateras entupidas no Hemisfério Norte marciano, que pode ser tão grande quanto as crateras das Terras Altas do Sul, em Noachis Terra. Ainda sabemos muito pouco sobre Marte, mas podemos dizer que o fenômeno causador da dicotomia Norte-Sul afetou para sempre a evolução desse planeta e as chances de vida se formar por lá.

O segundo mistério é o Valles Marineris. A região do planalto de Tharsis[9] acumulou tanto basalto vindo do interior do planeta que as rochas embaixo não aguentaram o peso e sofreram fratura, criando o maior cânion do sistema solar. Dilúvios bíblicos alargaram e aprofundaram esse canal, que seria descoberto 3 bilhões de anos mais tarde pela nossa minúscula espaçonave não tripulada, a Mariner 9. Como já mencionamos, o Valles Marineris ganhou esse nome em homenagem à Mariner 9 e tem 4.000km de extensão, mais ou menos a distância do extremo norte ao extremo sul do Brasil, chegando a 200km de largura em algumas partes e 7km de profundidade. Como e quando esse vale foi escavado? Que processos produziram a água que correu por ali, fazendo aquele estrago na superfície e depois desaparecendo, deixando somente essa enorme erosão como testemunho de acontecimentos ocorridos muito antes de haver humanos aqui na Terra?

Não sabemos ao certo se esses dilúvios foram causados por chuva, se a água brotava do chão ou as duas coisas. No entanto, é certo que muita água correu das Terras Altas do Sul para regiões mais baixas do Hemisfério Norte. Pelo menos parte dessa água deve ter esculpido o enorme Valles Marineris que vemos hoje e que "deságua" mais ou menos nas coordenadas marcianas 10º N, 320º E. Essa região está mais ou menos na borda da dicotomia Norte-Sul. Em regiões mais ao norte de Marte, o terreno é todo baixo e liso, quase sem crateras.

Temos uma longa lista de perguntas sobre o planeta Marte para as quais ainda não temos respostas. A maior e mais intrigante delas é: algum tipo de vida se formou em Marte? Não sabemos. Se não se formou, por que não? Não sabemos. O que aconteceu com a atmosfera de um planeta inteiro, que um dia foi tão densa quanto a nossa e depois entrou em colapso? Não sabemos. Nossa melhor teoria para explicar o sumiço da atmosfera tem vários problemas e, de certa forma, só adia a resposta, sem resolver a questão. Se Marte teve água líquida no passado, o que aconteceu com ela? Temos várias hipóteses, mas não sabemos com certeza. Até podemos explicar razoavelmente o sumiço da água, mas essa teoria sugere que Marte estaria coberto por carbonatos, que nunca foram achados nem por satélites em órbita nem por nenhum dos veículos que desceram até a superfície, incluindo aí o Curiosity. Então, em vez do problema da água, ficamos com o problema dos carbonatos. O que aconteceu? Que forças levaram Marte a se diferenciar tanto da Terra nos últimos 3 bilhões de anos? Por que o planeta se tornou hostil à vida no presente? Não sabemos as respostas a nenhuma dessas perguntas e elas nos parecem ser boas razões para continuarmos estudando Marte, o planeta da geologia dos extremos.

Coordenadas

[1] Ilha de Samos, Grécia – coordenadas terrestres: 37º44'37" N, 26º49'16" E.
[2] Siracusa, Sicília, Itália – coordenadas terrestres: 37º04'32" N, 15º17'12" E.
[3] Bacia de Hellas, Marte – coordenadas marcianas: 41º18' S, 68º E.
[4] Noachis Terra, Marte – coordenadas marcianas: 32º30' S, 12º30' E.
[5] Kasei Valles, Marte – coordenadas marcianas: 25º N, 300º30' E.
[6] Pavonis Mons está somente meio grau acima do equador marciano e 113 graus a oeste da Cratera Ayr. Pavonis Mons, Marte – coordenadas marcianas: 0,5º N, 113º W.
[7] Vulcão Tyrrhena Patera, Marte – coordenadas marcianas: 21º30' S, 108º E. Veja também 19º21'30" S, 112º55' E.
[8] Amazonis Planitia, Marte – coordenadas marcianas: 25º N, 158º W.
[9] Planalto de Tharsis, Marte – coordenadas marcianas: 3º19' S, 111º24' W.

6
A abolição das distâncias

Sobrevivemos. Aos trancos e barrancos, mas sobrevivemos. Todos os animais que tínhamos foram vendidos; a fazenda, alugada. Passamos a morar na casa da cidade, vivendo do dinheiro arrecadado com as vendas e o aluguel da fazenda. Uns três anos mais tarde, eu estava jogando bola na frente de casa com vários amigos quando um dos meus irmãos mais velhos me chamou a um canto e disse bem baixinho:

— Tem uma coisa importante que eu quero contar, mas você não abre a boca, não conta para essa molecada toda aí, tudo bem?

— Tudo bem.

— Nossos vizinhos do bloco de cima compraram uma máquina nova muito estranha. É uma caixa com um vidro cinza na frente. Essa máquina liga na eletricidade e forma umas imagens nesse vidro.

— Mas como forma imagens?

— Não forma só imagens. Chama-se televisão, que quer dizer ver as coisas longe. Com essa máquina, é possível a gente ver e ouvir pessoas que estão muito longe.

— Dá para ver gente que está muito longe mesmo, longe igual São Paulo? — perguntei meio incrédulo.

É claro que eu esperava ele dizer que aí também era demais! Para minha surpresa, ele disse que dava, sim, para ver gente em São Paulo e no Rio de Janeiro também, mas que não dava para escolher quem ver. As pessoas apareciam na frente de uma outra máquina lá em São Paulo e a imagem e a voz delas eram transmitidas para aquela caixinha de televisão que nossos vizinhos tinham comprado. Meu irmão havia descoberto a existência da televisão umas duas semanas antes e tinha ido muitas vezes à casa do vizinho ver e ouvir aquelas imagens formadas na superfície de vidro. Ele dizia que parecia coisa de outro mundo. Aquela era a primeira ou a segunda daquelas máquinas em nossa pequena cidade.

– E eu posso ver também? Me leva lá? – pedi.

Ele, fazendo um pouco de suspense, como se me fizesse um favor enorme – que com certeza iria cobrar mais tarde de alguma forma –, então me disse:

– É por isso mesmo que te chamei. Se você sair de fininho e não falar nada para ninguém, eu vou levar você lá agora.

– Mas por que temos que ir lá agora? Não dá para terminar o jogo?

– Tem que ser agora. Já falei que não dá para a gente escolher o que vai ver. O que eu quero mostrar para você vai acontecer daqui a pouco, então é melhor largar essa bola logo. Nem sua ela é. Se você quiser ir, vai ter que ser agora.

Eu achei aquela insistência uma chatice enorme e tentei pedir mais tempo, mas meu irmão já estava perdendo a paciência.

– Se você não quer ir, problema seu. Depois não reclama que eu não chamei. Tentei levar você, mas você não quis ir. Estou indo.

– Espera – pedi. – O que é que você vai ver lá hoje que precisa dessa pressa toda?

Meu irmão então me explicou que eu era um ignorantezinho e não sabia de nada. Estava todo mundo falando sobre a televisão e sobre o que estava acontecendo naquela semana. Muita gente queria ver a TV naquele dia, talvez fosse o dia mais importante de todos os que já haviam passado antes. O que ia acontecer, se desse mesmo certo, iria ficar para a história e as pessoas no futuro iriam falar sobre aquilo para sempre.

– Mas o que é mesmo que vai acontecer? Por que você não me conta logo?

Meu irmão gostava de enrolar a gente o máximo que podia, por isso colocou a mão no meu ombro e disse para meus colegas que nossa mãe o tinha mandado me buscar. Foi mais ou menos me empurrando pelo ombro, mas, em vez de entrar no portão do nosso quintal, ele me guiou e passamos direto pela frente da casa e viramos na primeira rua à esquerda. Nossa casa era a da esquina, então foram só uns 15 metros até chegarmos lá e desaparecermos da vista dos meus colegas. Até isso acontecer, meu irmão tinha medo de os meus colegas perguntarem aonde estávamos indo e tentarem ir atrás de nós, por isso continuava a me empurrar. Eu seguia de má vontade com aquilo, mas curioso para ver a tal máquina mágica.

Depois que viramos a esquina, ele começou a me contar mais sobre a TV e a me dizer que o mundo estava mudando. Muitas coisas estavam sendo descobertas e invenções novas estavam sendo lançadas. Quem sabe um dia até nós também teríamos uma máquina de televisão. A gente iria poder aprender muito e ver coisas que não existiam em nossa cidadezinha. Ele sabia que esse tipo de conversa sempre me interessava muito. Continuamos andando, ele com mais pressa e mais vontade do que eu. Chegou a um ponto em que parei de ficar para trás de propósito e realmente comecei a gostar e a prestar atenção no que ele me contava. Ele apertou mais o passo e, quando já estávamos a uns 20 metros da casa do vizinho que tinha comprado a TV, me disse:

– Agora eu sei que você não vai voltar gritando para os outros meninos virem também. Vou contar o que vamos ver. O dia de hoje vai ficar marcado como um dos mais importantes para a humanidade.

– Por quê? – eu quis saber.

– Qual a coisa mais distante que você consegue ver?

Ele tinha essa mania chata de não responder o que a gente perguntava e fazer outra pergunta em cima.

– Sei lá qual a coisa mais distante que dá para ver. O que vai acontecer hoje?

– Pela primeira vez tem gente que saiu do planeta Terra. Hoje, enquanto nós estamos aqui na rua conversando, tem três homens na Lua. Se tudo der certo mesmo, hoje vamos ver na televisão três homens que vão tentar andar na Lua!

– Andar na Lua? Como andar na Lua? Dá para andar na Lua? Como eles fizeram para chegar lá? A Lua está muito longe! A Lua é a coisa mais distante que dá para a gente ver?

É claro que a Lua não é a coisa mais distante que dá para a gente ver a olho nu. O Sol está mais de 400 vezes mais longe. A estrela seguinte depois do Sol está mais de 100 milhões de vezes mais distante que a Lua. As outras estrelas da Via Láctea estão muito mais longe ainda. Mesmo assim, não damos o devido valor ao olho humano se considerarmos somente as estrelas da nossa galáxia. Várias galáxias – ilhas de estrelas no Universo, com enormes vazios entre elas – são visíveis a olho nu, a começar pelas Nuvens de Magalhães, duas galáxias satélites da Via Láctea. Provavelmente, os objetos mais distantes visíveis a olho nu em um céu bem escuro sejam as galáxias Centaurus A (também chamada NGC 5128), Messier 81 (M81 ou NGC 3031) e Messier 83 (M83 ou NGC 5236), que estão a 12, 12 e 15 milhões de anos-luz, respectivamente. Ou seja, a luz emitida por esses objetos viaja mais de 10 milhões de anos desde que saiu de lá até alcançar o nosso olho aqui no planetinha azul. Quando essa luz saiu dessas galáxias que vemos agora, não havia um único ser humano andando no planeta Terra.

Eu tinha muito mais perguntas do que meu irmão tinha paciência para responder. Além disso, estávamos chegando à casa do vizinho, junto com várias outras pessoas também. Vi até um amigo que chegava com seu pai. Esse amigo não tinha ido jogar bola, não morava na nossa rua.

Meu irmão tinha pouco tempo para explicar, porque estávamos quase na porta, mas disse:

– Fizeram um foguete muito grande e embarcaram esses três dentro. Por três dias, eles viajaram nesse foguete rumo à Lua e desceram lá dentro de uma coisa, uma cápsula de metal. Agora eles estão se aprontando para sair e caminhar na Lua.

Vendo o tanto de gente chegando e o barulho vindo da pequena sala da casa, ele ainda teve tempo de me lembrar de que eu atrasei tudo:

– Está vendo? Já está cheio de gente aí. Se você não tivesse ficado enrolando, poderíamos ter chegado mais cedo para pegar um bom lugar para ver. Você quer entrar e tentar ver assim mesmo ou quer voltar para casa?

É claro que eu queria ver o que ia acontecer! Quando conseguimos entrar na sala, achei estranho, porque havia somente uma cadeira perto da parede do fundo com a tal "caixa" de televisão em cima. Foi uma grande decepção para mim, porque, pelo que o meu irmão tinha descrito, eu esperava muito mais. Aquela caixinha tinha mesmo uma frente de vidro. Apareciam umas imagens meio difíceis de reconhecer. Em pouquíssimo tempo, consegui perceber que aquelas imagens eram mesmo de gente, como uma foto que se mexia. Parecia estar chovendo no lugar daquelas imagens que estavam se formando, e era um chuvisco forte. Riram de mim e me disseram que não, que aquele chuvisco era só na imagem, porque ainda era difícil transmitir com maior clareza.

Todos os móveis haviam sido removidos para abrir espaço. A sala estava apinhada de gente. Não tinha lugar para ninguém sentar, com a sala cheia de adultos, muita gente conversando e os filhos mais velhos do dono da casa, amigos do meu irmão, pedindo silêncio. Nós, as crianças, fomos colocadas sentadas a meio metro da TV e dali assistimos aos pequenos passos de Neil Armstrong na Lua.

O espanto desse mundo novo que se abria, não como "a máquina do mundo" descrita por Drummond em seu zen-poema, mas como a expressão do possível, da minha ignorância e da promessa de coisas novas, teve um efeito poderoso em minha mente de criança. O mundo ficou muito mais interessante ali, como se naquele dia houvessem sido feitas promessas de um futuro em que o formidável iria se misturar com o cotidiano para sempre, bastando olhar da maneira certa para perceber isso. Se agora tínhamos ali no vizinho uma máquina que de certa forma anulava a distância e, ainda por cima, dava para viajar até a Lua, o que mais seria possível?

Não posso dizer que aquilo me inspirou de alguma forma a perseguir a oportunidade de um dia trabalhar para a NASA, porque não seria verdade. Ninguém havia nos dito que poderíamos sonhar assim naquela época. Porém já tive a oportunidade de contar lá na sede da NASA, em Washington, essa história da primeira vez que vi televisão. Os colegas com quem estava conversando, dois nascidos nos Estados Unidos e os outros três estrangeiros, ficaram emocionados. Todos queriam contar também como tinha sido aquele dia 19 de julho de 1969, onde estavam, o que viram e como se lembravam daquela semana em que o mundo inteiro parou para ver o drama dos primeiros seres humanos pisando na Lua. Aquela conquista tinha sido a culminação de um esforço concentrado de milhares de engenheiros, cientistas e técnicos trabalhando por mais de uma década.

Apesar de a tecnologia ainda ser bem primitiva, eles conseguiram um feito gigantesco que tem repercussões enormes até hoje. Uma das afirmações de alguns engenheiros da época ainda nos persegue: "No futuro, quando tentarem ir para a Lua de novo, verão quanto isso é difícil." Hoje temos objetivos bem mais distantes que a Lua. A realidade mundial é outra e não é possível convencer ninguém a financiar uma missão para a Lua somente para repetir o que já fizeram antes, há tantos anos. Para voltarmos à Lua hoje teríamos de ter objetivos diferentes e mostrar que faz sentido investir tanto dinheiro em um projeto desse tipo.

7

E será que foram mesmo?

Até hoje muita gente me faz essa pergunta, se o homem foi mesmo à Lua ou não. É interessante notar que não é só no Brasil que tem gente que não acredita. Na Escócia e mesmo nos Estados Unidos também há pessoas que não acreditam. Acho que esse é um fenômeno mundial. Certa vez contei para um motorista de táxi, que me levava do aeroporto de Los Angeles para casa, que eu acabara de chegar das férias no Brasil e que trabalhava na NASA, no JPL.* A primeira pergunta que ele me fez foi se eu acreditava mesmo que os americanos tinham pisado na Lua. Em geral, informações genuínas e independentes sobre o programa espacial não são muito acessíveis no Brasil por causa da barreira da língua. Até nos Estados Unidos, muita gente não sabe onde procurar e acaba descobrindo muitas "teorias da conspiração" sobre o assunto. Assim, em vez de diminuírem, as dúvidas às vezes aumentam. Há muita desinformação sobre esse tema nos meios de comunicação, em especial na internet, por isso esta é uma boa oportunidade para passar alguns fatos a limpo.

Muitas pessoas pensam que o grande feito dos americanos seria algo inatingível com a tecnologia da época. Por isso elas têm dificuldades em

---

* O JPL é o que chamam de FFRDC, ou "Federally Funded Research and Development Corporation". Trata-se de uma empresa de pesquisa e desenvolvimento financiada pelo governo, algo mais ou menos análogo ao que acontece no Brasil com a Embrapa. Na verdade, trata-se de um laboratório do Caltech (California Institute of Technology). O dinheiro vai do governo americano para a NASA, que repassa os recursos para o Caltech, que administra o JPL. Legalmente somos prestadores de serviços, mas somos considerados um dos centros da NASA e fazemos parte da família.

acreditar que isso possa mesmo ter acontecido. Também é verdade que as pessoas podem mudar de opinião se os argumentos forem mesmo convincentes, mas sabemos também que ninguém convence ninguém. É preciso que cada um entenda primeiro os fatos e então tire as próprias conclusões. Então, se você quer saber mais sobre a corrida espacial e a viagem à Lua, aqui vão alguns fatos.

Vamos deixar de lado todas aquelas teorias da conspiração e pensar da seguinte forma: em qual parte dessa façanha você não acredita? Acho que podemos chamar as viagens à Lua de façanhas, no mesmo sentido que as grandes navegações dos portugueses e espanhóis foram façanhas dos séculos XV e XVI. Vamos então começar do começo. Podemos concordar que os americanos e russos fizeram mesmo aqueles foguetes nas décadas de 1950 e 1960? Ou será que os russos também estavam enganando o mundo todo e que o satélite Sputnik foi somente mais uma grande enganação?

O Sputnik e o início da corrida espacial

Veja bem, os russos estavam desenvolvendo a tecnologia espacial ao mesmo tempo que os americanos. Quando eles fizeram um foguete potente o suficiente, sob a direção do grande arquiteto do projeto, Sergey Korolev, o "construtor-chefe", como era chamado na época, como poderiam mostrar ao mundo que estavam à frente na corrida espacial? A melhor maneira seria colocar em órbita um satélite que fosse detectado de forma independente pelo mundo todo. Em um golpe de mestre, o satélite Sputnik* foi colocado em órbita da Terra com um transmissor e quatro antenas que transmitiam nas frequências de 20 e 40 MHz um pequeno sinal: "bip, bip, bip..." Quando ele passava sobre uma parte da Terra, radioamadores que estavam lá embaixo podiam sintonizar seus rádios em uma das frequências do Sputnik e captar o sinalzinho: o pequeno "bip" que significava muito e que durou 22 dias, até que suas baterias se descarregaram.

---

* Sputnik na verdade deveria ser escrito como "Saputnik". Trata-se de uma palavra que combina três elementos: "put", caminho; "saput", mesmo caminho; "nik", aquele que realiza a ação. "Saputnik" ou "Sputnik" é aquele que percorre o mesmo caminho, que acompanha. Um acompanhante [da Terra], no mesmo caminho [em torno do Sol], ou seja, um satélite da Terra.

Até hoje alguns aposentados da velha guarda do JPL nos contam que receberam o sinalzinho do Sputnik e ficaram aterrorizados – como todos os americanos –, pois esse satélite marcou o início da corrida espacial. Os povos da Europa e dos Estados Unidos tiveram de aceitar que os soviéticos haviam mesmo construído um foguete poderoso o suficiente para colocar um satélite em órbita do planeta. O Sputnik é fato mais do que comprovado e não é razoável achar que não havia tecnologia suficiente na época para construir o satélite, projetar sua órbita e fazê-lo funcionar por 22 dias. Podemos então admitir que pelo menos os russos fizeram um foguete e foram capazes de colocar o primeiro satélite em órbita da Terra no dia 4 de outubro de 1957?

Qual foi o grande passo seguinte? É claro que houve vários outros voos para preparar o caminho, mas o que veio a seguir foi a repetição da façanha do Sputnik – só que dessa vez com um ser humano dentro do foguete! No dia 12 de abril de 1961, às nove horas da manhã no horário de Moscou, Yuri Gagarin sentiu as primeiras vibrações e o rugido do foguete que o levaria a dar uma volta completa em torno do planeta Terra em 108 minutos. Ele se tornaria o primeiro humano a visitar o espaço. Imagino que a vasta maioria das pessoas concorde que esses fatos são verídicos e que tanto Gagarin quanto seus colegas cosmonautas realmente foram ao espaço e entraram em órbita em torno da Terra. Em pouquíssimo tempo, os foguetes foram aprimorados, alcançando órbitas circulares e de maior altitude, de forma que os cosmonautas que vieram depois de Gagarin puderam dar muitas voltas em torno do planeta Terra.

Os americanos não estavam muito atrás dos russos nessa corrida. De fato, depois de menos de um mês da viagem de Gagarin, no dia 5 de maio de 1961, o primeiro americano – Alan Shepard – viajaria para o espaço em um voo suborbital de 15 minutos que o levaria a uma altura de 187km. Shepard, no entanto, não completou uma volta em torno da Terra nem entrou em órbita. Quem faria isso seria John Glenn. No dia 20 de fevereiro de 1962, menos de um ano depois de Gagarin, Glenn deu três voltas ao redor da Terra, em um voo que durou 4 horas, 55 minutos e 23 segundos.

Dá para ver que a corrida espacial estava a todo vapor e que tanto os Estados Unidos quanto a União Soviética tinham sonhos ambiciosos de chegar até a Lua. Você acha que tanto os russos quanto os americanos foram capazes de enganar o mundo inteiro e que nenhum desses voos aconteceu? Seria possível convencer os milhares de engenheiros e técnicos trabalhando nos programas espaciais tanto na URSS quanto nos Estados Unidos a montar um esquema para iludir o mundo sem que ninguém denunciasse isso? Imagino que você vá concordar comigo que é mais fácil eles terem mesmo feito esses voos do que conseguirem manter um segredo entre dezenas de milhares de pessoas.

Ora, se você concorda que esses voos aconteceram, lembre-se também de Valentina Tereshkova. Aos 26 anos, ela partiu da Terra na Vostok 6, às 14h30, hora local no cosmódromo de Baikonur, do dia 16 de junho de 1963. Outra espaçonave, a Vostok 5, tinha sido lançada dois dias antes, levando o cosmonauta Valery Bykovsky. As duas espaçonaves fizeram uma "dança" em torno da Terra, em órbitas inclinadas 30 graus uma em relação à outra. Os objetivos principais da missão de Valentina eram estudos biomédicos do efeito do voo espacial no corpo humano e a comparação desses efeitos no homem e na mulher – além de seu valor como propaganda, é claro, pois os soviéticos novamente mostravam que estavam na frente.

Outro grande feito dessa dupla viagem foi a comunicação direta por rádio entre as duas espaçonaves lá em cima, enquanto estavam em órbita, sem nenhuma intermediação da Terra. A certa altura, as duas espaçonaves ficaram tão próximas uma da outra que a distância entre elas se reduziu a apenas 5 quilômetros. Imagine a tecnologia e o nível de conhecimento dos possíveis erros envolvidos na avaliação da posição e da velocidade desses dois objetos para planejar um voo desses! Hoje em dia, por razões de segurança, a aproximação lateral mínima permitida entre aviões comerciais em voo é de 3 milhas – ou 4,8km –, com a diferença de que aviões comerciais voam a velocidades inferiores a 1.000km/h, enquanto as duas Vostok estavam voando a mais ou menos 8km/s, ou 28.800km/h, em relação à superfície do planeta.

Valentina Tereshkova completou 48 voltas em torno da Terra na Vostok 6, durante um período de mais de 70 horas. Sua missão principal deveria durar somente 24 horas, mas ao fim desse período Valentina relatou aos médicos que estava se sentindo muito bem e sua missão foi estendida para três dias. Até hoje considerada uma das figuras mais importantes do pioneirismo dos voos espaciais, no mesmo nível de Gagarin, a heroína participou da cerimônia de abertura dos Jogos Olímpicos de Inverno em 2014, carregando a bandeira olímpica. Uma cratera de 31km de diâmetro na face mais distante da Lua leva o nome de Tereshkova em sua homenagem.

Obviamente, tanto russos quanto americanos estavam desenvolvendo a tecnologia espacial com grande rapidez. A primeira atividade extraveicular – quando o astronauta ou cosmonauta sai do veículo e trabalha do lado de fora – foi executada com sucesso por Alexey Leonov em 18 de março de 1965. Dois meses e meio depois, no dia 3 de junho, o primeiro americano repetiu a façanha. A corrida espacial estava ficando cada vez mais acirrada.

Sair da espaçonave e se movimentar no espaço dentro de uma roupa pressurizada, com luvas que reduzem a destreza do astronauta, é muito mais complicado do que parece. Por pouco Leonov não morreu. Ao sair, sua roupa inflou e cresceu muito mais do que o esperado, pois, enquanto do lado de fora havia vácuo, do lado de dentro da roupa havia uma pressão igual à pressão atmosférica terrestre. Na hora de voltar para a cápsula, ele não passava mais pela entrada. Ao perceber isso, ele tentou entrar de cabeça primeiro, mas acabou ficando entalado. Imagine essa situação lá em cima, voando a quase 30mil km/h em relação à superfície da Terra! Por fim, sem informar o que faria nem receber permissão dos controladores na Terra, ele conseguiu soltar a quantidade certa de ar do seu uniforme de modo a "murchar" o suficiente e poder voltar a assumir o comando de sua espaçonave.

Um dos grandes problemas enfrentados no espaço é que o corpo humano não está acostumado a se mover em um ambiente sem gravidade e faz muitos movimentos desnecessários. Uma vez do lado de fora, no vácuo em torno da Terra, o corpo dos astronautas e cosmonautas se aquecia demais e eles se cansavam após poucos minutos. Edwin Aldrin era chamado de "Buzz" desde criança porque sua irmã mais nova não conseguia falar a palavra "brother" e acabava dizendo "buzzer" ou "buzz". Ele foi o primeiro astronauta a conseguir trabalhar no espaço, do lado de fora, por mais de duas horas sem se cansar. Isso aconteceu no dia 13 de novembro de 1966. Esse é o mesmo Aldrin que, três anos depois, iria comandar o módulo lunar da Apollo 11 e se tornaria o segundo ser humano a pisar na Lua.

O sucesso de Aldrin veio do fato de que ele era praticante de mergulho com aparelho SCUBA. Isso inspirou o treinamento de astronautas debaixo d'água, em uma piscina, para simular o ambiente sem gravidade, que tem sido usado desde então. Assim os astronautas aprendem técnicas para não desperdiçarem energia muscular e se cansarem menos. Três anos antes de sair da sua cápsula em órbita terrestre, Aldrin havia terminado o doutorado em astronáutica no MIT (Massachusetts Institute of Technology), com uma tese sobre técnicas para condução de espaçonaves durante um acoplamento em órbita.

Vamos então recapitular os passos até aqui. Em 1966, milhares de engenheiros, cientistas e técnicos trabalhando em dois projetos paralelos na União Soviética e nos Estados Unidos já haviam conseguido alcançar os seguintes objetivos: 1) construir e controlar foguetes potentes o suficiente para colocar satélites e seres humanos em órbita do planeta Terra; 2) não só mandar humanos para o espaço, mas também trazê-los com segurança de volta à Terra; 3) construir espaçonaves com ambiente pressurizado para garantir a sobrevivência dos astronautas por vários dias no espaço; 4) desenvolver roupas espaciais pressurizadas que permitiam ao astronauta ou cosmonauta sair do veículo e trabalhar do lado de fora por várias horas; 5) colocar mais de uma espaçonave em órbita do planeta Terra ao mesmo tempo e estabelecer comunicação direta entre elas. Esses feitos são somente uma pequena parte do que já havia sido desenvolvido até então, como veremos daqui a pouco. É possível presumir que o sucesso acumulado até 1966 iria continuar nos anos seguintes, porque havia muita gente bem treinada e não havia limite de dinheiro para financiar esses projetos.

Não faz sentido achar que tudo isso foi uma enganação e que nenhuma dessas façanhas foi realizada. Seria simplesmente impossível manter um segredo assim e convencer milhares de pessoas envolvidas a mentir. Além disso, os bips do Sputnik foram captados por radioamadores no mundo inteiro, provando que aquilo era algo real. Existem também muitas filmagens de foguetes decolando e alguns explodindo. Se você pode se convencer de que tudo isso aconteceu mesmo, o resto – a descida na Lua, por exemplo – é uma série de desdobramentos quase inevitáveis. Vejamos por quê.

O projeto Gemini

No início de 1962 os americanos criaram o projeto Gemini com o intuito de desenvolver a tecnologia necessária para levar o homem à Lua. Em setembro do mesmo ano, o então presidente Kennedy lançou o enorme desafio de levar astronautas até a Lua e trazê-los de volta antes que a década terminasse. Para ele, aquilo era uma questão de escolha. Os americanos estavam escolhendo ir à Lua não porque fosse algo fácil, mas exatamente porque sabiam quão difícil seria. Sabiam também que a exploração do espaço iria continuar, com ou sem os americanos, já que os russos seguiam em frente com seu programa de exploração espacial. Por isso os americanos aceitaram o desafio e pretendiam liderar a conquista do espaço.

O país todo entendeu o desafio, que podia ser posto como duas perguntas e respostas muito simples: Onde? A Lua. Quando? Fim da década. Naquela época o sonho de muita gente era ser astronauta. Pouco mais de um ano depois, em novembro de 1963, o presidente Kennedy foi assassinado, deixando sobre os ombros dos americanos aquele desafio monumental de mandar gente para a Lua antes do fim da década. E agora, como fugir daquilo? A União Soviética continuava com seu programa espacial a todo vapor.

A essa altura, os Estados Unidos não tinham muita escolha; se voltassem atrás e abandonassem a corrida, realmente estariam perdendo a liderança tecnológica e moral no mundo todo. Não cumpririam a promessa que o presidente fizera em alto e bom som, na frente das câmeras. O jeito era mesmo investir dinheiro naquele projeto, empregar os melhores engenheiros e cientistas e fazer de tudo para chegar à Lua antes do fim da década – e, principalmente, antes dos soviéticos. Não era muito claro que existiam mesmo grandes razões estratégicas ou científicas para ir à Lua, mas, às vezes, um desafio claro e simples, aliado à pressão de um competidor tenaz, pode oferecer uma motivação ainda mais forte.

O projeto Gemini foi um sucesso total e desenvolveu a tecnologia necessária para chegar à Lua em pouco tempo. As pessoas que hoje – meio século depois – ainda duvidam que o homem tenha pisado na Lua com certeza não conhecem os detalhes desse projeto. As espaçonaves eram muito pequenas, mas nelas cabiam dois astronautas. Além disso, os engenheiros fizeram inovações fundamentais, como o acoplamento de duas espaçonaves no espaço, e voos espaciais com duração longa o suficiente para simular a viagem de ida e volta até a Lua. Nas dez missões Gemini, várias tecnologias foram demonstradas pela primeira vez. Durante esse projeto os americanos passaram à frente dos russos na corrida espacial.

Parece que não há nada melhor para motivar um projeto e uma nação inteira do que o medo da vergonha pública diante do resto do mundo. Outro fator essencial para o sucesso foi que naquela época não existiam restrições orçamentárias. No Brasil também temos o exemplo de como a pressão pode fazer tudo funcionar melhor. Durante junho de 2014, mês de Copa do Mundo de futebol, os voos comerciais atrasaram menos do que em maio do mesmo ano – baixa estação e período escolar no mundo todo, com número reduzido de passageiros e viagens. Todos os serviços no Brasil funcionaram melhor do que se esperava e bem melhor do que o normal (exceto dentro do campo, é claro). Todo mundo cooperou para que aquela festa desse certo e o país não ficasse com fama de incompetente aos olhos do resto do mundo.

Voltando à corrida espacial, vale mencionar algumas das tecnologias demonstradas pela primeira vez pelo projeto Gemini. Em março de 1965, a Gemini 3 foi a primeira espaçonave tripulada a fazer uma manobra orbital com o auxílio de um foguete que adicionou 15,5m/s à sua velocidade. O objetivo era demonstrar que eles poderiam mesmo modificar o formato e o plano da órbita, tornando-a mais circular, e mudar o período de rotação em torno da Terra. A órbita original (elíptica) era de 161,2 × 224,2km, com um período de 88,3 minutos. Depois da manobra, a nova órbita, bastante circular se comparada com a original e em um novo plano, passou a ser de 158 × 169km, com um período de 87,8 minutos para dar uma volta completa em torno da Terra.

A seguir, em agosto de 1965, os astronautas da Gemini 5 passaram quase oito dias no espaço em órbita da Terra – tempo suficiente para uma viagem de ida e volta à Lua! Desse ponto em diante, eles já sabiam como criar uma espaçonave que garantisse a vida de dois astronautas no espaço por oito dias.

A Gemini 6A, em dezembro de 1965, fez o primeiro "rendez-vous", ou encontro no espaço, com a Gemini 7. Esse era um passo essencial para que a volta da superfície da Lua e o acoplamento com o módulo de comando que ficaria em órbita lunar fossem bem-sucedidos. A Gemini 6A se aproximou da Gemini 7 e estabeleceu sua posição e velocidade de forma a segui-la por três órbitas em torno da Terra, voando a uma distância que chegou a ser de apenas 30cm entre as duas. Um acoplamento em pleno espaço durante o voo seria o passo seguinte. Além disso, os astronautas da Gemini 7 ficaram 14 dias no espaço. De março a dezembro de 1965, os americanos foram capazes de feitos inéditos, não só realizando manobras no espaço, mas chegando a fazer duas espaçonaves em voo aproximarem-se uma da outra a uma distância de somente 30cm. Deve ter sido fantástico trabalhar nesse projeto. Imagine o entusiasmo gerado por tantos sucessos em tão pouco tempo!

A Gemini seguinte, de número 8, foi comandada, em março de 1966, pelo piloto Neil Armstrong, o mesmo que andaria na superfície da Lua três anos mais tarde! Armstrong realizou o primeiro acoplamento entre duas espaçonaves – a Gemini 8 e o módulo não tripulado Agena –, outra manobra essencial para alcançarem o ambicioso objetivo de levar o homem à Lua. A partir daí eles já seriam capazes de fazer um veículo sair da superfície da Lua levando os astronautas e acoplá-lo a outro veículo em órbita lunar. Assim os astronautas poderiam passar para o veículo maior, que os traria de volta à Terra. Dá para ver que a ida à Lua não foi feita de uma vez só, sem qualquer preparação. Isso, é claro, teria sido impossível.

Em setembro de 1966, a missão da Gemini 11 realizou uma façanha extraordinária: em um voo direto, a espaçonave combinou velocidades com o módulo Agena logo na primeira órbita e fez o acoplamento. Talvez você não saiba, mas o *space shuttle*, o ônibus espacial americano recentemente aposentado, gastava 8 minutos para entrar em órbita e quase dois dias perseguindo a Estação Espacial Internacional até casar as velocidades e se colocar na posição certa para o acoplamento.

Já presenciei duas vezes essa dança do *space shuttle* e da Estação Espacial Internacional no céu.* Primeiro o reflexo dos painéis solares da Estação

---

* Existem vários websites e softwares que podem ajudar a prever quando a Estação Espacial vai passar sobre a sua posição na Terra de maneira que você possa vê-la. Basta uma pesquisa na internet. Um deles é um site da NASA: http://spotthestation.nasa.gov/sightings/#.VMgvYGNCV9k.

Espacial surge no céu na hora e posição certas, como se fosse um avião voando muitíssimo alto ou um satélite. Menos de um minuto depois, outro ponto de luz surge atrás do primeiro e os dois vão seguindo a mesma trajetória no céu até que a posição do Sol e das duas espaçonaves mandam o reflexo para outro ponto na Terra e os dois pontinhos de luz se "apagam".

Não há nada de muito especial em ver aquelas duas luzes no céu, uma seguindo a outra, se você não sabe nenhum detalhe do que está acontecendo. No entanto, se você sabe o que estão fazendo, se conhece a intenção e a coragem do pensamento humano para planejar e executar algo desse tipo, o resultado é de arrepiar. Ver duas espaçonaves terrestres ao mesmo tempo, com os próprios olhos, voando lá em cima e se preparando para o acoplamento vale mais do que muitas outras emoções que sentimos aqui embaixo.

Por isso considero um sucesso espetacular o feito da Gemini 11, que conseguiu fazer o acoplamento logo na primeira órbita. Na década de 1960, havia maior tolerância a riscos do que hoje. Além disso, a Gemini 11 só levava dois astronautas, ao passo que o ônibus espacial levava sete. Contando com todos os ocupantes da Estação Espacial – a "nossa" morada fora da Terra –, as consequências de um acidente hoje seriam muito mais desastrosas. Novas tecnologias russas permitem agora que os módulos cargueiros não tripulados decolem da Terra e se acoplem à Estação Espacial em cerca de apenas seis horas, transportando comida e equipamentos lá para cima.

Depois do acoplamento da Gemini 11 com o veículo não tripulado Agena, o foguete desse veículo foi disparado e usado para "esticar" a órbita, que era quase circular, tornando-a bastante elíptica, com um apogeu, ou distância máxima da Terra, de 1.374km. Faltava pouco para "esticar ainda mais essa órbita", transformando-a de uma elipse em uma hipérbole, de forma a escapar da gravidade terrestre.

Em novembro do mesmo ano, a Gemini 12 levou Buzz Aldrin, que passou mais de cinco horas trabalhando em órbita do lado de fora da espaçonave sem problema nenhum. Com isso, ficou demonstrado que os astronautas poderiam, sim, sobreviver e fazer ações úteis durante uma atividade extraveicular. Finalmente haviam resolvido o problema do cansaço e do superaquecimento.

Dá para ver que o processo todo foi muito bem pensado e organizado, contando com milhares de engenheiros talentosos e pilotos competentes. Esses jovens estavam sendo treinados para o que viria depois, o projeto Apollo, cujas espaçonaves maiores comportavam até três astronautas e seriam impulsionadas por foguetes superpotentes.

Dando um tiro na Lua

O que mais era preciso para irem à Lua? Precisavam primeiro, é claro, da pressão, da competição e do medo dos soviéticos, que não estavam de braços cruzados. Durante os curtos dois anos de voos do programa Gemini, os soviéticos não fizeram nenhum voo tripulado, mas estavam desenvolvendo mais ou menos as mesmas tecnologias que os americanos. Foi durante esse período, em 1966, que o genial "construtor-chefe" Sergey Korolev morreu – uma grande perda para o programa espacial soviético. Apesar disso, os russos haviam reprojetado suas espaçonaves – que mais tarde seriam chamadas de Soyuz – para oferecer mais espaço aos cosmonautas. Também desenvolveram independentemente toda a tecnologia para fazer o acoplamento das espaçonaves Soyuz no espaço. Em 16 de janeiro de 1969, em mais uma atividade extraveicular, dois cosmonautas demonstraram pela primeira vez uma transferência no espaço de passageiros da Soyuz 5 para a Soyuz 4, que estavam acopladas. Ou seja, a pressão da competição soviética estava lá o tempo todo e, até esse ponto, não se sabia quem iria ganhar a corrida. Qual seria o primeiro país a enviar humanos para a Lua e trazê-los de volta antes do fim da década, como Kennedy havia prometido?

Para quem ainda duvida de que o homem tenha mesmo viajado até a Lua, mais um detalhe. Se um objeto está em uma órbita circular em torno de um planeta ou lua ou qualquer outro corpo celeste, é preciso muito pouco para escapar do "abraço gravitacional". Se a velocidade do objeto for aumentada em 41%, ele escapa. Isso é consequência das leis da física e já era um fato bem conhecido durante a corrida espacial. Então não era tão difícil assim fazer foguetes potentes o suficiente para escapar da órbita terrestre.

No entanto, um dos maiores problemas para ir até a Lua seria o que fazer depois que a espaçonave escapasse da gravidade terrestre. Não dá para errar o endereço, errar a posição da Lua, porque o risco de a viagem se prolongar demais e os astronautas morrerem de fome ou asfixiados por falta de oxigênio seria muito grande. Tentar acertar a Lua daqui da Terra, o que eles chamavam na época de *moon shot*, ou tiro na Lua, é muito complicado, porque tanto o atirador (o pessoal disparando o foguete lá da Flórida ou de Baikonur) quanto o alvo (a Lua) estão se movendo a velocidades altíssimas – a Terra em torno de si mesma e em torno do Sol; a Lua em torno da Terra. A viagem à Lua levaria quase três dias e tanto a Lua quanto a Terra estariam em posições muito diferentes no dia da chegada em comparação com o dia da partida.

Naturalmente, desde que a NASA foi criada, um grupo enorme de pessoas começou a buscar soluções para essa questão. Do lado americano, foi o Jet Propulsion Laboratory, onde trabalho, que resolveu o problema. O JPL não foi o primeiro, porque a União Soviética chegou bem na frente, quando sua espaçonave Luna 2 acertou a Lua – ou colidiu com ela – no dia 13 de setembro de 1959. A primeira missão do JPL, e dos Estados Unidos, que conseguiu acertar a Lua foi a Ranger 7, no dia 31 de julho de 1964.

Você pode se perguntar por que a missão foi chamada de Ranger 7, ou mais especificamente por que 7. Na verdade, existiram outras seis missões Ranger, mas nenhuma delas deu certo! Pense bem: o JPL precisou de sete tentativas para acertar a Lua pela primeira vez! Digo acertar porque foi uma descida sem controle (o que chamamos de *crash-landing*), resultando na destruição da espaçonave ao colidir com a Lua a uma velocidade de vários quilômetros por segundo. O objetivo do programa Ranger era obter fotos de alta resolução da superfície da Lua, além de desenvolver a tecnologia para navegar da Terra até a Lua, é claro.

No aniversário de meio século da chegada da Ranger 7 à Lua, tivemos uma palestra no JPL em comemoração do primeiro grande feito do laboratório fora do planeta Terra. Três dos participantes daquela missão ainda estão por aqui e estavam presentes: John Casani, que liderou parte do projeto; Justin Rennilson, um dos cientistas responsáveis pela câmera que filmou a descida na Lua; e Susan Finley, um dos "computadores" – ou deveria dizer "computadora humana" – que fazia cálculos manuais para a missão. O nome de Susan ainda aparece listado como funcionária na ativa aqui e, até dois anos atrás, John Casani estava trabalhando no mesmo projeto em que atuo.

Não o tenho visto mais com frequência aqui, então imagino que esteja no processo de se aposentar. O cientista Justin Rennilson eu não conheci.

Susan nos contou que passava o dia inteiro fazendo contas, resolvendo equações para a área de engenharia. Ela trabalhava em uma sala enorme, cheia de mulheres fazendo a mesma coisa. Cada moça tinha sua própria calculadora, mecânica e manual, é claro, que fazia somente as quatro operações. Nessa grande sala só havia uma máquina que calculava raiz quadrada – e que era de uso compartilhado.

Como dizíamos, as seis primeiras tentativas do programa Ranger não deram certo. A Ranger 1 foi lançada em 1º de agosto de 1961, e a Ranger 2, no dia 18 de novembro do mesmo ano. Em ambos os casos o segundo estágio do foguete não funcionou corretamente e as duas espaçonaves reentraram na atmosfera terrestre e se desintegraram. No caso da Ranger 3, o foguete produziu um impulso maior do que o esperado e a espaçonave acabou errando a Lua, passando longe, a mais ou menos 36.800km de distância. Ela continua na órbita do Sol até hoje. Já na de número 4, os dois estágios do foguete funcionaram sem problema, mas o computador de bordo sofreu uma pane assim que ela se separou do foguete. Ainda assim, o pessoal de operações foi capaz de rastrear a espaçonave e confirmar que ela atingiu a outra face da Lua (a que não fica virada para a Terra). Então pelo menos os sistemas de comunicações e de navegação foram validados nessa missão e o foguete funcionou bem.

Daí em diante, o foguete passou a funcionar corretamente em todos os lançamentos, mas a Ranger 5 também errou a Lua e ficou completamente inutilizada. Já a Ranger 6 foi provavelmente o pior caso, porque, depois de todos os fracassos anteriores, houve até uma comissão do Congresso (uma CPI!) investigando o que o JPL estava fazendo de errado. Houve demissões e alguns gerentes do projeto foram substituídos. Decidiram então remover todos os instrumentos que haviam sido mandados nas missões anteriores, deixando somente duas câmeras de TV para filmar a descida e colisão com a Lua.

A decolagem da Ranger 6 foi perfeita, mas 67 segundos depois as câmeras de TV ligaram sozinhas, funcionaram durante algum tempo e desligaram de novo, para sempre. Para sempre porque 18 minutos antes do impacto com a Lua foram enviados comandos para que elas ligassem e começassem a filmagem, mas nenhum sinal de vídeo foi detectado. Com uma sala cheia de jornalistas e câmeras de TV, os engenheiros e o diretor do laboratório viram os minutos passando e o contato por micro-ondas com a espaçonave continuou funcionando, mas sem nenhum sinal de vídeo.

A Ranger 6 colidiu com a Lua sem mandar nada de imagens, nada de valor científico – nada de útil para o programa espacial americano! Os controladores do JPL sabem que ela colidiu porque o sinal de micro-ondas sumiu na hora em que previam que ela se chocaria com o solo lunar, mas não receberam nenhuma outra indicação. Então, apesar de a Ranger 6 ter alcançado seu objetivo, não houve nenhuma evidência que pudesse ser mostrada ao público e ao mundo.

É provável que esse tenha sido um dos piores momentos do nosso laboratório. Durante a comemoração dos 50 anos da Ranger 7, perguntamos a John Casani se eles sabiam o que havia dado errado. Segundo ele, uma comissão de investigação chegou à conclusão de que o problema pode ter sido causado por um cabo de comunicação ou cordão umbilical que se separa do foguete durante a decolagem e fica na torre de controle. Muito gás quente e ionizado é produzido na hora da decolagem, e esse gás conduz eletricidade. Provavelmente o gás entrou em contato com os pinos elétricos onde esse cabo se ligava ao foguete e causou um curto-circuito, que foi interpretado pelo computador de bordo como o comando elétrico para ligar as câmeras. Por causa disso, as baterias provavelmente se descarregaram por completo em poucos minutos. Quando a espaçonave chegou à Lua, não havia mais energia para ligar as câmeras.

Depois de mais uma CPI, a Ranger 7 decolou no dia 28 de julho de 1964, chegando à Lua no dia 31 de julho. Dessa vez tudo saiu perfeito e, durante os 17 minutos antes do impacto com a Lua, ela transmitiu 4.361 fotos para a Terra. Pela primeira vez os engenheiros do JPL conseguiram dominar o processo todo de "dar um tiro na Lua" com uma espaçonave não tripulada. As Ranger 8 e 9, lançadas em fevereiro e março de 1965, também foram um sucesso total. A primeira mandou de volta para a Terra mais de 7.300 imagens, e a segunda, mais de 5.800 imagens. Essas conquistas do JPL criaram as condições para a chegada dos astronautas à Lua quatro anos mais tarde.

Depois das Ranger, o JPL já sabia como "acertar" a Lua, mas a chegada ainda era uma colisão catastrófica para a espaçonave, algo inconveniente se houvesse astronautas envolvidos. Era necessário desenvolver o processo de *soft-landing*, ou seja, uma descida suave em que a espaçonave continuasse funcionando, o que prepararia o caminho para o programa Apollo. Isso foi feito por outro programa, também do JPL em parceria com a Hughes Aircraft, uma empresa aeroespacial. Esse foi o programa Surveyor, que funcionou de 1966 a 1968 e enviou sete espaçonaves robotizadas para a Lua, das quais cinco funcionaram corretamente. Com isso, ficou provado que era possível fazer uma espaçonave descer na superfície da Lua e continuar funcionando, transmitindo dados de lá. Mais uma vez, os Estados Unidos não foram os primeiros, porque a espaçonave Luna 9, da União Soviética, pousou na Lua quatro meses antes da Surveyor 1. Talvez o mais interessante sucesso desse programa tenha sido a Surveyor 3, não porque tivesse feito algo mais espetacular do que as outras, mas pelo que veio depois, durante o programa Apollo.

Nesse ponto, depois do programa Surveyor, já havíamos dominado todos os passos para chegar até a Lua com espaçonaves não tripuladas. Daí em diante, todas as peças se encaixaram. Imagine como deve ter sido trabalhar nesse projeto grandioso. Para quem está vivendo o estresse dos problemas diários da missão, não parece algo tão empolgante assim. Passei por isso na construção do radar do Curiosity. Mesmo assim sempre pensamos: *Um dia isto vai acabar e eu quero fazer de tudo agora para que dê certo! Se der certo, o sucesso será espetacular; se der errado, será assustador.*

É bom e difícil trabalhar em uma situação como essa, em que há muito em jogo e você sabe que é apenas parte de uma das pequenas "engrenagens" que têm de funcionar para que tudo dê certo. Talvez seja melhor pensarmos que somos um dos elos da corrente – e uma corrente sempre quebra se algum dos elos for mais fraco. Ainda assim, tenho certeza de que os profissionais que trabalharam durante a corrida espacial – russos ou americanos – até hoje consideram que aquilo foi a coisa mais importante que fizeram em suas vidas. Eles devem se sentir pessoas de sorte por terem participado daquela tarefa incerta e estressante.

O programa Apollo – perguntas e respostas

Foi preciso então mais um programa, gigantesco até para os padrões de hoje – o programa Apollo –, que juntaria todas as peças desse quebra-cabeça espacial, culminando com a decolagem de três astronautas da Terra, sua viagem para a Lua, entrada em órbita e descida até a superfície. Neil Armstrong era um piloto extremamente habilidoso e bem treinado, com uma capacidade provavelmente sem precedentes de reagir com calma, sem pânico, e de tomar decisões em situações estressantes.

Já haviam escolhido mais ou menos onde descer na Lua, próximo de uma pequena cratera. Na chegada, ele concluiu que havia um número excessivo de blocos e rochas espalhados naquela região, resultado do impacto do asteroide que formou a cratera. Julgou que o risco de colidirem com um bloco daqueles durante a descida e causar danos ao módulo lunar era grande demais. Se isso acontecesse, mesmo que eles sobrevivessem à colisão, com certeza não teriam como voltar e morreriam por lá. Por isso assumiu o controle manual da descida e guiou a espaçonave para um local mais adequado, o tempo todo olhando quanto combustível ainda restava para a descida. Quando tocaram o solo lunar, o combustível disponível para essas manobras dava para voar somente mais 40 segundos! Realmente haviam selecionado o piloto correto para aquela missão.

Espero que essa breve retrospectiva da corrida espacial seja suficiente para você se convencer de que foi tudo real mesmo. Pense comigo. Se fossem mesmo mentir e fazer de conta que tinham ido à Lua, será que não bastava fazer isso uma vez só e parar com a viagem de Armstrong e seus dois colegas? Para que repetir a viagem até a Lua sete vezes,* com o envolvimento de muito mais gente do que o necessário? Não seria mais fácil manter o segredo entre o menor número possível de pessoas? Fica claro que a resposta para todas essas perguntas é óbvia: todas essas viagens à Lua aconteceram mesmo e os módulos lunares ainda estão lá.

---

* Das sete missões à Lua, somente seis desceram à superfície, porque a Apollo 13, como é bem sabido, teve um problema na viagem com a explosão de um tubo de oxigênio. Os astronautas conseguiram contornar a situação e voltaram para a Terra sem tentar a descida.

Por exemplo, o local onde a Apollo 17 desceu foi fotografado por outra missão da NASA recentemente e é possível ver até as pegadas dos astronautas no solo lunar, porque, como lá não há atmosfera nem ventos, elas não foram apagadas.*

Se a Apollo 11 não tivesse dado certo, os americanos ainda tinham mais uma oportunidade de cumprir o que Kennedy havia prometido. A Apollo 11 decolou em julho de 1969, mas a Apollo 12 já estava quase pronta para decolar em novembro, menos de dois meses antes do fim da década. Assim, em novembro de 1969, quatro meses após a viagem da Apollo 11, a NASA queria demonstrar a capacidade de alunissagem com precisão, isto é, queria descer em um local específico da Lua. Melhor do que descer próximo a uma cratera qualquer, por que não descer próximo a algo feito por humanos que já estivesse na Lua? Escolheram então descer o mais perto possível da Surveyor 3, feita pelo JPL e pela empresa Hughes. Quando tocaram o solo lunar e saíram da espaçonave, os astronautas da Apollo 12 constataram, para surpresa geral, que a Surveyor 3 estava a menos de 50 metros de distância!

A câmera da Surveyor 3 e a pazinha de coleta de solo foram removidas e trazidas de volta para a Terra, para que fossem estudados os efeitos de 2 anos e meio de exposição ao ambiente lunar – com vácuo, insolação e radiação do Sol. Hoje essas peças ainda estão expostas no Air and Space Museum, em Washington, e uma delas está exposta no JPL. Quando a câmera foi examinada em laboratório, acharam bactérias terrestres dentro dela. Nunca ficou esclarecido se essas bactérias foram realmente para a Lua e sobreviveram os dois anos e meio lá ou se eram resultado de contaminação no laboratório, ocorrida depois da volta da Lua.

E, se tudo não passasse somente de encenação, por que os soviéticos não denunciaram a farsa? A resposta também é simples: não havia ninguém melhor que eles para saber que aquilo era mesmo real. Além disso, até hoje o pessoal que trabalhou no projeto tem o mesmo entusiasmo e o

---

* Veja o comunicado à imprensa da NASA em http://www.nasa.gov/mission_pages/LRO/news/apollo-sites.html ou procure na internet por "Spacecraft sharper views Apollo landing".

mesmo orgulho do que fizeram. Eles são gente igual à gente mesmo. Você acha que alguém consegue manter entusiasmo por uma mentira por quase meio século? Não é razoável achar que isso seja possível.

Muita gente se pergunta também por que os russos não desceram na Lua. Quando eles viram que haviam perdido a corrida e que não havia nada de muito especial por lá – do ponto de vista estratégico, econômico, político e científico –, concluíram que seria perda de tempo e de dinheiro. Tomaram então a decisão inteligente de concentrar seus esforços no programa Venera e se tornaram os primeiros e únicos até hoje a pousar no planeta Vênus, em 15 de dezembro de 1970. No total, dez espaçonaves Venera desceram em Vênus, funcionando, estudando o planeta e transmitindo os dados para a Terra.

A última pergunta, também muito comum, que quero responder sobre a ida à Lua é: "Se eles realmente foram à Lua, por que não conseguiram mais voltar para lá?"

Tudo no final é uma questão de dinheiro e da forma como ele é aplicado. O orçamento da NASA hoje é quase dez vezes menor do que na década de 1960 em porcentagem do PIB do país.* Além disso, não há mais uma corrida espacial estratégica como naquela época. Do ponto de vista científico, existem tantos outros mundos no sistema solar e tantas outras perguntas sobre a nossa galáxia e o Universo em geral que não faz sentido gastar grandes quantias de dinheiro para voltar à Lua, talvez somente para mostrar a alguns céticos que isso é mesmo possível.

A NASA faz uma enquete a cada 10 anos perguntando à comunidade científica em quais projetos o dinheiro deve ser investido e quais são os estudos que merecem ser financiados. Algumas das áreas em que a comunidade científica está interessada são Marte, as luas de Júpiter (principalmente Europa, que parece ter um oceano de água líquida abaixo do gelo que cobre sua superfície), as luas de Saturno (principalmente Titã, com lagos de metano, e Enceladus, com gêiseres criando plumas de vapor d'água) e estudos de astrofísica e cosmologia.

---

* O orçamento chegou a 4,41% do PIB dos Estados Unidos em 1966. Nos últimos anos, ele tem sido 0,5% do PIB, de acordo com dados disponíveis na internet.

Há também a nova prioridade dos estudos do planeta Terra, para entendermos melhor os efeitos das mudanças climáticas nos últimos anos. Essas são as principais razões para não terem enviado humanos de volta à Lua. Além disso, muitos aspectos interessantes da Lua podem ser estudados por espaçonaves não tripuladas, como as recentes missões Grail, Ladee, Lcross, LRO e outras. Oferecemos então uma longa resposta à pergunta inicial – se astronautas foram mesmo à Lua. Temos sorte de estarmos "nos ombros" dos gigantes da tecnologia espacial. Sem as técnicas que eles desenvolveram, não estaríamos hoje planejando missões para os planetas exteriores do sistema solar e encontros com cometas e constelações de satélites em órbita terrestre.

8
Em busca do local ideal

Desde o início, o veículo Curiosity foi projetado sem levar em conta um local específico para o pouso, de forma que a escolha do seu destino final em Marte pudesse ser feita mais tarde. Sua capacidade de pousar com precisão permitiria, por exemplo, considerar o pouso dentro de uma cratera. O local da descida teria um efeito enorme sobre os resultados científicos a serem obtidos. Não adiantaria nada tentar descer em um local com grande potencial científico se a topografia fosse muito acidentada e colocasse em risco o veículo durante a descida ou durante as operações em solo marciano.

Deve ser mais ou menos óbvio que o veículo não poderia pousar nas bordas de uma cratera ou em um terreno com muito declive, porque não ficaria estável e poderia ser danificado. Entretanto, dentro de uma cratera grande geralmente é possível encontrar regiões relativamente planas. Além disso, seria impossível garantir exatamente onde o veículo iria parar na superfície de Marte, razão pela qual a missão inteira foi projetada para garantir, com 90% de probabilidade, que o veículo desceria em algum ponto dentro de uma elipse de 30 × 20km. O processo de escolha do local de pouso em Marte foi longo e detalhado, indo de 2006 até 2011, quando a decisão final foi tomada.

A escolha envolveu tanto os resultados científicos que procurávamos obter quanto o que a nossa engenharia permite no presente. As variações de temperatura entre o dia e a noite em Marte são muito maiores do que na Terra, o que pode causar problemas elétricos, porque soldas nos componentes eletrônicos podem se quebrar devido à expansão durante o dia e contração durante a noite, que causam "fadiga" nesses materiais. Mesmo assim, o veículo foi projetado para descer em uma faixa enorme de latitudes – entre 45º N e 45º S –, embora latitudes acima de 30º N não oferecessem boas condições para comunicação com a Terra no dia da descida, devendo, portanto, ser evitadas. Como nosso vizinho tem quase a mesma inclinação do eixo de rotação e está quase no mesmo plano que a Terra, latitudes mais baixas, próximas ao equador marciano, representam um ambiente mais amigável do ponto de vista térmico, ou seja, com menos variações de temperatura entre o dia e a noite.

Outro ponto importante é que o veículo Curiosity foi projetado para ser capaz de se deslocar por uma distância de, no mínimo, 20km em Marte – o suficiente para sair de sua elipse de descida, com um percurso médio entre 100m e 150m por sol, ou dia marciano. Isso permitiria mover-se até um local com características científicas promissoras, que estivesse fora da elipse de pouso. A distância a ser percorrida por dia dependeria da abundância de rochas, de derrapagem em areia e poeira fina, de declives no caminho e do nível de prudência dos engenheiros e engenheiras trabalhando nas operações em Marte. Lembre-se, não temos estradas pavimentadas lá no planeta vermelho! Do ponto de vista da equipe de engenharia, um local mais ou menos ideal para descida não deveria ter muitas rochas e a probabilidade de uma rocha que ultrapassasse 55cm de tamanho em uma área de 4 metros quadrados deveria ser menor que 0,5%. O tamanho da rocha corresponde ao diâmetro das rodas, e a área, ao tamanho do veículo.

E se descêssemos em um local com muita poeira? Essa é uma boa pergunta, afinal Marte é coberto por aquele pó vermelho. Contanto que essa poeira na superfície fosse capaz de suportar o peso do veículo e não tivesse vários metros de profundidade, tudo bem. Também seria preciso restringir os locais de pouso às regiões onde ventos contínuos não fossem mais velozes que 54km/h e rajadas de vento não ultrapassassem 108km/h. Ventos um pouco mais fortes que isso não chegariam a derrubar o veículo, mas poderiam produzir uma sensação térmica de frio muito intenso, com potencial para causar quebras de soldas e danos nos circuitos eletrônicos.

Como garantir que desceríamos em um local que não tivesse essas restrições e que fosse, ao mesmo tempo, promissor do ponto de vista científico? Existem satélites em órbita marciana com instrumentos suficientes para estudar os possíveis locais de descida em detalhe e nos ajudar a escolher o melhor. Vários workshops com os cientistas e engenheiros envolvidos nessa área analisaram mais de 60 possíveis locais de pouso e o processo de escolha foi extremamente minucioso. No mês de setembro de 2008, o número desses locais possíveis havia caído para sete e, dois meses depois, em novembro, só restavam quatro – um vale e três crateras.

Os quatro locais têm latitude abaixo de 30º N e apresentam vantagens e desvantagens, o que contribuiu para deixar a equipe "meio perdida". Dois deles, as crateras Eberswalde e Holden, ficam a menos de 200km um do outro, nas Terras Antigas do Hemisfério Sul. Já o terceiro, Mawrth Valles, se localiza na região de Arabia Terra, no Hemisfério Norte. A última opção, a cratera Gale, está somente 4,5 graus ao sul do equador, o que indica menos variações térmicas.

Todos têm elevação bem abaixo da superfície de referência. Se quisermos descobrir onde a água pode ter se acumulado no passado, devemos procurar locais mais baixos, afinal de contas, a água corre para baixo. Uma vantagem ainda maior de descer em um ponto abaixo da superfície de referência é que a camada de atmosfera é mais alta, pois o solo está mais abaixo. Assim o veículo encontraria mais atmosfera, tendo mais tempo para desacelerar pelo atrito com o ar marciano.

Para escolher qual seria o local mais apropriado para o pouso de um veículo de 2,5 bilhões de dólares, foram estabelecidos os seguintes critérios de avaliação: diversidade, preservação de evidências e potencial de exploração, incertezas e possíveis desvantagens.* Em 2011, os profissionais envolvidos já tinham se tornado os maiores especialistas em possíveis locais de pouso em Marte, mas ainda não haviam chegado a um consenso: todos os quatro pareciam ter mais ou menos o mesmo mérito científico.

---

* Os detalhes apresentados aqui vêm de materiais disponíveis na internet. Artigos e apresentações produzidos pelos cientistas para a seleção do local de pouso estão disponíveis em: http://marsoweb.nas.nasa.gov/landingsites/.

Chegou-se então a uma situação inusitada: os cientistas perguntaram aos engenheiros se eles poderiam mesmo garantir que o veículo seria capaz de descer na cratera Gale, porque, como ela tinha uma montanha no centro, esse parecia ser o local com o maior risco para o pouso. Essa foi a única vez que os cientistas demonstraram mais aversão aos riscos do que os engenheiros. Normalmente acontece o oposto! O veredito da engenharia foi que o Curiosity poderia descer com segurança em qualquer um dos quatro locais. Vejamos então os prós e os contras de cada um dos quatro possíveis locais de pouso do Curiosity.

A cratera Eberswalde[1]
Um belíssimo e bem preservado delta de um rio[2] que em dias longínquos corria para dentro dessa cratera já foi fotografado pelo satélite MRO (Mars Reconaissance Orbiter). Materiais sedimentares dentro da cratera são evidências de que houve não só um curso d'água correndo para lá, mas também água parada, possivelmente um lago no seu interior.

Se o Curiosity descesse nesta cratera, teríamos oportunidade de medir e reconstruir as condições climáticas, hidrológicas e sedimentares durante o período em que esses materiais foram depositados. Locais mais baixos dentro do delta são especialmente interessantes, pois neles poderíamos procurar materiais orgânicos. Visto da órbita marciana, o delta do rio que correu para Eberswalde parece ter tido meandros e mudanças de curso d'água, assim como acontece na Terra.

Diversidade
Além de depósitos fluviais e lacustres, há também ali material ejetado da cratera Holden, que fica a aproximadamente 200km de distância. Temos de lembrar que a gravidade em Marte corresponde a pouco mais de um terço da gravidade terrestre, então um impacto de asteroide por lá produz material ejetado que vai parar a centenas de quilômetros de distância. Os materiais dentro da possível elipse de pouso incluem argilas e possivelmente também veios que sugerem atividade hidrotérmica. A diversidade mineralógica tanto dentro quanto fora dessa elipse permitiria uma boa estratégia de exploração no curto e no longo prazo.

Preservação de evidências e potencial de exploração
Argilas e minerais são de grande interesse porque, na Terra, eles dependem da presença de água para se formar. Pode ser que haja depósitos lacustres dentro da elipse de pouso e, em analogia com a Terra, esses depósitos concentram e preservam materiais orgânicos, uma das evidências mais importantes de habitabilidade e possivelmente da presença de alguma forma de vida no passado marciano.

Incertezas
Há pouca evidência das bordas de um lago em Eberswalde – se é que ele existiu mesmo. O delta do rio deveria ter uma clara elevação em algum ponto, mostrando que o rio desaguava no lago. É possível, no entanto, que toda essa região tenha sido coberta por geleiras, que ajudariam a apagar as evidências. A posição do delta parece ser consistente com a hipótese de que a água e os sedimentos se acumularam pouco depois do impacto que formou a cratera Holden mais ao sul. Talvez esses acontecimentos estejam ligados, o que provavelmente nos levaria a concluir que o rio e os sedimentos foram causados pelo impacto em Holden, sendo então um episódio de curta duração. Infelizmente não seria possível resolver essas dúvidas antes do pouso em Marte.

O delta do rio seco deve ser mais ou menos do início do período Hesperiano (uns 2 ou 3 bilhões de anos atrás) e alguns cientistas acham que o material ali existente pode ter sido depositado mais tarde ainda, já no período Amazônico, quando a água já teria desaparecido da maior parte do planeta.

Possíveis desvantagens
Os dados científicos a serem obtidos dentro da elipse de pouso seriam de valor secundário, se comparados com os que poderiam ser obtidos fora da elipse. Isso quer dizer que o local seguro para o pouso não era o mais interessante do ponto de vista científico e teríamos que mover o Curiosity vários quilômetros antes de encontrar áreas que satisfizessem os objetivos principais da missão – algo um pouco arriscado. De qualquer forma, se não quiséssemos correr nenhum risco, a solução seria simples: era só nem tentar enviar missão nenhuma para Marte!

A cratera Gale[3]

Vista da órbita marciana, a Gale já é um local fascinante e misterioso: uma cratera antiga e razoavelmente grande – 150km de diâmetro – do período Noachiano com uma montanha ou monte de 5km de altura no centro. Até aí nada tão espetacular, até levarmos em conta duas características: a primeira é que a montanha no centro é mais alta que a borda norte da cratera, sendo um pouco mais baixa que a borda sul! A outra, realmente espetacular, é a composição da montanha central, medida pelos espectrômetros a bordo do satélite MRO. A montanha não é vulcânica nem foi formada junto com a cratera. É bem mais recente e de natureza sedimentar!

O que uma montanha de sedimentos está fazendo no centro da cratera Gale? Centenas de camadas de sedimentos formam esse monte e dão testemunho de uma sequência de ambientes aquosos, potencialmente habitáveis, por longos períodos geológicos! Essas camadas são formadas de minerais hidratados, alternando às vezes sulfatos e filossilicatos, que, na Terra, formam-se na presença de água. A mudança de camadas de sulfatos para silicatos indica que houve variações nas condições climáticas, que inicialmente propiciaram o depósito de um desses minerais e depois do outro, alternadamente. Quem sabe nessas camadas sedimentares haja, esperando por nós, alguma evidência de vida passada em Marte? Poderíamos estudar essas transições se o Curiosity conseguisse sair da elipse de pouso e subir parte da montanha.

Diversidade

Além de ter em torno de 5km de profundidade, a diversidade da estratificação da cratera é fascinante. Além das centenas de camadas sedimentares da montanha, a parte mais baixa da cratera tem materiais aluviais dentro da elipse de pouso. Eles são uma boa amostra dos materiais das bordas da cratera, que foram arrastados para dentro pela água.

Preservação de evidências e potencial de exploração

Os filossilicatos na parte mais baixa do monte incluem materiais que ajudariam a preservar compostos orgânicos, se estes estiveram presentes na época de sedimentação. Evidências de vida em Marte seriam mais bem preservadas nas camadas de sulfatos do monte no centro da cratera. Há uma boa quantidade de alvos para exploração científica tanto dentro quanto fora da elipse de pouso.

Incertezas
Ainda há muita incerteza sobre as condições nas quais se deu a estratificação do monte. Mesmo assim, a continuidade das camadas sobre uma grande área e sua morfologia parecem indicar que esse material foi depositado sobre uma superfície molhada, possivelmente um lago raso. Em alguns lugares existem também evidências de que materiais do monte foram arrastados por água.

A fonte da água líquida que causou a deposição desses sedimentos formando o monte continua a ser um mistério. Ao mesmo tempo, a fonte dos sedimentos que formam a parte mais baixa do monte também é desconhecida, mas provavelmente eles vieram de fora da cratera. Também não sabemos se o monte é parte de um depósito sedimentar que cobria uma área muito maior – que foi erodida e removida mais tarde.

Embora os sulfatos sejam preservadores muito bons de materiais orgânicos, há também a presença de óxidos de ferro (ferrugem), que atrapalha a preservação orgânica. Aquela poeira vermelha é bastante ácida e degrada materiais orgânicos. Sua ação durante milhões ou bilhões de anos pode ter destruído as evidências que procuramos.

Possíveis desvantagens
Seria importante definir com maior certeza a época em que a complexa morfologia do monte se formou, mas isso não aconteceria antes do pouso em Marte. Tal como na cratera Eberswalde, os dados científicos que poderíamos obter dentro da elipse de descida seriam de valor secundário em comparação com o que está fora dela.

Por que não mover então a elipse de descida? Também nesse caso precisaríamos respeitar os limites impostos pela engenharia. Do ponto de vista científico, deveríamos descer no meio do monte e explorar as camadas sedimentares que existem lá. No entanto, se chegássemos próximo demais do monte no centro da cratera, nosso veículo poderia pousar em um declive de 45 graus, por exemplo, rolar morro abaixo e quebrar alguma peça, ficando inutilizado. Ninguém quer capotar um veículo em Marte logo após o pouso!

A cratera Holden[4]

A região entre a cratera Holden e a cratera Bond,* que fica mais ou menos 300km ao sul, é cortada por canais fluviais onde muita água correu do sul para o norte. O mais proeminente deles é o Uzboi Valles, que acredita-se ser mais velho que a cratera Holden e cujo nome vem de um rio seco na antiga URSS hoje parte do Turcomenistão. O impacto do asteroide que criou a cratera Holden bloqueou o canal de Uzboi, que foi se enchendo e alagando uma área enorme até chegar a um ponto onde o lago formado no Uzboi Valles subiu tanto de nível que ultrapassou a borda da cratera. Daí em diante um dos dilúvios mais ou menos comuns nessa época em Marte aconteceu, com a água correndo para dentro da cratera, levando uma grande quantidade de sedimentos e, por sua vez, expondo grandes regiões sedimentares no Uzboi Valles. O sedimento desse vale tem pedras e rochas relativamente grandes, sugerindo um fluxo rápido de água para movê-las.

A cratera Holden preserva evidências de um sistema fechado de rio e lago e nos daria a oportunidade de estudar um local que parece conter indícios de um ambiente habitável que se sustentou por muito tempo. Os materiais de coloração clara dentro da elipse de descida formam um dos maiores e mais bem preservados sistemas aluviais no planeta Marte. Os sedimentos são diversos e potencialmente foram alterados por água. É provável então que guardem informações sobre as condições climáticas

---

* Não, o nome não tem nada a ver com o espião dos filmes. Esse nome foi dado em homenagem a George P. Bond, um astrônomo americano (1825-1865) que, em sua curta vida, aplicou a fotografia à astronomia e foi o primeiro a tirar uma foto de uma estrela. Era primo de Edward Singleton Holden, fundador da Astronomical Society of the Pacific e primeiro diretor do Lick Observatory, que fica próximo a San Jose, no vale do Silício, Califórnia. Como seu primo Bond, o nome de Holden também foi utilizado para batizar um local em Marte, a cratera Holden.[5]

responsáveis por sua formação durante o período Hesperiano ou no início do período Amazônico.

Diversidade

Sedimentos tanto dentro quanto fora da elipse de pouso nos dariam a oportunidade de estudar rochas do início do período Noachiano até o período Hesperiano e possivelmente também do início do Amazônico. Depósitos aluviais de sedimentos, filossilicatos e materiais das bordas e do fundo da cratera permitiriam o estudo tanto de materiais já alterados por água como também de materiais primitivos, do início da formação do planeta.

Preservação de evidências e potencial de exploração

Os sedimentos detectados pelo satélite MRO podem ser depósitos formados em um lago, que preservariam materiais orgânicos a serem analisados pelos instrumentos do Curiosity. Existem então bons alvos para exploração tanto dentro quanto fora da elipse de pouso. Os materiais dentro da elipse são melhores que em outros locais de pouso, com excelentes chances de preservação de materiais orgânicos.

Incertezas

Novamente não conseguimos detectar as bordas do lago. Alguns indícios nas bordas e nas paredes da cratera parecem indicar a presença de um sistema hidrotérmico causado por impacto. Evidências assim em geral indicam que o possível lago não teria durado muito tempo. As camadas sedimentares detectadas pelo MRO parecem ser do início do período Hesperiano. Alguns aluviões podem ser até do início do Amazônico, embora não haja consenso de que isso seria um problema para habitabilidade e preservação de condições para formação de vida.

Possíveis desvantagens

A variedade de filossilicatos detectada pelo satélite MRO é pequena em comparação com outros possíveis locais de pouso. Esse tipo de material é importante porque, como já mencionamos, filossilicatos são excelentes preservadores de materiais orgânicos.

O Mawrth Valles[6]

O nome vem da língua falada no País de Gales e significa "Marte". Esse é um dos mais antigos vales de Marte, recoberto por rochas sedimentares e depois novamente reexposto por processos de erosão. Dos quatro candidatos para o pouso do Curiosity, esse vale contém as mais antigas rochas marcianas que foram preservadas sem alteração. Ali poderíamos explorar materiais da era Noachiana, antes de Marte se diferenciar da Terra. Poderíamos também estudar processos que estavam ativos durante o início da formação do planeta e, quem sabe, de vida. Além disso, os minerais hidratados (formados em água) representam a maior porcentagem por volume de rochas, em comparação com os outros três candidatos. A região da elipse de pouso parece ser bem representativa de outras áreas do período Noachiano em Arabia Terra e poderia nos dar informações sobre processos que aconteciam no planeta todo durante esse período.

Diversidade
Existem argilas ricas em alumínio e ferro dentro da elipse de pouso, além de sulfatos e caulinita, uma rocha hidratada que é o principal material usado na fabricação de porcelana na Terra. A formação desses materiais nos diz que houve um ambiente com água líquida nessa região também.

Preservação de evidências e potencial de exploração
Vários locais próximos uns dos outros, dentro da elipse de pouso, nos permitiriam estudar uma grande variedade de rochas e definir melhor o período da infância marciana, quando havia água líquida na superfície. Argilas contendo magnésio, ferro e alumínio presentes no vale poderiam ser estudadas para tentarmos descobrir a presença e distribuição de possíveis materiais orgânicos.

Incertezas
A situação na qual esses depósitos se formaram continua incerta e é improvável que esse mistério possa ser solucionado usando apenas os dados obtidos da órbita marciana. Não está claro se materiais ejetados da cratera Oyama, que fica ao lado, ainda persistem no vale. Certamente, quando essa

cratera se formou, muito do material escavado foi parar no Mawrth Valles. A quantidade, a fonte e a duração da água, além de sua interação com os materiais no vale, também são incertas.

Possíveis desvantagens
Não há consenso sobre os processos de deposição ou os mecanismos para concentrar e preservar materiais orgânicos nessa região. Além disso, é improvável que essa situação melhore muito antes do pouso em Marte. A caracterização da textura e os testes químicos que o Curiosity poderia fazer talvez distinguissem entre os vários modelos que tentam explicar a formação dos depósitos nessa área. No entanto, não está claro se isso realmente é possível.

A escolha
Em geral, a ciência é assim: quanto mais estudamos e descobrimos, mais perguntas aparecem. Essa situação, de não haver um resultado totalmente claro que facilitasse a escolha, é bastante comum. Depois de um painel de discussões de dois dias com cientistas e engenheiros, os resultados foram resumidos em quatro páginas, uma para cada um dos locais de pouso, e mandados para a sede da NASA, em Washington, com a recomendação do comitê organizador. No dia 6 de julho de 2011, a NASA comunicou a seleção de dois possíveis locais de pouso: o delta do rio em Eberswalde e a cratera Gale.* Duas semanas depois a decisão foi tomada, com a escolha da cratera Gale como o destino final do Curiosity.**

Depois de muito chamar a elevação no centro da cratera Gale de montanha ou monte, o pessoal do JPL decidiu dar-lhe um nome: monte Sharp. Essa foi uma homenagem ao geólogo Robert P. Sharp (1911-2004), que desde 1948 fora professor no Caltech (do qual o JPL faz parte). Ele foi professor e mentor de muitos dos cientistas que hoje trabalham no pro-

---

* Comunicado à imprensa (em inglês): http://mars.nasa.gov/msl/news/index.cfm?FuseAction=ShowNews&NewsID=1137.
** Comunicado à imprensa (em inglês): http://mars.nasa.gov/msl/news/whatsnew/index.cfm?FuseAction=ShowNews&NewsID=1141.

jeto MSL. Foi aí que começou a confusão que acabou resultando em dois nomes para o monte. A União Astronômica Internacional (IAU, na sigla em inglês) é o órgão que tem autoridade para atribuir nomes aos objetos celestes maiores de 100 metros. A IAU é democrática, com representantes eleitos dos mais de 70 países-membros. Em 1973, ela criou um comitê cuja função é dar nomes aos objetos do sistema solar. Esse grupo criou um sistema de regras para nomenclatura, dando às montanhas do planeta Mercúrio, por exemplo, nomes que significam "quente" em várias línguas. Já as crateras das luas de Urano, por exemplo, têm nomes de personagens de peças de Shakespeare.

Pelas regras da IAU, crateras marcianas recebem nomes de cientistas já mortos, escritores e outras personalidades, mas montanhas não podem ter esses nomes. Para começar, os nomes têm de ser em latim e devem fazer referência à mitologia grega. Por isso o grupo de trabalho da IAU resolveu dar o nome de Aeolis Mons ao monte no centro da cratera Gale, enquanto outra cratera próxima recebeu o nome de cratera Sharp. "Mons" quer dizer monte em latim e "Aeolis" se refere a uma ilha flutuante da mitologia grega onde ventos eram guardados em uma caverna dentro de uma montanha. O nome é brilhante, não fosse a controvérsia com o nome dado pelo pessoal do JPL.

Como veremos mais adiante, é quase certo que ventos tiveram um papel essencial na formação da montanha no centro da cratera Gale. Além disso, já existem vários outros detalhes da superfície marciana nessa região que levam "Aeolis" em seu nome, como Aeolis Planum, um planalto, Aeolis Dorsum, uma região de penhascos ou serras ("ridges" em inglês) e Aeolis Palus, a região plana onde o Curiosity pousou. A controvérsia continua. A IAU reivindica o direito de dar nomes aos objetos do sistema solar e o JPL usa "informalmente" o nome monte Sharp. Parece que somos mais capazes de feitos de engenharia e de colocar o veículo Curiosity em um local determinado em Marte do que de chegar a um acordo aqui na Terra sobre como devemos chamar o tal monte.

Minha escolha pessoal neste livro é seguir a IAU e a tradição que remonta a Schiaparelli para os nomes de detalhes da superfície marciana – ou a tradição ainda mais antiga, que remonta aos gregos e seus nomes para as constelações. Usarei então Aeolis Mons para me referir ao monte no centro da cratera Gale. A propósito, já que estamos falando de nomes, a cratera se chama Gale em homenagem a Walter Frederick Gale, um banqueiro e astrônomo amador de Sydney, na Austrália, que construía os próprios telescópios e também fez muitas observações de Marte no fim do século XIX.

Deixando a controvérsia de lado, a escolha da cratera Gale nos oferecia uma oportunidade fantástica de finalmente confirmar lá no solo marciano várias hipóteses levantadas pela observação a partir da órbita de Marte. Quando captamos com o espectrômetro do satélite MRO sinais que indicam a existência de argilas no solo, já tivemos um grande avanço científico, mas não há nada como tirar fotos dessas argilas e rochas sedimentares de perto, coletar amostras, analisá-las com todos os instrumentos do Curiosity e ter essa "quase presença" humana no solo.

Visto da órbita marciana, já sabemos que o Aeolis Mons não tem um pico só. São pelo menos dois. Não há nenhum sinal de vulcanismo dentro da cratera, ou seja, ele não foi formado por vulcão. Tectonismo ou movimento de placas também não há; essa é outra explicação comum para a formação de montanhas na Terra, mas isso nunca foi detectado e confirmado em Marte. Como já vimos, a base do Aeolis Mons é coberta de camadas e materiais hidratados, que dependem da água para se formar. Como essas camadas foram parar lá e por que elas existem, ninguém sabe. Acima de 1km a partir do fundo da cratera, há pouquíssimos sinais daqueles minerais hidratados e não sabemos o que causou essa transição nem a transição de camadas de argilas para camadas de sulfatos. Esses são locais onde a vida pode ter existido no passado e, com certeza, as regiões de transição de argilas para sulfatos representam uma mudança estranha em Marte. Será que essa transição foi abrupta ou gradual? Não sabemos ainda, mas, se foi uma transição abrupta, então algo muito importante aconteceu com Marte nessa época.

As camadas contendo argilas seriam locais ideais para preservação de fósseis; na Terra, é relativamente comum encontrarmos fósseis em rochas sedimentares. Como entender esse monte no meio da cratera Gale? Com certeza, esse é o local mais promissor já visitado por homem ou máquina em nossa busca por sinais de vida fora da Terra. Se entendermos o Aeolis Mons, quem sabe decifraremos os processos de deposição de sedimentos, os lagos que podem ter existido por muito tempo dentro da cratera Gale, e possamos extrapolar esses resultados para o planeta Marte como um todo? E se um dia achássemos uma rocha sedimentar que mostrasse sinais fossilizados de vida que possa ter existido em Marte?

Coordenadas

[1] Cratera Eberswalde – coordenadas marcianas: 23,90 S, 326,74 E. Elevação: -1.435m.
[2] O delta do rio na cratera Eberswalde – coordenadas marcianas: 23º51' S, 33º36' W.
[3] Cratera Gale – coordenadas marcianas: 4,49 S, 137,42 E. Elevação: -4.444m.
[4] Cratera Holden – coordenadas marcianas: 26,40 S, 325,16 E. Elevação: -2.177m.
[5] Cratera Bond – coordenadas marcianas: 32º48' S, 35º58' W.
[6] Mawrth Valles – coordenadas marcianas: 23,99 N, 341,04 E. Elevação: -2.245m.

9

Os trabalhos e os dias

O longo caminho até meu trabalho no Jet Propulsion Laboratory da NASA teve início muito tempo atrás e foi cheio de tropeços. Há poucos dias eu conversava com uma de minhas irmãs sobre as quatro cadeiras de madeira que nós mesmos pintamos de azul e que complementavam a pequena mesa na cozinha de minha mãe. Com seu falecimento, estávamos agora desmontando e dando destino a seus poucos móveis quando lembrei à minha irmã que já carregara uma daquelas cadeiras muitas vezes, entre cinco e seis da manhã de sábado, na pequena cidade de Moema, em Minas Gerais. Era 1970 ou 1971 quando eu e um dos meus irmãos colocávamos uma cadeira invertida na cabeça e caminhávamos uns três blocos para deixá-las em frente a um bar, na rua principal da cidade. Tínhamos 10 ou 11 anos na época. Outros meninos mais ou menos da mesma idade faziam o mesmo. A competição era grande para ver quem chegava primeiro para colocar sua cadeira no melhor lugar. Não tínhamos relógio despertador, então levantávamos quando "parecia" ser a hora correta e lá íamos nós, antes do amanhecer, com nossas cadeiras.

Durante o dia elas permaneciam sem serventia na frente do bar, mas também não chegavam a causar nenhum inconveniente, então éramos tolerados pelo dono. Nosso objetivo era a tarde e a noite de sábado, quando os jovens da cidade e outras pessoas nem tão jovens assim desciam para a rua principal, enchendo os bares e a rua, que era fechada ao trânsito de automóveis nesse bloco. Rapazes e moças iam namorar à noite nessa rua. Então, quando chegava umas 4 ou 5 horas da tarde, lá íamos nós com nosso material, sentar cada um diante da própria cadeira para tentar convencer os rapazes que entravam e saíam do bar a nos pagar para engraxarmos seus sapatos.

Éramos crianças ainda e aquela multidão do sábado à noite nos fascinava, com a música ao redor, o barulho, os amigos. Tudo aquilo era uma festa e adorávamos ir ganhar nosso dinheirinho. Já tínhamos alguns clientes "fidelizados", cujos sapatos engraxávamos toda semana. Para esses tínhamos até um serviço especial, porque íamos em suas casas buscar os sapatos no sábado durante o dia, os engraxávamos em casa e os devolvíamos antes das quatro, quando nos pagavam.

Décadas depois, durante uma de nossas visitas à cidade, vimos três homens conversando na rua e meu irmão logo reconheceu um deles. De brincadeira me disse:

– Está vendo aquele ali, de costas para nós? É um dos nossos antigos clientes de engraxate. Que tal irmos lá perguntar para ele se quer que a gente engraxe seus sapatos?

Achei que meu irmão estivesse exagerando. Há certas coisas que, mesmo depois de tantas décadas, a gente não faz. Por isso eu disse:

– Eu sempre engraxei os sapatos dele. Nem tente ir primeiro, porque ele é meu cliente! Você não vai passar na minha frente. Sou eu quem vai perguntar para ele.

Fomos lá juntos, pedimos licença e perguntei se ele queria que eu engraxasse os sapatos. Tanto ele quanto os outros dois não disseram nada e ficaram nos olhando por uns 30 segundos, porque obviamente não nos reconheciam. Trinta e cinco anos antes aquele jovem negro, alto e magro era um dos meus clientes, muito agradável e generoso. Havia envelhecido, afinal ninguém está ficando mais jovem. Seu cabelo estava todo branco e, embora ele não houvesse crescido mais na vertical, na horizontal havia uma nítida diferença.

Depois de um longo e constrangido silêncio, depois de eu repetir a pergunta se poderia engraxar seus sapatos, finalmente ele fez a conexão com o passado e nos reconheceu. Ganhamos um grande abraço do meu antigo cliente e rimos muito naquele dia.

Naquela época em que engraxávamos sapatos, minha mãe estava sempre de olho para se certificar de que estivéssemos mesmo trabalhando e não nos envolvêssemos com bebida, brigas e outras maldades da rua. Ela achava que trabalhar era bom para nós porque, apesar de não termos tanta necessidade assim, seria bom aprendermos como é difícil se ganhar dinheiro, para não o desperdiçarmos depois.

Cerca de dois anos mais tarde surgiu uma oportunidade um pouco melhor de trabalho, que consistia em encher saquinhos de plástico transparente com uma mistura de terra, esterco de vaca e adubos. Esses saquinhos tinham 10cm de diâmetro e 25cm de comprimento e, em cada um deles, uma semente de café seria plantada e irrigada em sementeiras que um novo plantador de café havia estabelecido na periferia da cidade. Eu e meu irmão mais novo trabalhamos três meses de férias escolares fazendo isso, e o pagamento era ótimo, muito melhor do que ganhávamos como engraxates – função que também não tinha sido abandonada. Ganhávamos por produção, o que nos rendeu uma quantia inacreditável. Em três meses, eu e meu irmão tínhamos o suficiente para, juntos, comprarmos meia bicicleta! Como não vendiam meia bicicleta – e acho que ainda não vendem –, conseguimos convencer nossa mãe a pagar a outra metade. Assim, em uma tarde ensolarada, quando chegou o ônibus que vinha da cidade mais próxima, o motorista tirou nossa bicicleta do bagageiro e nos entregou! Levamos dois dias para aprender a nos equilibrar em cima dela e revezávamos, dando cada um uma volta ao redor dos quarteirões próximos à nossa casa. Poucos foram os tombos e uma impressão duradoura daqueles últimos dias de férias ficou conosco para sempre. Muito a contragosto tivemos de abandonar nosso trabalho na sementeira de café no início do ano letivo, porque nossa mãe nos dizia que estudar era mais importante.

Em torno de 1974, mesmo sendo ainda menor de idade, trabalhei em um bar nos finais de semana e em uma mercearia, mas não houve grandes acontecimentos nesse período, a não ser o fato de que meu irmão mais velho, que já estudava em Belo Horizonte, um dia chegou em casa com uma TV de presente para nós. Depois de muita reticência de minha mãe em permitir aquilo em nossa sala e de um certo trabalho até conseguirmos comprar e arranjar alguém para instalar uma daquelas antigas antenas "espinha de peixe" (antenas Yagi, inventadas pelos japoneses Shintaro Uda e HidetsuguYagi, sei hoje), finalmente tínhamos em casa aquela novíssima tecnologia em preto e branco.

Nessa época descobri que minha matéria preferida na escola era a matemática, embora gostasse das outras também. Resolver equações e encontrar aqueles resultados simples depois de cálculos que pareciam complicados era sempre uma brincadeira e um espanto. Um amigo que estava um ano à minha frente às vezes fazia desenhos na areia perto da quadra de futebol e me mostrava teoremas de geometria que havia aprendido. Pareciam mágicos, de tão elegantes. Como eu não era muito bom com a bola, frequentemente ficava de fora, olhando e querendo jogar também – mas não tinha muito sucesso em convencer os outros a me deixarem participar. Então, sem consciência disso, me consolava aprendendo com os desenhos na areia. Muito mais tarde vim a saber que Cícero, na Roma antiga, chamava a areia que era usada para esse fim de "*pulvis eruditus*". Havíamos redescoberto uma maneira de estudar geometria que fora importante no passado.

No fim de 1975 chegou então o dia em que terminei a antiga oitava série do primeiro grau e não havia mais o que estudar na cidade. Aos 15 anos, se quisesse continuar estudando, teria de sair de lá. Mas como faria isso sem dinheiro? Eu não era o primeiro nem seria o último na família com esse problema, mas no meu caso a solução estava a pouco mais de 150 quilômetros dali, onde havia uma escola federal de ensino técnico de agropecuária. Os alunos não pagavam nada para estudar lá e, além disso, moravam na escola e tinham tudo de graça, inclusive comida e alojamento! Havia um concurso para entrar, um minivestibular, mas eu não me preocupava com isso e estava razoavelmente confiante de que não teria dificuldades em passar nos exames de admissão.

O Colégio Agrícola de Bambuí,[1] situado em uma fazenda que ficava a cerca de 4km daquela cidade, tinha mais ou menos 250 alunos em seu único curso técnico. A maioria morava na escola mesmo. Os que eram de Bambuí viviam com a família na cidade e iam de ônibus todos os dias. Nós, das cidades vizinhas, morávamos no colégio, um dos melhores em sua área de ensino. Sua proposta era formar técnicos que iriam atuar na região, melhorando as práticas da agricultura e da pecuária mineiras.

Os alunos eram filhos de fazendeiros ou tinham alguma ligação com o campo. Em suma: eram gente como eu. Muitos desses técnicos formados no colégio foram mais tarde administrar as fazendas e as criações de gado dos pais, construindo uma nova geração que tinha um nível de sofisticação no campo completamente diferente da geração anterior. Gente que não temia tecnologia, que de fato buscava nela soluções para os problemas de produtividade agropecuária. Muitos outros foram trabalhar em empresas de desenvolvimento agrícola como a Emater e a Embrapa. Todos eles se tornaram agentes transformadores. Essa formação escolar até hoje constitui um dos segredos da revolução em produtividade e do sucesso espetacular do agronegócio brasileiro.

O colégio tinha um esquema brilhante. Um grupo de 80 alunos entrava todos os anos no primeiro ano de um curso que durava três. Esse grupo era dividido em duas turmas e, começando em uma segunda-feira, uma das turmas tinha aulas teóricas de manhã e trabalhava (aulas práticas) na fazenda da escola à tarde. Na terça-feira, essa mesma turma continuava trabalhando de manhã e tinha aulas teóricas à tarde, fazendo esse revezamento entre teoria e prática durante a semana toda e recomeçando tudo na seguinte. A outra turma de 40 alunos fazia o esquema contrário, de forma que tanto de manhã quanto à tarde uma das turmas tivesse aulas teóricas e outra, aulas práticas.

No primeiro ano, estudávamos horticultura e como coletar amostras de solos para análises químicas. Na área de animais, aprendíamos tudo sobre produção de frangos e ovos. Sob a orientação de bons professores, produzíamos mais do que o suficiente para o nosso consumo, enquanto o excesso era comercializado, resultando em uma fonte de renda importante para a instituição e ajudando a custear suas operações e nosso ensino e alojamento. No segundo ano, aprendíamos sobre culturas anuais, como arroz e feijão, e passávamos para os suínos na área de animais, enquanto a nova turma de calouros iria cuidar da horticultura e da produção de frangos e ovos. Já no terceiro ano, estudávamos as culturas perenes: cana, capins e outras gramíneas plantadas para alimentar bovinos e, principalmente, café. E aprendíamos sobre bovinos e produção de leite, pois o colégio tinha um excelente rebanho de vacas leiteiras. Tínhamos também matérias mais gerais, como entomologia e estudos de pragas e doenças, tanto das plantas quanto dos animais que estávamos estudando.

Imagine uma escola assim, onde o que você aprende na sala de aula de manhã é aplicado imediatamente à tarde e não é só um experimento de demonstração. Nosso trabalho e a aplicação das técnicas aprendidas produzia um resultado financeiro. O lema da instituição era: "Uma escola que produz, uma fazenda que educa." Não há melhor método para se aprender uma profissão.

Décadas depois de eu sair de lá, a escola foi transformada em um CEFET, Centro Federal de Educação Tecnológica, com curso superior em tecnologia de alimentos. Hoje é o campus de Bambuí do Instituto Federal de Educação, Ciência e Tecnologia de Minas Gerais – IFMG e oferece muitos outros cursos técnicos, além de graduação e pós-graduação focadas nas áreas de agropecuária, alimentos, mecânica e informática.

Foi na biblioteca do Colégio Agrícola de Bambuí que encontrei o livro *O universo e o Dr. Einstein*, com ideias que nunca havia imaginado antes. Podemos nos perguntar o que esse livro estava fazendo na biblioteca de uma escola de ensino agropecuário, mas não há como descobrir a resposta. Sua presença mostra, no entanto, que havia gente preocupada em nos oferecer uma formação mais geral e acesso às informações muito além da área específica que estávamos estudando.

Enquanto Isaac Newton havia postulado que o tempo era como um rio sem nascente nem foz, que corria de um passado infinito para um futuro infinito, esse livro dizia que o tempo não era assim, que a analogia entre tempo e rio não era boa. Não existe um tempo absoluto e a "velocidade" com que o tempo passa – ou quanto tempo "cabe" em um segundo, por exemplo – depende do movimento de quem o mede. O tempo é elástico, se dilata dependendo do movimento do observador que faz a medida. Quanto mais próxima a velocidade do observador estiver da velocidade da luz, mais devagar o tempo passará. Se quem faz a medida pudesse se mover com a mesma velocidade que a luz, o tempo iria parar completamente e desaparecer para ele. Então, de certa forma, este "agora" que você vive não existe em outros cantos do Universo. Ou, para ser mais preciso, não existe em outros sistemas de referência que estão se movendo a alta velocidade ou estão acelerados em relação ao seu. Se você pensar muito sobre isso, a ideia do que é a realidade começa a desmoronar e em pouco tempo você concluirá que entendemos muito pouco de tudo. Eu queria muito estudar e entender melhor coisas assim.

Como o problema do estudo se agravava para meus irmãos e irmãs, nossa família se mudou para uma cidade bem maior, Divinópolis,[2] que fica a uns 100km de Moema. Lá existem boas escolas, com muito mais opções de cursos técnicos. Como eu e um dos meus irmãos já estudávamos no colégio em Bambuí, continuamos lá, mas íamos para casa uma vez a cada dois meses, em geral de carona. Estudantes de outras cidades faziam a mesma coisa: vestiam a camiseta da escola e iam para a beira da estrada, de forma que os motoristas na região sabiam que éramos estudantes e assim ficava mais fácil conseguir carona. Havia menos violência e perigo naquela época.

Durante as férias em Divinópolis, eu sempre ganhava algum dinheiro, que era suficiente para pagar minhas passagens de ônibus quando não conseguia carona. Por isso, trabalhei por lá como servente de pedreiro e também em uma fábrica de camas, onde, às vezes, quando surgia o rumor de que fiscais estavam chegando, um grupo de 10 ou 15 menores como eu e meu irmão tínhamos de sair correndo e nos esconder em lotes vagos, porque não tínhamos carteira assinada nem benefícios. Se fôssemos pegos trabalhando, seríamos demitidos e a empresa, multada. De qualquer forma, ganhávamos uma quantia que era muito importante para nós.

Aprendi muito no colégio de Bambuí e, no final do curso, a escola ainda nos ajudava a conseguir um estágio de um mês em alguma fazenda ou empresa da região. Eu queria continuar estudando, mas primeiro teria de ganhar o dinheiro que tornaria isso possível. Assim, no estágio feito em uma fazenda de criação de gado no sul de Minas, conheci pessoas que me ajudaram a conseguir um emprego como assistente do gerente de uma fazenda no norte de Minas. Para lá fui eu em dezembro de 1978.

Voltei a morar próximo ao rio São Francisco. Pirapora[3] e Buritizeiro, uma em cada margem do rio, eram as cidades mais próximas da fazenda. Em Pirapora começa a parte navegável do rio, com o último navio a vapor trazido do Mississippi, o *Benjamin Guimarães*, ancorado em seu porto. De vez em quando, ele ainda navega o São Francisco, agora só em passeios de turismo. Por várias décadas, "o gaiola", como era chamado, fazia transporte de cargas e passageiros entre Pirapora e Juazeiro, no norte da Bahia.

Falei que Pirapora era a cidade mais próxima da fazenda, mas proximidade é uma coisa relativa, principalmente em Minas, porque a fazenda ficava a quase 100km da cidade, dos quais somente 19km, na BR-365, eram asfaltados. O resto, na MG-161, era – e 35 anos depois continua sendo – de terra batida.[4] A Fazenda Água Branca, aonde fui trabalhar, ficava bem depois do ponto onde o rio das Velhas deságua no São Francisco, mas antes do Paracatu e do Urucuia. Pelo caminho era possível sentir que essa região era parte do que Guimarães Rosa tinha em mente ao escrever *Grande Sertão: Veredas*. Nesse vasto território, a presença do poder público era escassa, assim como a água, que era captada, preservada e redistribuída pelas veredas que, quando vistas de 15km de altura, mais parecem gigantescos neurônios criando um esparso cérebro bidimensional pelo cerrado mineiro. A vereda do Galhão,[5] com um casarão antigo onde funcionava um bar à beira da estrada, era parada quase obrigatória para quem viajava por ali.

Quando se tem 18 anos e a vida tem muita pressa, um local isolado como a fazenda aonde fui trabalhar não é o ideal para se viver, mas é bom para concentrar os esforços da gente. Eletricidade não havia, então à noite só tínhamos lampiões a gás que usávamos por uma hora, no máximo, antes de dormir.

Comecei a trabalhar como assistente do gerente, mas, depois de um ano, ele arranjou outro emprego e foi-se embora. De repente, eu, com 19 anos, era a autoridade máxima em uma área de mais de 7 mil hectares* onde havia até o riacho das Pedras, que nascia em algumas de nossas veredas e ia desaguar no São Francisco ainda dentro da fazenda. Em certas épocas

---

* Um hectare é um quadrado de 100m × 100m, ou 10.000m², um pouco maior que um campo de futebol. A área da fazenda equivalia a mais ou menos 10 mil campos de futebol.

de colheita, tínhamos até 250 empregados, além da criação de gado Nelore, com 1.200 animais, uma criação de cavalos Mangalarga, plantações anuais de arroz e feijão em parceria com os empregados, muitos tratores e implementos agrícolas, pista de pouso de terra batida para aviões de pequeno porte e muito, muito trabalho.

Não tive dificuldades técnicas para administrar a fazenda; haviam me ensinado bem na escola. Tínhamos assistência de professores do departamento de veterinária da UFMG e fazíamos até inseminação artificial para melhorar a qualidade genética do rebanho bovino. Tratei de animais doentes, plantei árvores, plantei pastos e produzimos muitos animais e muita comida.

"O pior de um lugar assim são os fins de semana, moço, porque não há o que fazer", diziam alguns dos funcionários. Isso é sempre perigoso, porque, quando as pessoas não têm o que fazer, acabam fazendo o que não devem. Em um local tão afastado assim, eu tinha de ser a autoridade, o amigo e até o médico às vezes. Para evitar o tédio, alguns funcionários organizavam partidas de futebol nos fins de semana ou se arriscavam em canoas e atravessavam o rio, que nessa altura já tinha recebido as águas de vários afluentes, encorpando-se tanto que a distância entre as margens chegava a 500m. O que esses rapazes estavam à procura era do povoado mais próximo, na outra margem, onde compravam cachaça, jogavam baralho e às vezes brigavam. Eu havia conseguido umas apostilas velhas de alguém em Belo Horizonte e, nos fins de semana, estudava, porque meu plano de ir para a Universidade Federal de Minas Gerais continuava de pé.

No máximo, eu ia uma vez por mês à cidade de Pirapora, pois não tinha tempo para me ausentar muito. Tinha muitas responsabilidades e muita gente dependia de decisões minhas. Dito desse modo, parece até que eu estava controlando tudo sozinho, mas não era bem assim. Todo dia às seis da manhã eu falava com os donos através de um radioamador. Eles estavam sempre a par de tudo que acontecia e precisavam ser informados se eu não estivesse na fazenda, para não ficarem tentando se comunicar comigo pelo rádio.

Guardado em uma geladeira a gás, tínhamos sempre soro antiofídico para os dois principais gêneros de cobra da região. Ao menos três ou quatro vezes por ano, eu injetava soro em bovinos ou cavalos que haviam pisado em cobras e tinham sido picados. Em gente nunca precisei fazer isso, porque a única vez que um empregado foi picado eu não estava lá. Outra pessoa injetou o soro e ele foi levado às pressas para Pirapora, para tratamento médico. De vez em quando, pequenos fazendeiros e outras pessoas da região nos pediam soro para alguém que havia sido picado e dávamos de graça, apesar de termos pago por ele. Como dizíamos: "Em uma hora assim, de que vale o dinheiro?"

Um dia, com uma ampola de antibiótico e uma seringa na mão, um motorista de caminhão que fazia trabalhos para nós me perguntou se eu sabia aplicar injeções. Respondi que em bois e cavalos, sim, mas nunca tinha aplicado em gente. Como ele insistia que precisava tomar aquele medicamento e a injeção era no músculo, fiz tudo como sabia – ou como achava que deveria fazer. Apliquei a injeção em seu braço e ele foi-se embora. Quando voltou, na semana seguinte, me agradeceu várias vezes e disse que não tivera problema nenhum e já estava curado. Então eu havia aprendido a aplicar injeção em humanos também!

Coisas assim eram fáceis de resolver, mas o que me assustava mesmo eram as brigas. Não eram frequentes, mas os funcionários às vezes faziam ameaças de morte uns aos outros. Houve pelo menos dois casos de troca de tiros em que eu tive de demitir um dos lados. Também houve um caso de assassinato de um dos nossos funcionários, provavelmente por um sujeito que apareceu perguntando por ele. Vingança por coisas do passado? Nunca descobrimos nem a causa nem o assassino. De qualquer modo, essas são outras histórias.

Depois de pouco mais de três anos na Fazenda Água Branca, eu havia economizado dinheiro suficiente para me manter em Belo Horizonte por dois anos. E agora, o que fazer da vida? Continuar onde estava, já que tinha um emprego estável, ou dar mesmo aquele mergulho no futuro incerto e ir estudar mais? Estudar o quê, para início de conversa? Veterinária, engenharia elétrica, agronomia ou física? Depois de muito pensar, concluí que chegara mesmo a hora de ir embora, mas quando falei com os veterinários da UFMG, que nos davam assistência técnica, sobre os meus planos de fazer o vestibular para física, eles riram de mim. Primeiro, acharam que eu não passaria. Depois, disseram que seria um grande desperdício jogar fora toda a experiência e todo o conhecimento que eu havia acumulado em agropecuária.

Coordenadas

[1] O Instituto Federal Minas Gerais – Campus Bambuí, ou antigo "Colégio Agrícola de Bambuí" – coordenadas terrestres: 20°01'58" S, 46°00'34" W.
[2] Divinópolis, Minas Gerais – coordenadas terrestres: 20°08'19" S, 44°53'06" W.
[3] Pirapora, Minas Gerais – coordenadas terrestres: 17°21'18" S, 44°57' W.
[4] O início da estrada MG-161, de terra batida, que vai para São Romão – coordenadas terrestres: 17°24'46" S, 45°05'56" W.
[5] A vereda do Galhão, Minas Gerais – coordenadas terrestres: 17°03'11" S, 45°04'53" W.

10
O palco de dança de Ares e um veículo do outro mundo

Plutarco de Queroneia* é considerado o último autor grego clássico e viveu alguns anos em Roma, durante os reinados de Trajano e Adriano. Ele escreveu em grego ático as *Vidas paralelas*, biografias em par de gregos e romanos, como a do romano Cícero e seu par, o grego Demóstenes, ou a de Júlio Cesar e seu par, Alexandre, o Grande. Quarenta e seis dessas biografias sobrevivem até hoje e nos oferecem informações detalhadas e muitas vezes únicas das civilizações grega e romana. Na biografia do general romano Claudius Marcellus, Plutarco conta em detalhes o bloqueio naval de Siracusa[2] (cidade-Estado grega na ilha da Sicília, hoje parte da Itália) pelos romanos. Durante o cerco, os soldados romanos ficavam aterrorizados quando qualquer coisa aparecia nas muralhas da cidade, pois poderia ser mais uma das invenções mortíferas de Arquimedes, que havia sido convencido a usar seu gênio para defender Siracusa do ataque romano.

Plutarco descreve também como o general romano conseguiu finalmente tomar e saquear a cidade e as três versões existentes em sua época de como os soldados de Marcellus mataram Arquimedes, o maior matemático da Antiguidade e um dos orgulhos da espécie humana. Entretanto, não são essas as razões por que Plutarco está sendo lembrado aqui, mas sim por uma pequena passagem na biografia de Marcellus. Em uma inspirada

---

* A batalha de Queroneia, entre os exércitos do rei da Macedônia, Filipe II, o pai de Alexandre, o Grande, e a coalizão de Atenas e Tebas, foi uma das mais decisivas do mundo grego, mudando o curso da História.[1]

comparação entre o gosto romano pela guerra e as antigas guerras entre as cidades gregas, Plutarco diz que as planícies da Tessália, no centro da Grécia, ao norte de Tebas (onde fica Queroneia), eram chamadas pelo filósofo e soldado Epaminondas de "o palco de dança de Ares". Ele dizia isso porque ali muitos exércitos de cidades rivais haviam colidido uns com os outros e se destruído ao longo dos séculos.*

"O palco de dança de Ares": creio que não haja uma descrição mais adequada para a atmosfera marciana. Basta considerar as várias espaçonaves terrestres mandadas para estudar o planeta que encontraram seu fim nessa pequena camada de atmosfera rarefeita. Já mencionamos a Mars 2, da URSS. Sua sucessora, a Mars 3, também teve problemas parecidos, além de várias missões da NASA, algumas até bem recentes.

O maior problema em uma missão para a superfície de Marte não é o foguete nem a navegação interplanetária durante a viagem. Sabemos como fazer foguetes suficientemente poderosos, pelo menos para espaçonaves não tripuladas, e sabemos também como achar nosso caminho até Marte. O maior problema é a descida até a superfície, porque Marte tem atmosfera.

Para entender isso, vamos primeiro pensar na pequena camada de atmosfera terrestre. A 100km de altura, já estamos no espaço. Se a Terra, com um diâmetro de 13.500km, fosse reduzida ao tamanho de uma laranja com diâmetro de 10cm, a atmosfera teria uma espessura de pouco menos de 1mm, ou seja, nossa atmosfera seria mais ou menos da espessura daquela rugosidade da casca da laranja. Apesar de essa camada de ar ser irrisória em comparação com o nosso grande planeta, qualquer objeto que penetre a atmosfera terrestre vira uma bola de fogo, pois a velocidade orbital é muito alta e, ao colidir com o ar, o atrito aquece a superfície do objeto, chegando à temperatura de milhares de graus Celsius. Lembre-se do meteoro que entrou na atmosfera terrestre sobre a cidade de Cheliabinsk,[3] na Rússia, em 2013, das cápsulas do programa Apollo, com seus escudos de calor, ou ainda do ônibus espacial, com seu revestimento de cerâmica para sobreviver à entrada na atmosfera. Portanto, apesar de fina em comparação com o diâmetro do planeta, a atmosfera terrestre é espessa o suficiente para

---

* Plutarco, in *Makers of Rome*, "Life of Marcellus". Londres: Penguin Books, 1965.

produzir uma grande desaceleração da espaçonave na entrada. Assim, uma espaçonave retornando para a Terra pode perder quase toda a velocidade, ou energia cinética, na atmosfera, se for protegida por um escudo de calor, e perder o resto da velocidade com paraquedas, que funcionam bem porque o ar é denso o suficiente para produzir sustentação.

Em Marte, a situação é muito pior, porque a camada atmosférica é ainda mais fina e fica mais próxima ao planeta. Sendo pequeno e com pouca gravidade, o planeta não "segura" uma camada muito alta de ar e, como já mencionamos, o pouco de gás carbônico que forma sua atmosfera é bastante rarefeito. Por isso Marte apresenta a pior das situações possíveis. Por um lado, a atmosfera existe e tem de ser levada em consideração, porque senão a espaçonave vira mesmo uma bola de fogo e não sobrevive à entrada. Por outro, a camada de atmosfera é muito baixa e rarefeita, então não é muito eficiente para reduzir nossa velocidade. Além disso, durante a entrada tudo vai acontecer muito mais rápido do que na Terra, porque a distância do vácuo do espaço até a superfície é bem menor e não há margem para erro. Na descida em Marte, temos pouquíssimo tempo para correções da trajetória – e tais correções têm de ser automáticas, sem nenhuma intervenção daqui da Terra. Para entender a complexa solução inventada para pousar o Curiosity em Marte, veremos primeiro o que a NASA fez antes dele, já que essas missões lhe serviram de base.

Antes do Curiosity

Em 1976, a NASA mandou para Marte uma missão extremamente ambiciosa, cara e arriscada. Não se contentavam mais com espaçonaves orbitando o planeta. Dessa vez queriam descer até a superfície e procurar sinais de vida lá. Muitas perguntas tiraram o sono dos engenheiros e projetistas da época. E se o local de descida tivesse muita inclinação? E se tivesse pedras enormes e o módulo de pouso acabasse pousando parcialmente sobre uma dessas pedras e tombasse no final, quebrando as antenas de comunicação, por exemplo, e estragando tudo?

Simplesmente não havia informações detalhadas o suficiente para caracterizar os possíveis locais de pouso em Marte. Pior ainda, a tecnologia para a descida era ainda muito primitiva. As incertezas também eram enormes e a elipse com 90% de probabilidade de pouso era bem maior que 150km – maior, por exemplo, que toda a cratera Gale, onde desceu o Curiosity. Tanto na Terra quanto em Marte há muita variação de relevo, rochas e montanhas quando consideramos uma distância de 150km. A topografia desconhecida do local de pouso aterrorizava os engenheiros que trabalhavam nessa missão, e os riscos e as possibilidades de fracasso em sua parte final eram problemas quase incontornáveis na época.

Por outro lado, era considerado aceitável correr riscos muito maiores do que hoje. Havia muito mais dinheiro também. A solução que os engenheiros encontraram para esses problemas foi brilhante. Decidiram fazer duas coisas bastante inteligentes: a primeira foi não tentar descer direto no planeta. Primeiro entrariam em órbita dele e tirariam fotos da superfície antes de tentar a descida. Assim poderiam mandar as fotos para a Terra e escolher melhor o local de pouso. Isso não diminuiria a elipse de pouso, mas pelo menos poderiam escolher locais que não fossem obviamente cobertos de vulcões ou labirintos de cânions, por exemplo. A segunda coisa inteligente que fizeram foi dobrar as chances de sucesso, construindo duas espaçonaves ao mesmo tempo – a Viking 1 e a Viking 2 –, porque, quem sabe assim, ao menos uma delas seria bem-sucedida. Cada uma consistia em um orbitador, isto é, um satélite ou nave-mãe que ficaria em órbita de Marte, e um módulo de pouso que se separaria da nave-mãe e desceria até a superfície. A Viking 1 foi lançada em 20 de agosto e a Viking 2, no dia 9 de setembro de 1975.

O custo total da missão, incluindo as duas Vikings, foi de 1 bilhão de dólares em dinheiro da época, o equivalente a quase 5 bilhões hoje. Parece muito dinheiro para uma missão tão arriscada, mas, se não corrermos riscos, nunca aprenderemos nada.

O cuidado com a proteção planetária dessa missão ainda é o que já foi feito de melhor até hoje. O grupo de proteção planetária queria garantir que qualquer forma de vida que encontrassem em Marte – bactérias, por exemplo – fosse autóctone e não tivesse ido da Terra, de carona na espaçonave. Depois de tudo pronto, cada uma das Vikings foi isolada dentro de uma barreira biológica e esterilizada a 111ºC por 40 horas. A exposição a tanto calor por um período tão prolongado destrói todas as formas de vida que já conhecemos na Terra, apesar de a cada dia descobrirmos novos seres vivos unicelulares capazes de sobreviver em ambientes extremos. Tanto calor também pode causar sérios problemas em circuitos eletrônicos. No entanto, depois da esterilização não havia como testar tudo para ver se ainda estava funcionando, porque assim as espaçonaves poderiam ser recontaminadas com vida terrestre. Depois da saída da Terra e de separar-se do último estágio do foguete, a "biobarreira" de esterilização também foi ejetada das espaçonaves em curso, de forma que somente as Vikings esterilizadas e descontaminadas de vida terrestre chegassem ao planeta Marte.

Os lançamentos, as viagens interplanetárias e até as manobras de inserção orbital na chegada a Marte deram certo. Depois de um mês em órbita, mapeando a superfície para poder escolher melhor os locais de pouso, os módulos se separaram de suas naves-mães e rumaram para a superfície. A Viking 1 pousou em Marte no dia 20 de julho de 1976, seguida pela irmã, a Viking 2, que chegou em 3 de setembro do mesmo ano. Apesar de todos os riscos e para surpresa geral, as duas sobreviveram à passagem pelo palco de dança de Ares, a atmosfera marciana, usando escudos frontais de calor, paraquedas e retrofoguetes para perder energia cinética e descer até a superfície. A escolha dos locais de pouso também se provou um sucesso, porque ambas estavam estáveis e se comunicando ao final da descida.

Os objetivos científicos eram obter imagens de alta resolução da superfície marciana, estudar a composição e as características da atmosfera e da superfície e, mais importante ainda, procurar evidências de vida em Marte. O astrônomo Carl Sagan teve uma enorme briga* com o gerente do projeto quando, para reduzir custos, ficou decidido que cortariam um sistema de iluminação que seria usado para tirar fotos à noite. Sagan estava convencido de que pequenos animais iriam aparecer à noite e andar ao redor e embaixo do módulo de pouso. Por isso precisariam de luz para fotografá-los! Ele disse ao gerente do projeto que ele teria de se explicar ao público quando descobrissem as pegadas ao redor das Vikings e não tivessem como fotografar os seres marcianos com hábitos noturnos. É claro

---

* Marc Kaufman, in "Mars Up Close", *National Geographic*, Washington DC, 2014.

que, nesse caso, Sagan estava completamente fora da realidade e nenhuma pegada, nenhum ser vivo apareceu por lá.

Três experimentos foram usados para detectar vida em Marte, além de um espectrômetro de massa (Gas Chromatograph and Mass Spectrometer, GCMS, na sigla em inglês). Um dos experimentos detectou reações químicas que indicavam metabolismo, um claro sinal de vida no solo marciano. Entretanto, os outros dois experimentos projetados para detectar compostos orgânicos e o espectrômetro de massa não acharam nada. Por isso o consenso da maioria dos cientistas envolvidos foi de que o resultado positivo do experimento de metabolismo provavelmente tinha sido causado por reações químicas não biológicas. Até hoje essa questão está longe de ser resolvida e falaremos mais sobre isso quando examinarmos as descobertas já feitas pelo Curiosity em Marte.

As duas espaçonaves Viking haviam então provado que era possível sobreviver à travessia do palco de dança de Ares, ao menos com espaçonaves não muito grandes. Um dos grandes problemas era o preço de uma missão desse tipo. Os engenheiros da época não tinham a menor ideia de quando conseguiriam convencer a NASA a novamente investir tanto em uma missão tão arriscada. Certamente precisariam desenvolver tecnologias novas para ir além dos feitos das Vikings.

Vinte anos mais tarde um novo projeto foi desenvolvido no JPL, o Mars Pathfinder, que foi lançado e desceu em Marte no dia 4 de julho de 1997. Dessa vez não queriam apenas descer até à superfície, mas se mover por lá também. Essa foi a primeira missão da NASA a incluir um módulo capaz de explorar a superfície do planeta com um pequeno veículo. Ele ganhou o nome de Sojourner, em homenagem à ex-escrava e abolicionista americana Sojourner Truth.

A União Soviética já havia tentado mandar para Marte um veículo, que infelizmente não sobreviveu ao processo de entrada na atmosfera, descida e pouso. Já a missão Pathfinder trouxe uma grande inovação em relação às Vikings, pois foi a primeira a demonstrar que seria possível descer em Marte com o auxílio de airbags. Três câmeras, um espectrômetro de raios X e uma estação meteorológica formavam o conjunto de instrumentos do veículo para investigar o solo e a atmosfera marcianos. Essa era uma missão mais tecnológica, com objetivos científicos bem modestos se comparados com as Vikings. Mais de 16 mil fotos e 8,5 milhões de medidas da pressão atmosférica, temperatura e velocidade do vento foram feitas pela missão Pathfinder e mandadas para a Terra.

Outra grande inovação foi que essa missão teve um custo baixíssimo em comparação com o das Vikings. Ela foi desenvolvida durante uma época que ficou conhecida na NASA pelo slogan "*faster, better, cheaper*", ou seja, "mais rápido, melhor e mais barato".

Na carona desses sucessos, duas novas missões foram lançadas na janela seguinte de lançamento para Marte, em 1998/1999, seguindo o novo paradigma "*faster, better, cheaper*". A primeira foi um satélite que ficaria em órbita de Marte, o Mars Climate Orbiter, para estudar o clima planetário. Ele chegou a Marte em 23 de setembro de 1999 e seus motores dispararam, produzindo o impulso para a manobra de inserção orbital. No entanto, um erro grave aconteceu porque o software que controlava os motores usou unidades de medida inglesas para o impulso, enquanto todo o resto do software de trajetória e inserção orbital funcionava de acordo com o sistema métrico de unidades. A espaçonave foi então colocada em uma rota de colisão com o planeta e se desintegrou ao entrar na atmosfera marciana. Essa missão pode ter sido desenvolvida mais rápido (*faster*) e inicialmente pode até ter custado menos (*cheaper*), mas com certeza não foi a melhor (*better*). O palco de dança de Ares não perdoou um erro tão básico.

Enquanto isso, o Mars Polar Lander, com duas sondas que deveriam penetrar no solo marciano e fazer medidas abaixo da superfície, também estava a caminho e chegaria a Marte em pouco mais de dois meses. Tudo havia dado certo com o lançamento, a viagem interplanetária e as calibragens de todos os instrumentos, mas um desastre também o esperava na travessia da atmosfera. No dia 3 de dezembro de 1999, viajando a 6,9km/s, 6 minutos antes da entrada na atmosfera, um pequeno foguete foi disparado por 80 segundos, para colocar a espaçonave na orientação correta, de forma que o escudo de calor pudesse proteger o frágil conteúdo dentro da cápsula de um calor de 1.650ºC. A essa temperatura, os átomos do ar ao redor da espaçonave são ionizados e formam uma camada de plasma (aquela bola de fogo) que pode bloquear as comunicações. Por isso é comum a perda de contato com a espaçonave durante a travessia atmosférica, mas esperava-se que, uma vez na superfície, 40 minutos depois, o veículo voltasse a se comunicar.

Apesar da espera, nunca mais se teve notícia do Mars Polar Lander. A conclusão a que chegaram foi de que essa espaçonave também havia se espatifado na superfície de Marte, em uma colisão em alta velocidade. A causa mais provável desse segundo fracasso consecutivo (2 × 0 para Marte) foi um erro de software. É provável que as vibrações causadas pelo travamento das pernas metálicas do módulo de pouso, que aconteceu a centenas de metros do solo, tenham sido interpretadas pelo software como um indício de que o pouso havia sido concluído. O computador então pode ter desligado os retrofoguetes muito antes da chegada ao solo – e todo aquele trabalho foi perdido nos últimos minutos da viagem. Não há nenhuma evidência objetiva de que foi isso mesmo que aconteceu. Pode ser também que o paraquedas tenha se enrolado no veículo durante a descida, que o local de descida tivesse declives ou rochas e não fosse adequado ou que micrometeoros possam ter perfurado o escudo frontal de calor durante a travessia pela atmosfera. O palco de dança de Ares novamente nos mostrava que precisávamos ter mais cuidado, mais habilidade e saber mais detalhes para sobrevivermos a sua travessia.

As duas sondas do Mars Polar Lander que penetrariam em Marte e tinham sistemas de comunicação independentes e redundantes também não entraram em contato nem receberam comandos da Terra. Um dos meus colegas ajudou a construir essas sondas na seção aonde fui trabalhar algum tempo depois. Ele sempre falou dessa perda com profunda tristeza. Duas falhas assim, uma atrás da outra, são traumatizantes. Até hoje brincamos no JPL que, das três características "*faster, better, cheaper*", podemos escolher apenas duas, mas não as três ao mesmo tempo.

Em 2001, foi a vez do lançamento do satélite Mars Odyssey, que continua funcionando até hoje e teve uma função importante durante a descida do Curiosity. Na janela de lançamento seguinte, que ocorreu em 2003, a NASA novamente confiou ao JPL uma missão para descer até a superfície marciana. Dessa vez fizeram o mesmo que haviam feito na época das Vikings: dobraram a probabilidade de sucesso com a construção e lançamento de dois veículos iguais. O veículo Spirit iniciou sua jornada da Terra para Marte em junho. Seu "irmão", o Opportunity, partiu em julho de 2003. O primeiro chegou a Marte no início de janeiro de 2004, enquanto o segundo chegou no fim do mesmo mês. Cada um levava 5kg de instrumentos científicos para estudar o planeta vermelho, e dessa vez o sucesso foi espetacular. Os veículos foram acondicionados dentro de casulos de airbags semelhantes, mas bem maiores do que aqueles usados pelo Pathfinder. Bem mais tarde, quando testaram esse tipo de airbag com o intuito de usá-lo para a descida de outra missão, descobriram, horrorizados, que tinham dado uma sorte enorme. Se os locais onde os airbags tocaram o solo em Marte tivessem pedras mais ou menos pontiagudas, eles teriam sido dilacerados no impacto e esses dois veículos também teriam se perdido.

Projetado para funcionar em Marte por 90 sóis (90 dias marcianos, ou pouco mais de três meses terrestres), o veículo Spirit funcionou até 22 de março de 2010 (mais de seis anos), depois de passar seus últimos oito meses atolado em um banco de areia fina – onde continua enterrado até hoje. O outro veículo, o Opportunity, ainda estava funcionando em 2018 e já havia rodado mais de 42km em Marte. Ele é oficialmente um maratonista do outro mundo! No dia em que completou 42km em Marte, houve uma maratona em Los Angeles em sua homenagem, com vários participantes do JPL.

O Opportunity é um veículo quase imortal por vários motivos: assim como o Spirit, ele não tem um botão que o faça desligar e parar de funcionar. Não colocaram um botão assim – ou, para ser mais exato, não incluíram esse comando no software, já que não haveria ninguém lá para apertar o tal botão – porque sempre haveria a possibilidade de o veículo ser desligado acidentalmente e perdermos a missão. Então, de manhã, quando o sol sai em Marte e atinge seus painéis solares, o Opportunity produz eletricidade, carrega sua bateriazinha e está pronto para receber comandos da Terra ou executar comandos recebidos no dia anterior.

Depois de trabalhar durante o dia movendo-se, fotografando ou fazendo experimentos, à noite ele desliga seus instrumentos e usa a energia restante da bateria para alimentar resistores elétricos e produzir calor para se manter aquecido e evitar as grandes variações de temperatura em Marte, que podem quebrar suas juntas e suas soldas. Durante o inverno marciano, seus controladores, ou "motoristas", no JPL escolhem com cuidado uma colina qualquer e o estacionam de forma a receber a maior quantidade possível de luz solar, nossa fonte de vida na Terra e que o mantém "vivo" em Marte também. No inverno marciano, os experimentos param. Tudo que não é absolutamente necessário é desligado, as comunicações com a Terra se tornam muito menos frequentes e a prioridade é coletar o máximo de energia solar possível para carregar a bateria e se manter aquecido. Com essas precauções, ele tem sobrevivido a todos esses invernos marcianos, apenas esperando a primavera seguinte para sair da hibernação.

Durante um treinamento especial que fui selecionado para fazer, participei de um dia de operações em Marte com o Opportunity. Analisamos fotos e resultados de medidas do sol anterior e decidimos, em uma teleconferência com cientistas do projeto, o que fazer no sol seguinte. Ajudei a criar e checar três vezes os comandos que mandaríamos para o veículo. Começamos às 7h30 da manhã e, em torno das 16 horas, transmitimos nossos comandos para Marte. Essa é uma experiência que não esquecerei.

Outra razão para considerarmos o veículo Opportunity quase imortal é que já vi fotos de seus painéis solares em Marte com uma camada de poeira tão espessa que, durante uma época, ele estava produzindo somente um terço da energia que poderia produzir se os painéis estivessem limpos. O inverno marciano estava chegando, então todos estavam esperando que aquele fosse seu último ano em Marte. De repente, sem nenhum aviso, a produção de energia pelos painéis solares do veículo saltou para 70% do que produzia na chegada ao planeta. Isso era simplesmente impossível, um erro do software provavelmente, mas os controladores resolveram tirar uma nova foto dos painéis solares para tentar entender o que estava acontecendo. A grande surpresa: os painéis haviam sido limpos lá em Marte!

O Opportunity já havia capturado em fotos redemoinhos de vento que são bastante comuns em Marte. Alguns são enormes, chegando facilmente a 10km de altura, e já foram fotografados até pelos satélites em órbita marciana. Antropomorfizando esse veículo, dizemos que, de todos que foram para Marte, ele é o que tem mais "sorte". Essa provavelmente foi a primeira vez que um redemoinho passou sobre ele e varreu a poeira de seus painéis solares. Desde então isso já aconteceu de novo pelo menos mais uma vez.

MSL – Uma missão ambiciosa

Com toda essa herança de sucessos e fracassos, chegou a hora de projetarem uma missão realmente grande, uma nova *flagship mission* para a superfície de Marte. Os portugueses, no século XVI, usavam a expressão "nau capitânia" para designar o barco principal, que levava a bandeira e o almirante da esquadra em suas aventuras pelo mar. A NASA usa a tradução para o inglês – *flagship* – para designar suas missões mais importantes. A NASA possui várias classes de missões para exploração do sistema solar: o programa "Flagship" inclui as maiores e mais caras, verdadeiros marcos, custando acima de 2 bilhões de dólares. São similares às Vikings da década de 1970. As outras duas classes de missões são "NewFrontiers", de custo médio, e "Discovery", as mais baratas, cujo custo não pode ultrapassar 500 milhões de dólares. Por isso, quando a NASA inicia uma nova missão da classe *flagship*, espera-se que o novo projeto tenha objetivos ambiciosos, mas ao mesmo tempo corra menos riscos, porque a perda de uma missão dessa envergadura seria dolorosa.

Desde o início sabiam que essa nova missão, intitulada Mars Science Laboratory – ou MSL –, seria diferente e muito difícil, pois pretendia levar um grande laboratório móvel para a superfície de Marte. Os projetistas da missão logo concluíram que, pela quantidade de instrumentos incluídos, o peso do veículo, mesmo em Marte, seria grande demais para que pudessem usar a tecnologia de airbags para a descida final. Isso simplesmente não seria suficiente para suportar o impacto com a superfície do planeta. Em um excelente livro,* nosso engenheiro-chefe, Rob Manning, conta como se chegou àquele projeto estranho.

O método proposto para descer até a superfície de Marte tinha muito pouco a ver com aquele usado antes pelas Vikings em 1976 e menos ainda com a geração de airbags do Pathfinder, do Spirit e do Opportunity. Depois de muitos estudos e discussões, foi decidido que o melhor seria fazer o veículo tocar o solo marciano com as próprias rodas, de forma que ele não precisasse de rampas para sair do seu estágio de descida. Isso já

---

* Rob Manning e William L. Simon, *Mars Rover Curiosity – An inside account from Curiosity's chief engineer*. Washington DC: Smithsonian Books, 2014.

seria suficiente para acender o sinal vermelho na cabeça de muita gente na sede da NASA, em Washington. Propostas ainda mais arriscadas, no entanto, seguiram-se a essa. Vamos então recapitular como o processo de EDL (*Entry, Descent, and Landing*), ou seja, entrada na atmosfera, descida e pouso, foi pensado.

A sequência de EDL* teria início a mais ou menos 100km da superfície, em um local no espaço sobre Marte onde os navegadores do JPL deveriam posicionar o módulo com altíssima precisão. Esse local era informalmente chamado de "buraco da fechadura", porque seria como fazer o veículo passar por um buraco de fechadura a essa distância da Terra. Até aí, nada de mais para o talento disponível no JPL; as verdadeiras dificuldades começariam na interação da espaçonave com a atmosfera, porque nossa incerteza sobre a densidade atmosférica marciana, que varia de um dia para outro e com as estações do ano, é muito grande. Poderíamos inclusive nos deparar com uma tempestade global de poeira durante a chegada. A intensidade e a direção dos ventos poderiam resultar em uma desaceleração bem diferente da que estávamos esperando. Com todas essas variáveis, fica muito mais difícil estabelecer com certeza o local exato do pouso.

A solução proposta foi posicionar o módulo com o veículo em um ponto de entrada na atmosfera não muito longe da cratera, de forma que o veículo tivesse um excesso de velocidade. Seguindo um voo rasante, ele começaria a descida medindo a atmosfera. Se ela estivesse produzindo desaceleração suficiente, o veículo seguiria direto para o alvo na cratera. Se a desaceleração não fosse suficiente (ou seja, se a atmosfera fosse mais rarefeita do que o esperado), ele faria curvas no céu marciano, seguindo uma trajetória em S, de forma a alongar seu caminho pelo palco de dança de Ares, voando quase paralelo à superfície. Sem essa precaução para o caso da atmosfera mais rarefeita, o veículo passaria direto sobre a cratera, indo pousar muito longe, devido à sua velocidade excessiva.

Para implementar esse esquema, usaríamos uma cápsula para abrigar o veículo, com características parecidas àquelas usadas no programa Apollo. Essencialmente, ela deveria produzir sustentação como a asa de um avião.

---

* Procure no YouTube o vídeo "MSL EDL" para ver simulações desse processo.

Dessa forma, o problema vertical – a atmosfera ser tão baixa em Marte – foi transformado em um problema horizontal de voo e navegação pelo céu de outro mundo. Para que essa ideia funcionasse, além de um módulo que produzisse sustentação no tênue ar marciano, precisaríamos de um sistema de medidas da atmosfera e outro de controle para comparar as medidas de vento e pressão com o que era esperado. Também seria necessário um sistema de propulsão para fazer as curvas no céu, controlando a sua trajetória.

Ao fim desse voo, quando o módulo perdesse quase toda a velocidade da viagem interplanetária, seria a hora de abrir um grande paraquedas, para mais uma etapa de desaceleração. Logo após a abertura do paraquedas, o escudo frontal de calor já não teria utilidade nenhuma, por isso seria ejetado, de forma que o Curiosity, com seu radar de descida, pudesse apontar para o solo. Esse radar, que seria ligado cerca de 10 minutos antes para se aquecer e se autotestar, teria de funcionar daí em diante, pois só teríamos uma chance de descer corretamente.

O trabalho do radar seria enviar pulsos de micro-ondas – que são como pulsos de luz – para a superfície do planeta e tentar captar seus reflexos. Medindo o tempo gasto para os pulsos de micro-ondas viajarem até a superfície e voltarem e já conhecendo a velocidade da luz (micro-ondas se movem à mesma velocidade que a luz), poderíamos então calcular a distância até o solo marciano. Usando um método um pouco mais sofisticado baseado no efeito Doppler, poderíamos também medir a velocidade de descida. Todos esses cálculos teriam de ser feitos localmente, no radar, que transmitiria essas informações para o computador dentro do veículo, responsável por orquestrar a descida.

Quando o paraquedas terminasse seu trabalho de desacelerar a descida em Marte, teríamos que separar a cápsula com o estágio de descida rapidamente, para evitar mais um desastre. Em baixas velocidades e com a baixa densidade na atmosfera, é comum que o paraquedas murche e o estágio de descida, se ainda estiver pendurado, pode ser embrulhado por ele, com resultados catastróficos. Teríamos então que fazer essa separação na hora certa e, assim que isso acontecesse, o computador dentro do veículo comandaria os retrofoguetes para dispararem e fazerem o controle final da descida, que envolve um sistema batizado de *sky-crane* – algo como um guindaste celeste –, usado por helicópteros para mover cargas penduradas por cabos.

Nessa última etapa, o veículo ficaria pendurado no estágio de descida por cordas de nylon, descendo em velocidade constante para a superfície. Quando o veículo tocasse a superfície de Marte e o estágio de descida estivesse flutuando aproximadamente a 7 metros acima do solo, comandos seriam despachados pelo computador para pequenas guilhotinas nos pontos de sustentação do veículo cortarem as cordas de nylon e o cabo de comunicação. Nesse ponto, o estágio de descida aceleraria de novo e voaria para longe, indo cair em algum lugar distante do veículo para não lhe causar qualquer dano.

O grupo de projetistas do JPL foi até a sede da NASA, em Washington, apresentar essa proposta ao administrador* e a seus assessores técnicos. Eles exibiram um vídeo simulando todo o processo, que foi recebido com incredulidade e ceticismo. O administrador disse que aquilo era loucura, mas que era o "tipo certo de loucura", concedendo a permissão para continuarem os estudos necessários para a aplicação daquelas técnicas, que nunca tinham sido tentadas antes, na próxima missão *flagship* para Marte.

Como chegar a Marte

Para muita gente, projetar e construir uma missão para Marte parece enredo de ficção científica. Na prática, como se faz para chegar a Marte? Como são feitas as viagens espaciais? É mais fácil responder a essas perguntas se dividirmos a explicação em duas etapas: uma sobre a trajetória a ser seguida e outra sobre a chegada.

Depois de ler livros de ficção científica de Júlio Verne e Kurd Lasswitz, o engenheiro civil alemão Walter Hohmann começou a se perguntar a mesma coisa: "Como poderíamos chegar a outros planetas?" Em pouco tempo, ele entendeu que minimizar a quantidade de combustível seria essencial para transformar uma viagem interplanetária em realidade. "De todas as trajetórias possíveis, qual gastaria o mínimo de combustível?", ele se perguntou.

---

* A NASA não tem um presidente. Como é uma "Administração", em seu cargo mais alto está o administrador.

Publicada em 1925, no livro *Die Erreichbarkeit der Himmelskörper* (A acessibilidade dos corpos celestes), a resposta até hoje leva seu nome, sendo conhecida como "órbita de transferência de Hohmann". Trata-se de uma simplificação da situação real, porque Hohmann considerou somente órbitas circulares que estejam em um mesmo plano (pense em dois círculos concêntricos de raios diferentes desenhados no papel, com o Sol no centro deles). Hoje já existem outras soluções que, em certos casos, podem gastar bem menos combustível usando o que chamamos de *gravity assist*, mas a elegante solução de Hohmann continua sendo a base das viagens interplanetárias. Em homenagem à sua imaginação visionária, o pioneiro Hohmann também está representado na Lua, emprestando seu nome a uma cratera.

Para chegarmos até a órbita de Marte, temos de usar um foguete poderoso o suficiente para fazer nossa espaçonave sair da superfície da Terra e aumentar sua velocidade (ou sua energia cinética) de forma a escapar da atração gravitacional do nosso planeta. Depois de ser posicionado na direção correta, com a velocidade correta, a primeira lei de Newton (um corpo em movimento continuará em movimento em linha reta se nenhuma força for aplicada) nos garante que a espaçonave continuará a se mover. É claro que, nesse caso, existe uma força atuando sobre a espaçonave, já que a gravitação do Sol está presente o tempo todo. Isso modifica o movimento que, inicialmente, seria em linha reta, fazendo nossa espaçonave seguir uma trajetória em formato de elipse. Então, se o foguete for poderoso o suficiente e a manobra inicial na Terra aplicar à espaçonave a quantidade certa de energia, ela vai se afastar da Terra e do Sol até tocar a órbita de Marte. Se o planeta não estiver naquele ponto de sua órbita no dia em que a espaçonave passar por lá, então ela voltará, "caindo" em direção ao Sol, podemos dizer. Daí em diante ela ficaria em uma órbita elíptica em torno do Sol – com seu ponto mais distante (apoápsis) tocando a órbita marciana e seu ponto mais próximo do Sol (periápsis) tocando a órbita terrestre. Portanto, em termos gerais, essa é a primeira etapa da resposta: precisamos de um impulso inicial para sair da Terra e precisamos seguir uma trajetória que toque a órbita de Marte. Por isso, no primeiro capítulo, ao descrever o lançamento, fiz questão de mencionar que o foguete que levaria o Curiosity para Marte estava na Flórida, nos Estados Unidos, no planeta Terra, em órbita do Sol.

Além disso, existem restrições às possíveis datas de lançamento. Terra e Marte têm de estar em posições específicas naquele dia, de forma que, no dia em que a espaçonave tocar a órbita de Marte, o planeta também esteja passando por lá. Como a Terra dá quase duas voltas em torno do Sol durante o tempo em que Marte dá apenas uma (o ano terrestre tem 365 dias, enquanto o marciano tem 687), essa restrição faz com que só possamos mandar alguma coisa para Marte com esse gasto mínimo de combustível uma vez a cada 26 meses. Daí vem o conceito de janela de lançamento. A cada 26 meses, temos uns poucos dias para lançar algum objeto para Marte, e quanto mais nos afastarmos desse período, mais combustível gastaremos.

A segunda etapa da transferência proposta por Hohmann tem a ver com a chegada. Se continuarmos a nos mover com a mesma velocidade, passaremos por Marte e não pousaremos lá, porque teremos velocidade (ou energia cinética) demais. Então primeiro precisamos perder energia para sermos capturados pela gravidade do planeta. Isso significa que temos que levar algum combustível para uma manobra de inserção orbital. Essa redução da velocidade pode ser feita de forma a colocar a espaçonave em órbita de Marte, como no caso do satélite Mars Odyssey, ou então, se quisermos descer até sua superfície, podemos realizar a manobra de forma que a espaçonave seja colocada em rota de colisão com o planeta. Esse foi o caminho seguido pelo Curiosity.

Esses cálculos de trajetórias para Marte na verdade são muito mais complexos do que a solução de Hohmann, mas suas ideias formam a base. As complicações vêm, por exemplo, do fato de que nem a órbita terrestre nem a órbita marciana são circulares. Elas são elípticas – a de Marte bem mais do que a da Terra. Além disso, elas não estão no mesmo plano. Para piorar, todos os outros planetas e luas (da Terra, de Marte, de Júpiter) exercem atração gravitacional sobre nossa espaçonave e perturbam sua trajetória. Existem ainda outras forças não gravitacionais. A luz do Sol, por exemplo, exerce pressão sobre a espaçonave fazendo com que, com o tempo, ela vire uma "biruta no vento" ou, mais corretamente, "uma biruta na luz do Sol", como aqueles cones de pano em pequenos aeroportos e edifícios que giram mostrando em que direção o vento está soprando. Se essas perturbações não forem levadas em conta, a espaçonave destinada a Marte vai errar completamente a posição do planeta no dia da chegada.

Existem também pequenas incertezas quanto à posição e à velocidade da espaçonave e à atração gravitacional dos dois planetas. Tudo isso influencia a precisão do nosso conhecimento sobre onde estariam Marte e a espaçonave no dia da chegada. Por isso precisamos constantemente medir a posição e a velocidade da espaçonave durante a viagem interplanetária e fazer pequenas correções de trajetória. Apesar de parecer muito complicado, o JPL já dominou essas tecnologias da viagem espacial e existem especialistas em trajetórias, supercomputadores e softwares capazes de fazer esses cálculos sem muita dificuldade, levando em consideração todas essas variáveis.

Coordenadas

[1] Queroneia, Grécia – coordenadas terrestres: 38°29'41" N, 22°50'41" E.
[2] Siracusa, Sicília, Itália – coordenadas terrestres: 37°04'32" N, 15°17'12" E.
[3] Cheliabinsk, Rússia – coordenadas terrestres: 55°09'47" N, 61°25'30" E.

11
Minhas universidades

Os veterinários da UFMG[1] tinham razão: eu realmente não passaria no vestibular para física só com o conhecimento que tinha. Estudar física me parecia a opção mais difícil em termos de encontrar uma profissão no futuro, mas, para mim, era a mais interessante também. Como dizem: "Há gosto para tudo." Além disso, quando somos jovens costumamos ter um excesso de confiança e otimismo – o que é bom. No entanto, eu precisava ser realista e me preparar melhor, porque a competição no vestibular estaria muito mais bem preparada do que eu. Afinal de contas, eu havia feito o antigo Segundo Grau em um colégio de ensino agropecuário e estava fora da escola havia três anos, trabalhando em uma fazenda sem energia elétrica cuja cidade mais próxima ficava a mais de 100km de distância.

Por isso pedi demissão do meu emprego, fui para Belo Horizonte e entrei em um daqueles cursos preparatórios para o vestibular. Agora podia me dar ao luxo de não trabalhar, mas mesmo assim escolhi um curso à noite. Meu plano, que segui à risca durante os seis meses de preparação, era ir para a escola de manhã e passar o dia inteiro estudando, para ter as aulas à noite. Fiz só um vestibular, no fim de 1981, me dei apenas uma chance, e passei em uma boa colocação, no quarto ou quinto lugar, para cursar física na UFMG.

Quando terminei o primeiro semestre na universidade, fiz um pequeno concurso que consistia em uma prova de Cálculo I. Qualquer um podia fazer essa prova. Quem tirasse a melhor nota seria o monitor de Cálculo, ficando à disposição dos estudantes duas manhãs por semana para ajudá-los a resolver problemas e solucionar suas dúvidas em relação à matéria. Fiz a prova e obtive o melhor resultado, conquistando assim a monitoria.

Ganhava com isso meio salário mínimo, o que para mim já era uma fonte de renda importante. Esse trabalho foi útil em muitos aspectos, consolidando meu conhecimento dos fundamentos do cálculo e de suas aplicações, ao mesmo tempo que me colocava em contato com muitos estudantes, que tinham muitas dúvidas. Em pouco tempo comecei também a dar aulas particulares nos fins de semana e conseguia ganhar dinheiro suficiente para sobreviver sem ter de tocar nas reservas que acumulara trabalhando como técnico em agropecuária. Fui monitor e dei aulas particulares durante toda a graduação.

Meu encontro com o cálculo diferencial e integral – essa poderosa invenção de Newton e Leibniz – foi melhor do que eu esperava. Difícil, é claro, pois ninguém aprende cálculo sem muito estudo, mas surpreendente também. Descobri logo no primeiro semestre que é possível provar, de forma que não reste a menor dúvida, que planetas seguem órbitas elípticas em torno do Sol, além das outras duas leis de Kepler. Dá para perceber com precisão e clareza que não poderia ser diferente – da mesma forma que 2+2 não pode ser diferente de 4. A cabeça começa a tecer conexões com a Lua girando em torno da Terra, com satélites artificiais em órbita terrestre e com planetas em sua marcha ao redor do Sol. Entender tudo isso custa pouco, muito pouco, com as técnicas do cálculo. Cabe em uma página manuscrita! Quando lembramos que esse conhecimento foi inicialmente conquistado com o esforço de séculos, usando outros métodos muito mais complexos, por uma sequência de mentes geniais que, em pensamento, se complementaram, sentimos o orgulho de sermos seus filhos e herdeiros intelectuais.

O cálculo continua sendo a linguagem e a base da engenharia e de boa parte da física. Podemos imaginá-lo como o destilado das mentes pensantes dos séculos XIX, XVIII, XVII, em uma sucessão contínua que passa por Newton e Leibniz e se conecta a Euclides de Alexandria e outros que vieram antes dele. Entendendo seus princípios e dominando suas técnicas, em pouco tempo dá para entender como funciona o sistema solar e perceber a prevalência da gravidade como força diretriz em um Universo indiferente.

O cérebro humano evoluiu ao longo de lentos milênios, desenvolvendo estruturas para resolver problemas práticos de como achar alimento, sobreviver e procriar. Essas mesmas estruturas também podem ser usadas para pensamentos abstratos como a matemática. Com isso e com a linguagem, o poder de entendimento e explicação do nosso cérebro cresceu muito além das suas necessidades iniciais. Aprendendo a pensar de forma abstrata e a planejar, deixamos de ser meros predadores e nos tornamos humanos. Também é notável que essas nossas invenções, a matemática e a física, possam nos guiar rumo ao pensamento abstrato. Isso produz um efeito de realimentação positiva, em que conhecimento gera mais conhecimento.

As equações descrevendo os movimentos planetários, resultantes de séculos de conhecimentos transmitidos de geração em geração, já foram codificadas e transformadas em programas de computador. Por isso, atualmente já não é difícil sabermos a posição de Europa, a lua de Júpiter, no dia 16 de junho de 2029, por exemplo. De posse dessa informação, podemos hoje projetar uma espaçonave para se encontrar com essa lua naquela ou em qualquer outra data futura.

A vida tem pressa

Os dois últimos anos do curso de física são considerados a parte profissional, e nessa época consegui ser selecionado para uma bolsa de iniciação científica em astronomia. Foi uma união perfeita do útil com o agradável, porque a bolsa dava uma ajuda de custo bem melhor do que meus ganhos como monitor. Além disso, eu estava aprendendo algo que havia me fascinado desde muito cedo. Como já disse, quando a gente é muito jovem, a vida tem pressa. Eu tinha ainda mais, porque me sentia um retardatário, já que havia parado de estudar por três anos depois de concluir o Segundo Grau. Na universidade, é normal os estudantes cursarem quatro ou cinco matérias por semestre, mas não há nada que impeça alguém de fazer mais que isso – e foi o que fiz. Em minha pressa para recuperar parte do tempo perdido, fiz um grande esforço para terminar a graduação em física, que normalmente leva quatro anos, em três anos e meio.

Quase no final do curso, eu já estava cansado de morar a cada semestre em um local diferente. Até poderia dividir o aluguel com outros três colegas, mas as imobiliárias não me aceitavam como inquilino: "Infelizmente, você não tem um emprego fixo, não tem uma fonte de renda estável, então os proprietários não aceitam alugar em condições assim." Pensando bem, se eu estivesse no lugar do proprietário, provavelmente não alugaria também. Então meu objetivo seguinte foi conseguir um trabalho fixo para melhorar um pouco minha questão de moradia. Nessa época surgiu um concurso da Caixa Econômica Federal. Fiz e passei. Trabalhei para a Caixa durante menos de um ano, dentro do campus da UFMG. Com um trabalho assim, foi fácil alugar um apartamento e convidar dois colegas a dividi-lo comigo.

Terminada a graduação em física, fiz o mestrado em óptica, na UFMG também, usando lasers para estudar o crescimento de cristais. Os experimentos eram demorados e, às vezes, eu iniciava o crescimento de um cristal na tarde ou noite anterior para fazer os experimentos na manhã seguinte. Frequentemente aconteciam problemas técnicos que me faziam recomeçar tudo e perder muito tempo. Por essa razão, eu passava muitas horas no laboratório "persuadindo" bombas de água, motores elétricos, lasers e computadores a colaborarem com o cristal, para que ele crescesse de forma que eu pudesse fazer minhas medidas. Em geral não havia muito o que fazer, a não ser ficar de olho em tudo, então eu aproveitava para estudar, porque ainda estava cursando algumas matérias teóricas do mestrado.

Em um sábado, comecei meus experimentos em torno da uma da tarde e só fui terminar um pouco depois das 11 da noite. Estava exausto e com muita fome, mas feliz com os bons resultados. Eu havia saído de casa no centro de Belo Horizonte depois de almoçar e não levara nada para comer. Esqueci que, nos fins de semana, não havia nada aberto no campus, não tinha nem como comprar um lanche. Desliguei tudo e caminhei pouco mais de 1km até o ponto de ônibus.

Muitas linhas passavam em frente à universidade e iam para o centro, por isso achei estranho que o primeiro ônibus que veio estivesse cheio, com várias pessoas em pé. Decidi esperar o seguinte, o que foi uma péssima ideia. No estádio do Mineirão,[2] que fica perto da universidade, uma importante partida entre os arquirrivais Atlético Mineiro e Cruzeiro tinha acabado de terminar. Todos os ônibus que passaram depois estavam igualmente cheios e fiquei lá, no ponto, até 1h30 da manhã de domingo, quando a maioria da multidão saindo do estádio já tinha ido embora. Só então consegui entrar em um ônibus para ir para casa, em pé.

Apesar do final de noite melancólico, esse dia foi um marco. Obtive excelentes resultados durante o mestrado e escrevi, junto com meu orientador e colaboradores, um artigo descrevendo nossos experimentos que foi publicado em uma das mais prestigiadas revistas científicas americanas, especializada em física.* Terminado o mestrado, eu queria fazer doutorado em alguma área experimental, estudando materiais semicondutores, que são usados para fabricar lasers e detectores de luz – e a luz sempre me fascinou. Nessa época, várias técnicas novas de crescimento de semicondutores e fabricação de dispositivos eletrônicos estavam sendo desenvolvidas. O prêmio Nobel de física em 1985, por exemplo, foi concedido a um alemão que inventara um novo tipo de componente eletrônico em silício. Assim, através de indicações de professores de física de Belo Horizonte, no início de 1988 eu fui para o departamento de engenharia elétrica da Universidade de Glasgow, na Escócia, onde fiz o doutorado em optoeletrônica. Aprendi a fabricar circuitos eletrônicos e desenvolvi técnicas de óptica usando lasers para medir a resposta desses circuitos a diferentes frequências.

Antes de sair do Brasil, eu e minha namorada, Possi, resolvemos nos casar. Ela ficou no Brasil terminando o último ano de sua graduação e foi para a Escócia somente no ano seguinte. Já vivemos muitas dificuldades e aventuras juntos e assim vamos continuar.

Durante o doutorado, tive problemas técnicos enormes, porque estava tentando usar um laser pulsado que tínhamos lá em Glasgow para fazer medidas muito difíceis, que exigiam um laser ultraestável – coisa que esse definitivamente não era. Para começar, primeiro eu precisava construir um instrumento para comprimir os pulsos do laser e depois fazer sua luz mudar de cor antes de poder usá-lo. Na verdade, esse tipo de laser simplesmente não era adequado para os experimentos que eu precisava fazer. Só consegui alguns resultados bons o suficiente quando fizemos promessas de compra a uma empresa e conseguimos pegar emprestado um laser novo e muito mais sofisticado, que acabara de ser lançado no mercado.

---

* O. N. Mesquita, L. O. Ladeira, I. Gontijo, A. G. Oliveira e G. A. Barbosa, "Dynamic light scattering at the nonequilibrium crystal-melt interface in biphenyl and naphthalene", *Physical Review B, Condensed Matter*, 1550-1553, 1988.

Além disso, meu orientador não se mostrava muito interessado em me ajudar a resolver os problemas. Foi um período extremamente difícil. Com as diferenças de língua e cultura, é normal a gente achar que os problemas são causados pelas nossas deficiências. Só após um ano e meio notei que praticamente todos os alunos desse orientador tinham as mesmas dificuldades que eu. Continuei fazendo o melhor que podia e nunca pensei em desistir. Terminei meus experimentos e escrevi a tese da forma mais rigorosa que pude. Fiz a defesa oral perante a banca examinadora e o rigor técnico e os apêndices matemáticos que incluí, para justificar o uso de certas equações na tese, foram muito elogiados.

Antes da minha volta ao Brasil, organizei tudo para fazer um pós-doutorado na Unicamp, onde iria continuar e expandir o tipo de trabalho que tinha desenvolvido durante o doutorado. No entanto, enfrentei um obstáculo muito maior que meus problemas técnicos durante o doutorado em Glasgow. O Brasil estava passando por um processo que terminaria com o impeachment do presidente da República. Nas universidades, todas as decisões que envolviam investimentos, novas vagas para professores e para pós-docs foram adiadas. Durante muitos meses de agonia, o país ficou em compasso de espera. Eu tinha retornado ao Brasil no início de junho de 1992 e fiquei esperando o dinheiro se materializar para começar o pós-doutorado, sempre ligando para a Unicamp e pedindo informações. Em geral, eles não tinham nada de novo para informar, porque realmente ninguém sabia quando nem como aquilo tudo iria terminar. Foi nessa época que um dos meus sobrinhos, então com 10 anos e aparentemente preocupado com meu futuro, perguntou à mãe, minha irmã:

– Mamãe, quando é mesmo que o tio Ivair vai arranjar um trabalho de verdade?

Ela explicou que eu trabalhava com pesquisa e estudos de novos materiais, que isso era um trabalho normal. Disse ainda que eu iria voltar para a universidade para trabalhar com lasers e detectores de luz, que poderiam ser úteis mais tarde. Ele obviamente não ficou convencido, porque fez mais uma pergunta:

– E eles ainda vão pagar para ele fazer isso?

De junho a novembro de 1992, fiquei desempregado, com um nível de frustração crescente, morando na casa da minha mãe em Divinópolis, enquanto minha esposa foi para o apartamento de sua irmã em Belo Horizonte. Essa foi uma época extremamente estressante, e a inflação apocalíptica que estávamos vivendo no Brasil* tornava as coisas ainda mais difíceis. Tive uma gastrite que quase virou úlcera. A tortura durou até que um dos professores de Glasgow, que fizera parte da banca examinadora em meu doutorado e havia gostado muito do meu trabalho, me contatou com uma proposta:

– Eu tenho algum dinheiro aqui, não é muito, mas daria para lhe pagar como pós-doc por um ano, no máximo. Você gostaria de voltar e trabalhar para mim, pesquisando novos processos de fabricação de lasers de semicondutores? Se quiser vir, eu consigo o visto de trabalho para você.

Levando em conta a situação em que estava, sem trabalho e sem casa, foi muito fácil aceitar essa proposta que "caiu do céu" e voltar para Glasgow. A grande surpresa foi que, seis meses depois de sairmos de lá, eu e minha esposa conseguimos retornar para o mesmo apartamento quase ao lado da biblioteca da universidade, onde havíamos morado por quase três anos.[3] Para nós, foi como voltar para casa, embora estivéssemos saindo do Brasil para morar de novo em um país de clima e cultura bem diferentes do nosso. A vida às vezes tem essas surpresas, que mais parecem ficção.

Trabalhei durante um ano em Glasgow e consegui produzir resultados e publicar quatro artigos com descobertas científicas, além de mais um com material da minha tese de doutorado.** Nesse meio-tempo, minha esposa conseguiu uma bolsa para fazer seu doutorado em Edimburgo,[4] que fica do

---

* As taxas de inflação na época do meu doutorado e logo que voltei ao Brasil à procura de emprego foram as seguintes: 1989: 1.783%; 1990: 1.477%; 1991: 480%; 1992: 1.158%; 1993: 2.781%; 1994: 1.094%; 1995: 14,7%; 1996: 9,3%, de acordo com o almanaque da *Folha de S.Paulo*, disponível em: http://almanaque.folha.uol.com.br/dinheiro90.htm.

** Veja, por exemplo, um dos meus artigos científicos sobre poços quânticos: I. Gontijo, T. Krauss, J. H. Marsh and R. M. De la Rue, "Postgrowth control of GaAs/AlGaAs quantum well shapes by impurity-free vacancy diffusion", *IEEE Journal of Quantum Electronics*, Vol. 30, No. 5, 1189-1195, 1994, citado mais de 80 vezes por outros pesquisadores do mundo todo em suas publicações.

outro lado do país, a 45 minutos de carro ou de trem. Por isso – e também porque o dinheiro em Glasgow só dava mesmo para um ano –, ao final desse período, nos mudamos para Edimburgo e consegui um emprego de pós-doc na Heriot-Watt University.[5] Trabalhei e aprendi muito lá também, com minhas pesquisas sobre materiais semicondutores.

Em vez de quatro anos na Escócia, ficamos quase 10 anos por lá e, ao final do doutorado de minha esposa, começamos os dois a procurar emprego pelo Brasil, pela Europa, pelo mundo. Estivemos no Brasil várias vezes, ela esteve na Bélgica dando palestras sobre seu doutorado e eu recebi duas propostas de trabalho, embora infelizmente nenhuma delas fosse no Brasil. A primeira seria para trabalhar na Holanda, como físico residente em uma instituição que opera um grande instrumento científico, o Free Electron Laser, organizando os experimentos que físicos e engenheiros britânicos faziam lá. A Grã-Bretanha tinha um convênio com a Holanda para seus cientistas usarem esse instrumento holandês de pesquisa, que ficava no subsolo de uma construção antiga, dentro de um lindo parque. A segunda opção seria irmos para Los Angeles, na Califórnia, trabalhar mais dois anos como pós-doc na UCLA. Fomos à Holanda fazer uma visita e conhecer a cidade e a região. Ficamos encantados com o trabalho e com o país em geral, mas minha esposa resumiu muito bem nossos planos:

– Depois de 10 anos na Escócia, acho que agora precisamos ir para algum lugar com mais sol!

Coordenadas

[1] UFMG, Universidade Federal de Minas Gerais – coordenadas terrestres: 19º52'11" S, 43º57'55" W.

[2] Estádio Governador Magalhães Pinto, mais conhecido como Mineirão – coordenadas terrestres: 19º51'57" S, 43º58'16" W.

[3] Esquina da Hillhead com a Gibson Street, onde morei por três anos, próximo à biblioteca da Glasgow University – coordenadas terrestres: 55º52'27" N, 4º17'16" W.

[4] Início da Princess Street, próximo à North Bridge, Edimburgo, Escócia – coordenadas terrestres: 55º57'12" N, 3º11'22" W.

[5] Heriot-Watt University, Edimburgo, Escócia – coordenadas terrestres: 55º54'33" N, 3º19'09" W.

12
Como fazer perguntas à esfinge

Nas antigas lendas egípcias e gregas, a esfinge faz as perguntas. O ser humano tem de respondê-las corretamente ou pagar com a vida. O planeta Marte, uma esfinge muda com seu brilho avermelhado, olha para a Terra todas as noites desde tempos imemoriais, desde muito antes de os humanos aparecerem por aqui. Queremos agora inverter os papéis e nós é que vamos fazer perguntas. Como Marte esconde bem seus segredos, temos de inventar os meios corretos e os melhores instrumentos para questioná-lo e receber respostas claras e conclusivas em vez de enigmas de oráculos.

Em janeiro de 2004, enquanto os veículos Spirit e Opportunity estavam chegando a Marte, começando suas carreiras espetaculares de geólogos robotizados na superfície marciana, a NASA já se preparava para a missão seguinte. Em abril daquele ano, a NASA havia solicitado oficialmente à comunidade científica mundial propostas de instrumentos para serem embarcados na próxima missão para Marte. O objetivo da missão MSL – Mars Science Laboratory – seria exploração e caracterização quantitativa de ao menos um habitat em potencial, um local com as condições necessárias para a vida ter-se formado naquele planeta. Depois de oito meses, oito instrumentos foram selecionados, ao fim de um processo muito competitivo.

Além deles, mais dois instrumentos, um da Rússia e outro da Espanha, completaram o conjunto de 10 investigações científicas, 10 tipos diferentes de perguntas a serem feitas ao planeta Marte. O peso total desses instrumentos na Terra chega a 75kg – ou 15 vezes os 5kg embarcados no Spirit ou no Opportunity! Obviamente, o veículo para levar esse laboratório inteiro para Marte e lhe fornecer energia e comunicação de dados com a Terra teria de ser gigantesco se comparado com os veículos anteriores.

O projeto para acomodar todos esses instrumentos foi desenvolvido no JPL. O resultado foi um veículo que pesava 900kg na Terra, mais ou menos do tamanho de um carro compacto – que mais tarde seria batizado de Mars Curiosity Rover. Esse veículo, que ainda não tinha nome, possuía o dobro do comprimento e era cinco vezes mais pesado que o Spirit ou o Opportunity. A massa de apenas um dos instrumentos do Curiosity (40kg) era quase quatro vezes maior que a massa total (10,6kg) do primeiro veículo que foi para Marte em 1997, o Sojourner, na missão Pathfinder. Um verdadeiro laboratório de físico-química, o veículo da nova missão tinha como objetivo determinar a composição de rochas e solos marcianos e medir as variações de temperatura, pressão e radiação durante um ano inteiro daquele planeta.

O Curiosity é um projeto audacioso: o veículo tem um braço mecânico com várias articulações, como um cotovelo, um pulso e algo como se fosse uma mão com quatro dedos. Com esse braço mecânico, é possível alcançar amostras e locais até 2 metros à frente. Cada um dos quatro dedos é, na verdade, um instrumento: um espectrômetro de raios X, uma câmera com lente macro, uma broca para perfuração de rochas e uma pá mecânica. Uma missão assim com certeza produziria grandes avanços e nos deixaria mais perto da tecnologia espacial que um dia nos permitirá trazer amostras de rochas e solos marcianos para a Terra, para serem analisados aqui. Também seria o início de uma caminhada que um dia levará os primeiros humanos a pisarem na superfície de outro planeta.

Devido a todos esses instrumentos e ao peso total, já vimos que não seria possível usar, no pouso, a tecnologia de airbags que havia sido desenvolvida antes. Teríamos de contar com um *sky-crane*, ou guindaste celeste, para descer no planeta. Isso nunca tinha sido feito antes e era impossível realizar um teste aqui na Terra reproduzindo as condições marcianas devido ao custo, à diferença de gravidade e ao fato de não termos certeza de como estaria a atmosfera marciana no dia da chegada. Apesar de tudo isso, o projeto MSL com um veículo "do outro mundo" conseguiu enfrentar com audácia esses e outros riscos.

Vejamos então alguns detalhes dos instrumentos levados para Marte para fotografar e interrogar suas rochas, "cheirar" seu ar, comer sua poeira e tentar desvendar os segredos da esfinge marciana.

Mast Camera (Mastcam) – ou Câmeras do mastro: Os "olhos" direito e esquerdo do Curiosity ficam no topo de um mastro de 2,1 metros e são duas câmeras de 2 megapixels, capazes de tirar fotos em cores e gravar vídeos. Se fosse um ser humano, o Curiosity teria olhos bem estranhos, porque eles não têm o mesmo campo de visão. O "olho direito" tem uma lente telefoto (100mm de distância focal), com uma resolução três vezes melhor do que todas as câmeras anteriores mandadas para Marte. Já o "olho esquerdo" vê através de uma lente que tem um campo de visão bem maior (34mm de distância focal), mostrando mais contexto e menos detalhes das coisas que estão ao longe.

Essas câmeras, ou "olhos", podem colher imagens e vídeos de paisagens, rochas e terreno, capazes de nos mostrar como esses locais evoluíram com o tempo e que processos estiveram atuantes lá. Fotos de nuvens e poeira na atmosfera também nos ajudam a entender os segredos de Marte. Com essas duas câmeras, é possível fotografar a região onde o veículo está e mandar as imagens para a Terra de forma que os cientistas possam escolher os objetos e as direções mais interessantes na hora de comandar os movimentos do veículo.

Chemistry and Camera (ChemCam) – ou Câmera e química: Esse é um instrumento fascinante a bordo do Curiosity, contendo um laser de alta potência, um telescópio e uma câmera montados no topo do mastro. O laser pode disparar pulsos de luz em rochas a até 7 metros de distância, com energia suficiente para aquecer o local atingido e vaporizar a rocha, produzindo plasma e luz. O ponto atingido é bem pequeno, com cerca de 2 milímetros, e cada pulso dura muito menos que um segundo. A luz emitida pela rocha é captada de volta pelo telescópio, que a encaminha para um espectrômetro dentro do veículo para análise. Com esse instrumento, é possível separar as cores da luz emitida pela rocha em resposta ao pulso do laser e com isso determinar os elementos químicos presentes. Esse tipo de medida tem enormes vantagens em relação aos outros experimentos, porque não é preciso qualquer preparo das amostras. A medição leva menos de 5 minutos e a ChemCam pode analisar várias amostras de rochas por dia. A ChemCam é capaz de identificar muitos elementos químicos nas rochas marcianas, como sódio, magnésio, alumínio, silício, cálcio, potássio, titânio, manganês, ferro, hidrogênio, oxigênio, berílio, lítio, estrôncio, enxofre, nitrogênio e fósforo.

Essa técnica, de excitar o material com um laser, coletar a luz produzida e determinar os elementos químicos presentes, é bastante conhecida e se chama LIBS – *Laser-Induced Breakdown Spectroscopy*, em inglês. Na Terra, ela já foi usada dentro de reatores nucleares, no fundo do mar, na detecção de câncer e em monitoramentos ambientais, mas essa seria a primeira vez a ser usada em nosso planeta vizinho.

O telescópio de pequena abertura (110mm) possui também uma câmera que tira fotos de alta resolução em preto e branco, dando informações sobre o contexto do local analisado pelo laser. Esse detalhe é muito importante, sobretudo porque os resultados são válidos somente para aquele pontinho onde o laser fundiu a rocha. Então é preciso saber se a rocha toda é mais ou menos homogênea ou se os resultados vêm de algum veio ou alguma variação em sua composição.

Alpha Particle X-Ray Spectrometer (APXS) – ou Espectrômetro de raios X de partículas alfa: Outros veículos mandados para Marte pela NASA já tinham espectrômetros de raios X. Foram eles que identificaram por lá condições consistentes com um passado com água na superfície. O instrumento do Curiosity, no entanto, tem muito mais sensibilidade, é mais versátil e tem melhores algoritmos para seu posicionamento, de forma que pode chegar mais próximo das rochas sem sofrer acidentes nem danos. Ele está montado na ponta do braço mecânico do veículo, ou seja, é um de seus "dedos".

Com esse instrumento, é possível determinar a abundância de elementos, do sódio ao estrôncio na tabela periódica, incluindo os que formam as rochas na Terra: sódio, magnésio, alumínio, silício, cálcio, ferro e enxofre. É importante, por exemplo, saber se as rochas contêm sais de enxofre, cloro e bromo, porque esses elementos são grandes indicadores da presença de água líquida na superfície por longos períodos de tempo no passado. Esse instrumento, como a ChemCam, também pode ser usado para prospecção e para ajudar na escolha das amostras que serão coletadas para análises nos laboratórios dentro do veículo.

Mars Hand Lens Imager (MAHLI) – A "lente de mão" marciana: Outro "dedo" da nossa mão mecânica em Marte, esse instrumento é, na verdade, uma câmera de fotos em cores, com um sistema de autofoco e uma lente macro. Geólogos, quando estão examinando materiais no campo, sempre carregam consigo uma lente de mão para um exame mais minucioso do formato de cristais em rochas, de sua cor, de incrustações minerais e outros detalhes visíveis que podem ser suficientes para determinar a composição da rocha. Essa câmera na "mão" do Curiosity faz a mesma coisa em outro mundo. O tamanho e o formato de grãozinhos em rochas sedimentares, por exemplo, podem revelar muita coisa. Se são em sua maioria arredondados, é bem provável que tenham sido transportados por água ou vento e, no transporte, tenham perdido suas arestas pontiagudas. Seu tamanho também nos informa sobre a velocidade do vento ou da água que podem tê-los carregado.

Essa câmera é que dá ao Curiosity a capacidade de fazer a própria selfie em Marte. Sendo um "dedo" na ponta desse longo braço, ela pode ser posicionada de forma a tirar várias fotos que são transmitidas e combinadas na Terra para produzir a selfie. A MAHLI também pode ser usada em situações de emergência para diagnosticar problemas com o veículo durante a noite marciana.

Chemistry and Mineralogy (CheMin) – Química e mineralogia: Sais, minerais rochosos, metais, semicondutores e qualquer outro material que tenha cristais em seu interior, mesmo que sejam bem pequenos, podem ser analisados por esse instrumento, usando a técnica da difração de raios X. Para que esse instrumento possa fazer suas medidas, primeiro a amostra tem de ser preparada. Usando a broca ou a pazinha, que são os outros dois "dedos" do Curiosity, amostras de rochas marcianas podem ser coletadas, moídas e peneiradas até produzirem uma poeira bem fina, com partículas de 150 mícrons de tamanho (o dobro da espessura de um fio de cabelo seu). Esse material é composto pelos pequenos cristais inicialmente alojados no mineral marciano, e uma pequena amostra dele, mais ou menos equivalente ao tamanho de uma aspirina infantil, é despejada por um funil para dentro do difratômetro, que usa vibrações para "ingeri-la".

Cada mineral se forma, em Marte ou na Terra, quando as condições ambientais, inclusive a água e os elementos químicos, a temperatura e a pressão, se combinam para sua formação. Por isso, a identificação de minerais específicos e suas estruturas atômicas pelo CheMin nos dá informações sobre o ambiente marciano na época em que se formaram. Como se fossem livros escritos em uma língua estranha, a medida e a identificação de minerais nas rochas marcianas nos ajudam a revelar os segredos de pedra que o planeta tem escondido até hoje. Alguns dos minerais que já sabemos existir lá na cratera Gale, como fosfatos, sulfatos, carbonatos e sílica (areia), são capazes de preservar bioassinaturas, isto é, evidências de formas de vida, se tiver havido vida em Marte, no passado.

Sample Analysis at Mars (SAM) – Análises de amostras em Marte: Esse não é um instrumento só, são três. Eles são chamados de "analíticos", o que em química quer dizer que são laboratórios de precisão, que realizam análises detalhadas de materiais. Esses são os instrumentos que estudam as estruturas químicas relevantes para a vida no planeta Marte, tentando descobrir a presença de compostos de carbono – os blocos fundamentais formadores da vida. Carbono é um elemento químico quase mágico, capaz de formar moléculas imensas que podem codificar estruturas complexas, estruturas vivas. Se quisermos procurar vida em outros planetas, não há melhor ponto de partida do que a busca pelos componentes essenciais para formação de vida que já conhecemos. Se a vida se formou na Terra a partir desses materiais, então é provável que, se houver vida em outros locais, ela se manifeste também como carbono vivente. Por isso esse conjunto de instrumentos vai procurar compostos orgânicos e outros elementos importantes para a vida, como nitrogênio, fósforo, enxofre, oxigênio e hidrogênio. Além disso, o SAM também mede isótopos de alguns elementos, que podem nos dar informações sobre as mudanças pelas quais o planeta passou.

Os três instrumentos que formam o SAM cabem em uma caixa do tamanho de um forno de micro-ondas e pesam em torno de 40kg na Terra. Esse é o maior e mais pesado dos 10 instrumentos do Curiosity, além de ser poderoso e eficiente. Seus fornos, por exemplo, conseguem aquecer amostras a mais de 1.000ºC usando somente 40 watts de potência elétrica.

Há duas formas de as amostras entrarem no SAM. Ele pode analisar o ar marciano, que entra por filtros colocados nos lados do veículo, ou usar a pá mecânica para depositar amostras na entrada do instrumento no topo do veículo. A partir dessas amostras, com o uso de solventes ou fornos para aquecê-las, são produzidos gases para análises.

O primeiro dos instrumentos é um espectrômetro de massa, que é mais sensível que todos os seus predecessores em Marte, capaz de detectar quantidades minúsculas de materiais orgânicos e outros ingredientes necessários para a vida. O segundo é um espectrômetro de laser sintonizável, construído pelo grupo que trabalha com lasers no JPL. O terceiro instrumento é um cromatógrafo de gás, que separa os diferentes gases presentes em uma mistura e os coloca em uma coluna capilar – indo em seguida para o espectrômetro de massa, para uma análise mais completa.

O SAM possui ainda um sistema completo de manipulação, com 74 receptáculos de menos de 1 centímetro cúbico para acomodar as amostras. Um laboratório de processamento e separação de materiais inclui bombas, tubos, reservatórios de gases, monitores de pressão, fornos, monitores de temperatura e outros componentes. Além disso, 52 microválvulas dirigem o fluxo de gases dentro do instrumento e duas bombas de vácuo, do tamanho de uma lata de refrigerante cada uma, giram a 100 mil rotações por minuto, otimizando a pressão e mantendo os três instrumentos em operação.

Como já vimos, a procura por vida e por compostos orgânicos em Marte começou em 1976 com as Vikings, e o resultado foi negativo ou inconclusivo. Agora, com o SAM, temos pelo menos três grandes vantagens. A primeira é que o Curiosity é móvel e versátil. As Vikings em 1976 só podiam examinar até onde seus braços mecânicos alcançavam, mas o Curiosity pode ir para os locais com maior potencial de descoberta de compostos orgânicos. Como um dos "dedos" do Curiosity tem o poder de perfuração, o SAM pode analisar amostras que ficaram protegidas da radiação em

Marte visto pela espaçonave Rosetta em fevereiro de 2007, com suas calotas polares e as nuvens na atmosfera pouco densa. No centro está Elysium Planitia, com Elysium Mons ao norte e Terra Cimmeria, cheia de crateras, ao sul. Na região de transição próxima ao centro, um pouco abaixo e à esquerda, está a cratera Gale, onde pousou o Curiosity.

Mapa topográfico de Marte mostrando onde pousaram as seis missões bem-sucedidas da NASA e os quatro possíveis locais de pouso do Curiosity.

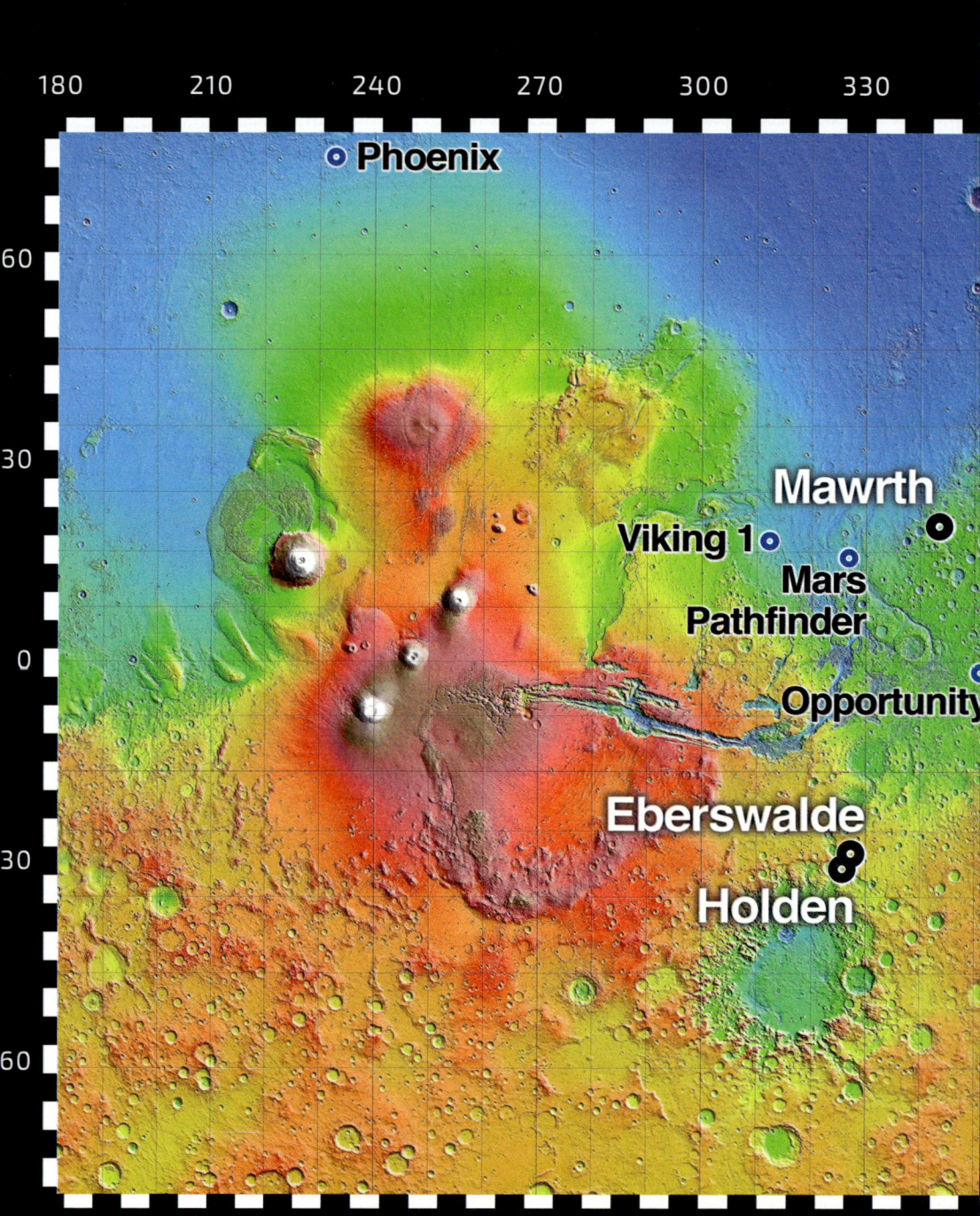

Cortesia NASA/JPL-Caltech

km

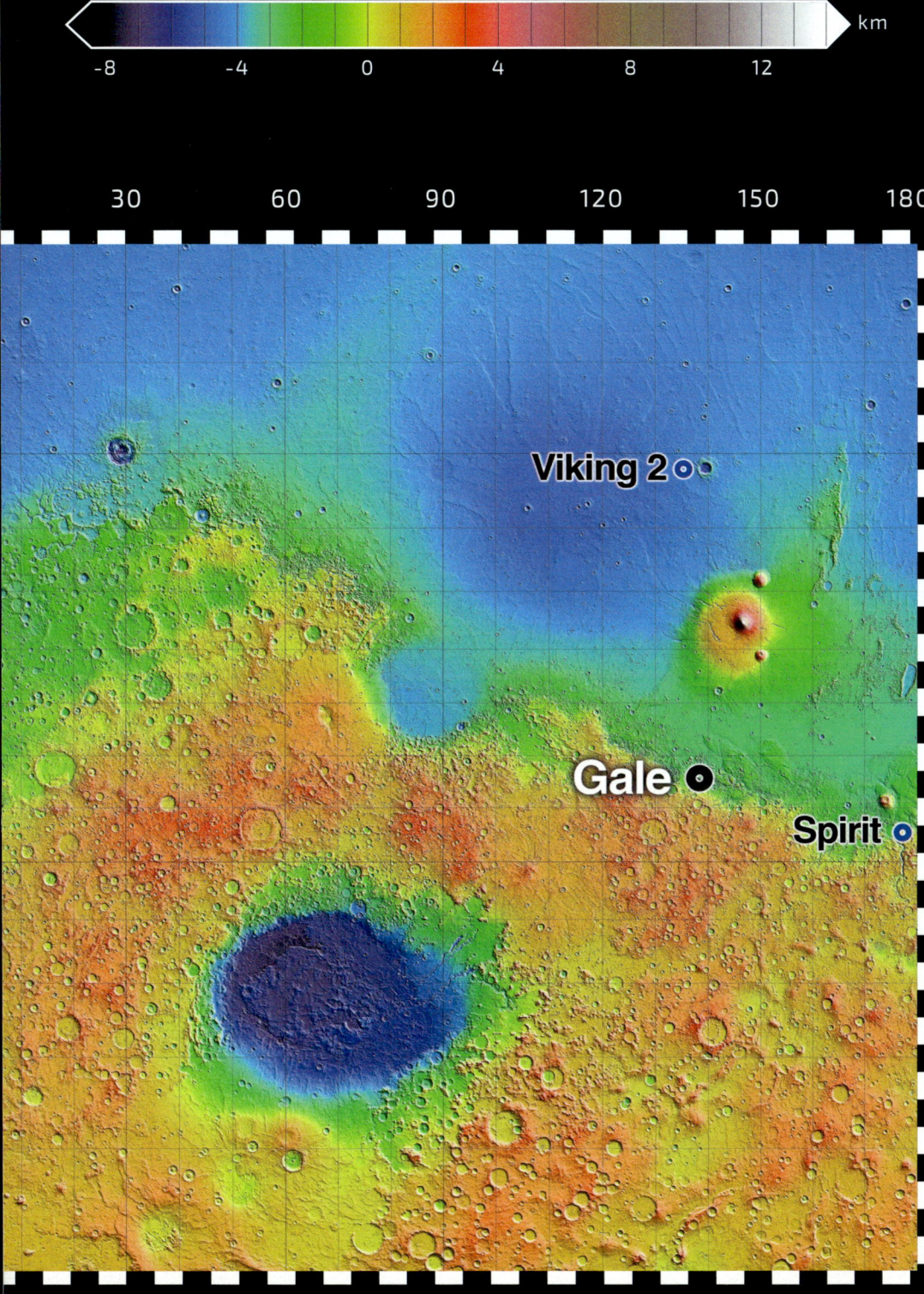

-8   -4   0   4   8   12

30   60   90   120   150   180

Viking 2

Gale

Spirit

A cratera Gale, com 150km de diâmetro, vista por satélites em órbita de Marte. O Aeolis Mons, com sua complexa estrutura e erosão nas bordas, fica no centro. No canto superior direito, vemos o leito de um rio seco, que corria para dentro da cratera. O ponto verde indica o local de pouso do Curiosity.

AO LADO
Segundos após o fim da contagem regressiva, as câmeras registraram a imagem da decolagem dos quatro foguetes de combustível sólido e do Atlas V, de combustível líquido. Acima deles vão o segundo estágio – o Centauro – e o MSL com o veículo Curiosity. A busca por pistas sobre a possibilidade de vida em Marte estava começando.

Cortesia NASA/JPL-Caltech

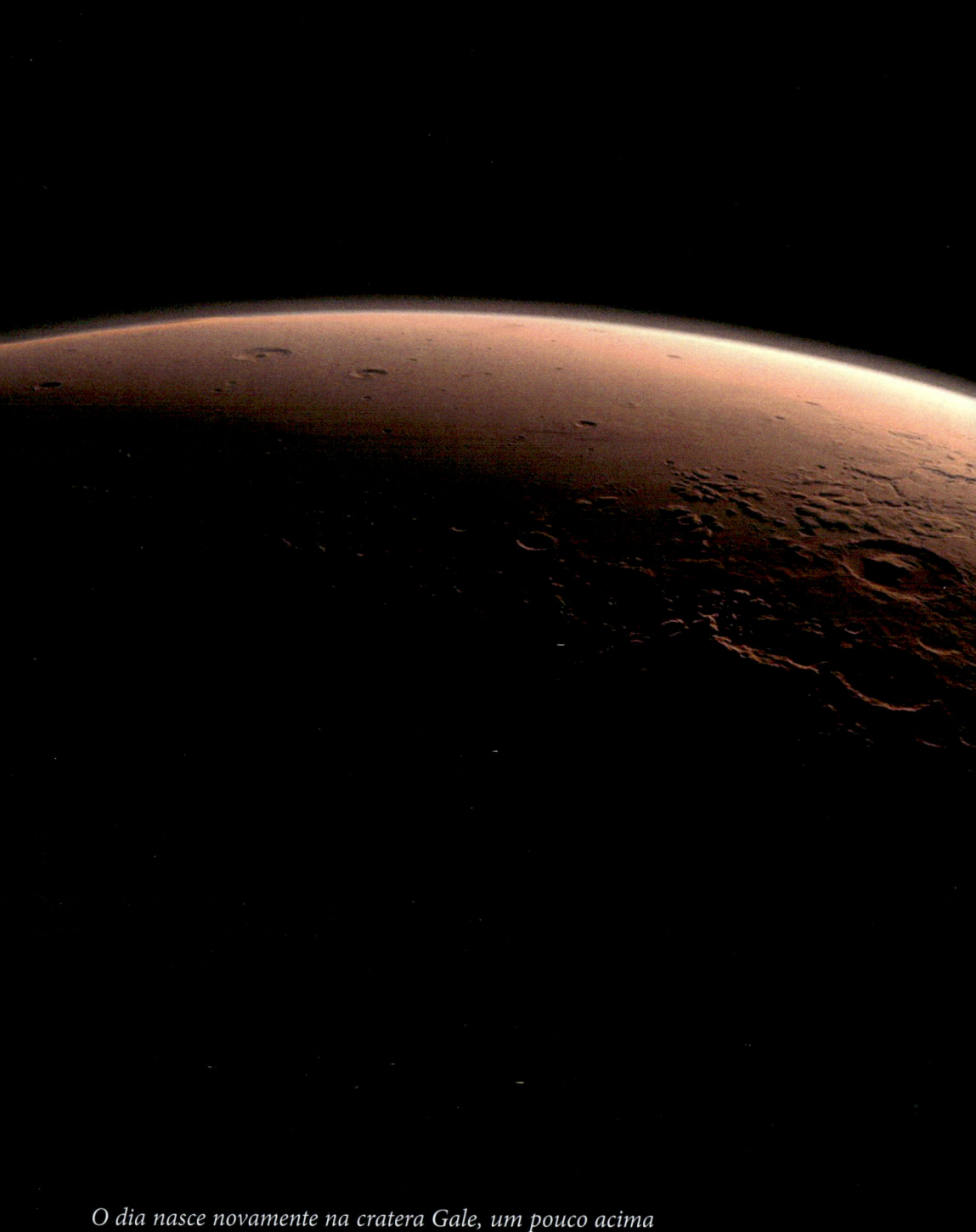

O dia nasce novamente na cratera Gale, um pouco acima do centro nesta imagem. O Aeolis Mons pode ser visto no centro da cratera, próximo ao local onde pousou o Curiosity. Esta imagem foi gerada por computador a partir de dados topográficos obtidos com altímetros a laser

Cortesia NASA/JPL-Caltech

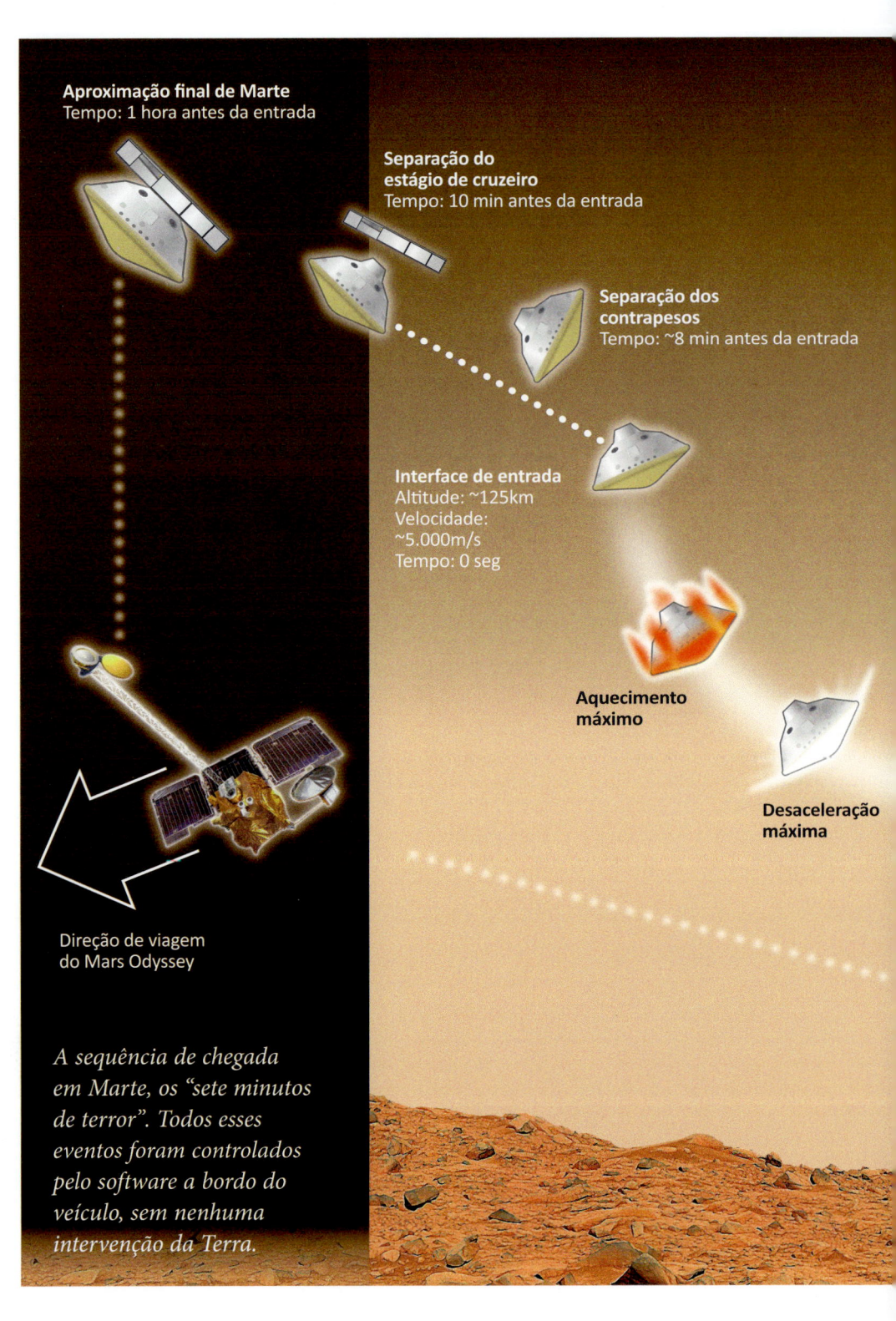

Aproximação final de Marte
Tempo: 1 hora antes da entrada

Separação do estágio de cruzeiro
Tempo: 10 min antes da entrada

Separação dos contrapesos
Tempo: ~8 min antes da entrada

Interface de entrada
Altitude: ~125km
Velocidade: ~5.000m/s
Tempo: 0 seg

Aquecimento máximo

Desaceleração máxima

Direção de viagem do Mars Odyssey

A sequência de chegada em Marte, os "sete minutos de terror". Todos esses eventos foram controlados pelo software a bordo do veículo, sem nenhuma intervenção da Terra.

VIII

SKY-CRANE

Separação do veículo
Altitude: ~20m
Velocidade: ~0,75m/s
Tempo: ~6'40"

Liberação das rodas

Toque no solo
Altitude: 0
Velocidade: ~0,75m/s
Tempo: ~6'56"

Afastamento

Manobra aérea hipersônica

Abertura do paraquedas
Altitude: ~11km
Velocidade: ~405m/s
Tempo: ~4'14"

Separação do escudo de calor
Altitude: ~8km
Velocidade: ~125m/s
Tempo: 4'38"

Coleta de dados do radar

Separação da cápsula posterior
Altitude: 1,6km
Velocidade: ~80m/s
Tempo: ~6'4"

Descida controlada

Sky-Crane

Fernando Alvarus a partir de infográfico, cortesia NASA/JPL-Caltech

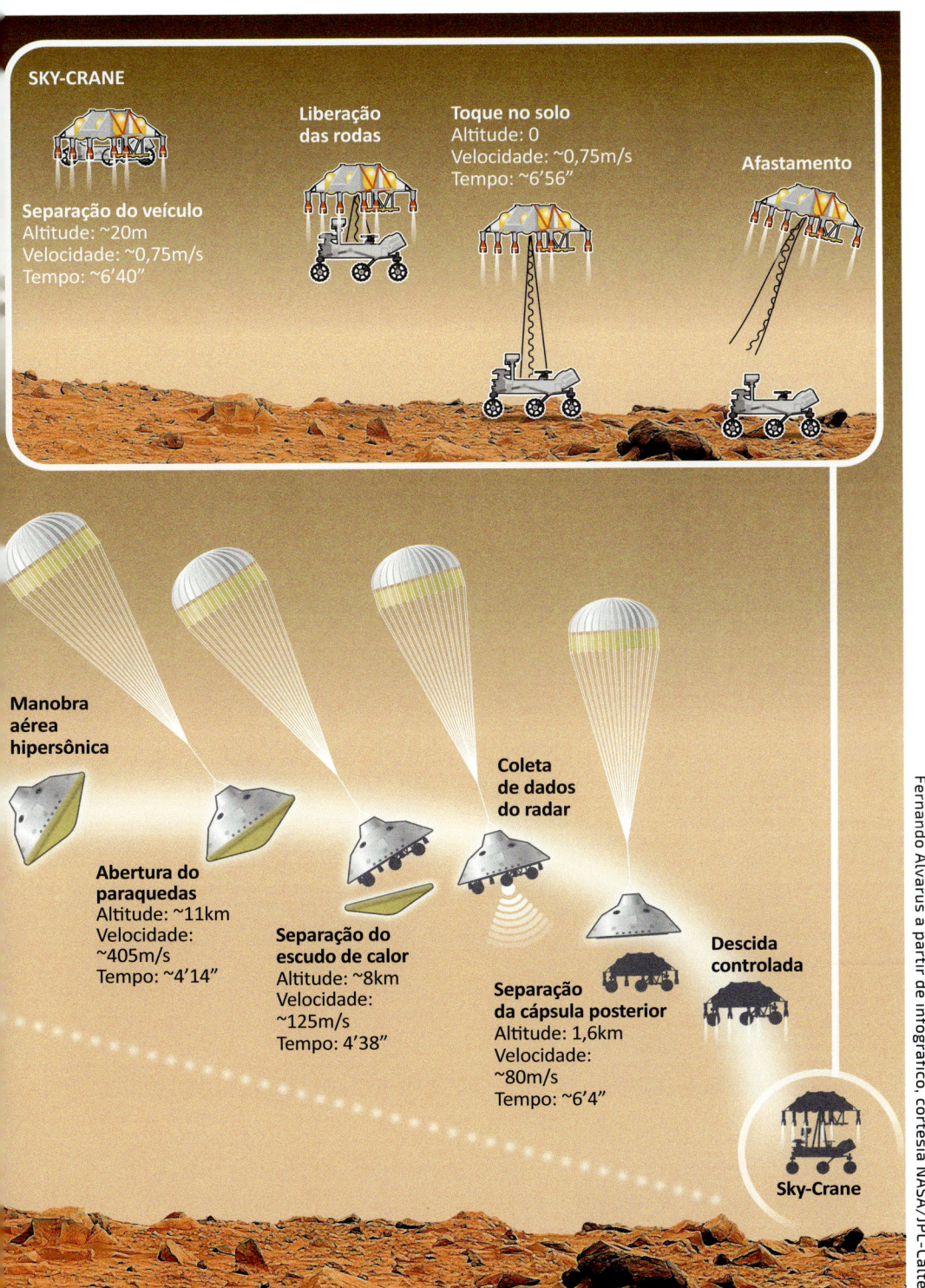

Na imagem de cima, nosso veículo se prepara para a entrada no palco de dança de Ares, a temida atmosfera marciana. O estágio de cruzeiro, com seus painéis solares, já se separou. Agora a energia para alimentar o veículo vem de baterias. Na de baixo, vemos o escudo frontal de calor no ponto de aquecimento máximo ao colidir com a atmosfera. Essas imagens foram geradas por computador.

Imagens: cortesia NASA/JPL–Caltech

Imagens: cortesia NASA/JPL-Caltech

Acima, foto tirada pelo satélite marciano MRO mostra a chegada do MSL a Marte. O paraquedas está inflado e sustenta nosso veículo durante a descida. Abaixo vemos uma simulação em computador do momento em que o veículo toca o solo marciano. A seguir, os três cabos de sustentação e o cabo de comunicação serão cortados e o estágio de descida se afastará, para não danificar o veículo.

A sombra do Curiosity em Marte. Foto obtida momentos após o pouso pela câmera dianteira projetada para tirar fotos de possíveis obstáculos no caminho do veículo. A sombra parece indicar que o Curiosity sobreviveu inteiro ao pouso. Aeolis Mons, o objetivo da missão, é visto à frente.

AO LADO
Na foto de cima vemos as comemorações na sala de controle do JPL quando as primeiras fotos do nosso pouso em Marte chegaram. Embaixo, uma das muitas imagens feitas pelo Curiosity, do sol se pondo atrás da borda da cratera Gale em 15 de abril de 2015.

NASA/Bill Ingalls

Cortesía NASA/JPL-Caltech

XIII

Imagens: cortesia NASA/JPL-Caltech

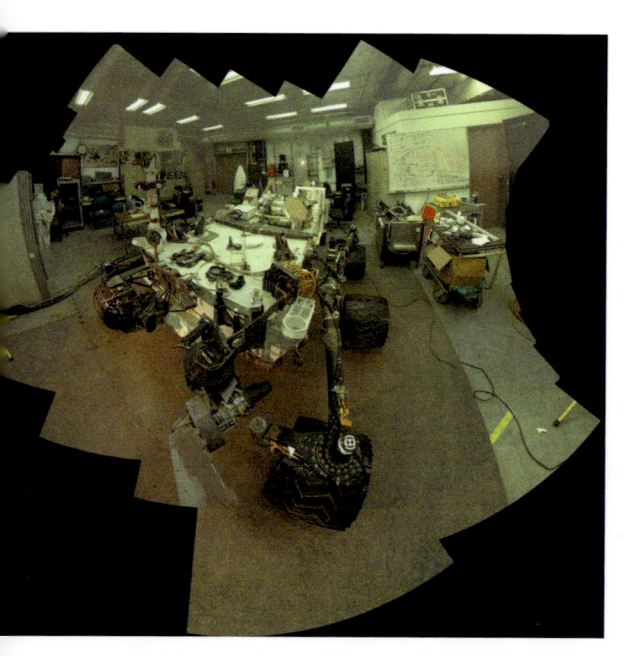

Acima, à esquerda, vemos o resultado dos comandos instruindo a cópia do Curiosity a tirar 110 fotos de si mesma para produzir uma selfie. A foto da direita mostra a selfie tirada em Marte combinada com outras fotos da paisagem marciana. Na selfie abaixo, tirada em Marte, é possível ver até os buracos na roda dianteira.

AO LADO
Na foto de cima, vemos que somente a superfície de Marte é avermelhada. Em um dos primeiros furos feitos em uma rocha sedimentar com a broca do Curiosity, constatamos que seu interior é cinza. Embaixo, um registro de rochas sedimentares com veios brancos de sulfatos. No centro da imagem, destaque para um meteorito que caiu no planeta.

Imagens: cortesia NASA/JPL-Caltech

XV

Acima, antes de entrar para a universidade e mudar totalmente o rumo de sua carreira, o jovem Ivair posa com um touro e com o veículo que usava na Fazenda Água Branca, no norte de Minas. Abaixo, o vemos diante do veículo que ajudou a construir e pousar em Marte 32 anos depois.

Marte, amostras de rochas sedimentares coletadas abaixo da superfície. As Vikings não tinham essa habilidade. A segunda vantagem do SAM é sua sensibilidade. As tecnologias nessa área progrediram muito nesses 40 anos desde as Vikings. Ele é capaz de detectar menos de uma parte por bilhão (ppb) de compostos orgânicos em uma faixa muito maior de massa das moléculas. A técnica de análise química com solventes é sua terceira vantagem, pois pode revelar muitos compostos orgânicos que não seriam detectados por missões predecessoras. Essa técnica "molhada" pode identificar aminoácidos e proteínas, o que em si não provaria a presença de vida em Marte, mas seria uma descoberta importante, tornando-se um objetivo de estudo para missões futuras.

Para que a esfinge marciana não nos engane, o nível de cuidado na coleta, no processamento e na análise das amostras do SAM é extraordinário, visando evitar qualquer contaminação por material orgânico terrestre. Se um dia descobrirmos vida em Marte, queremos ter certeza de que é vida e é genuinamente marciana.

Rover Environmental Monitoring Station (REMS) – Estação de monitoramento ambiental do veículo: E como será que os dias e as estações do ano mudam em Marte? Todos nós temos a curiosidade de saber como se passam os dias em outro mundo: se eles são quentes ou frios, se o vento é forte, fraco ou inexistente e se a temperatura varia muito.

A REMS tem como objetivo medir a velocidade e a direção do vento, a pressão atmosférica, a umidade relativa do ar e sua temperatura, a temperatura na superfície e a quantidade de raios ultravioleta. Todas essas variáveis deveriam ser registradas por 5 minutos a cada hora, durante um ano marciano inteiro (98 semanas terrestres). Esses dados marcianos já estão disponíveis na internet para o mundo inteiro ter acesso e acompanhar como a temperatura de Marte varia, de um dia gelado para uma noite supercongelante.*

Sensores eletrônicos montados em dois bastões de mais ou menos 5cm de diâmetro por 25cm de comprimento (pouco mais de um palmo) são

---

* Veja o site do centro de Astrobiologia de Madri, onde esses dados já estão disponíveis: http://cab.inta-csic.es/rems/en.

responsáveis pelas medidas do vento, das temperaturas e da umidade do ar. Eles ficam montados no "pescoço" do Curiosity, mais ou menos a meio caminho entre o corpo do veículo e o topo do mastro onde ficam o laser e a ChemCam. Infelizmente, um desses sensores nunca chegou a funcionar, mas, como veremos no capítulo 18, isso não trouxe grandes prejuízos para os objetivos da missão.

Na parte de cima do veículo fica o sensor de ultravioleta, que mede seis faixas – ou seis comprimentos de onda. Essa é a primeira vez que todo o espectro ultravioleta será medido na superfície do nosso planeta vizinho. É importante medir a radiação ultravioleta em Marte porque, mesmo que seja pequena, um efeito como esse, agindo por bilhões de anos, pode esterilizar um planeta inteiro.

Radiation Assessment Detector (RAD) – Detector de radiação: Partículas atômicas e subatômicas, cacos de átomos viajando a velocidades alucinantes, estão saindo do Sol a todo instante e chegando à Terra e a Marte também. Ao mesmo tempo, raios cósmicos, que são mais ou menos o mesmo tipo de partícula (prótons, partículas alfa e íons mais pesados), mas com uma procedência diferente, também chegam a Marte. Esses raios cósmicos vêm de restos mortais de estrelas distantes que explodiram como supernovas e de outros eventos exóticos que tenham acontecido em regiões remotas da nossa galáxia. Essa radiação natural pode ser letal tanto para microrganismos em Marte quanto para futuros astronautas que viajarem para lá. Por isso é importante medirmos seu nível com bastante cuidado. Novamente trata-se da questão da habitabilidade: os resultados oferecidos por esse instrumento nos ajudarão a entender se Marte tem ou já teve condições favoráveis à vida e à sua preservação.

O RAD foi o primeiro instrumento da missão MSL a transmitir resultados científicos, pois começou a operar assim que a espaçonave saiu da Terra e continuou funcionando durante toda a viagem interplanetária. Ele faz também muitas medidas na superfície do planeta.

É possível e até provável que a radiação em Marte tenha destruído todos os compostos orgânicos inicialmente presentes e tornado a superfície do planeta hostil à vida microbiana. Nesse caso, os resultados obtidos por esse instrumento serão usados em possíveis missões futuras, para calcular quanto um robô teria de escavar para tentar detectar vida abaixo da superfície. O instrumento RAD foi projetado para fazer medidas por 15 minutos a cada hora durante toda a missão. Esse sentinela sempre atento, sempre presente, pode captar eventos raros de tempestades solares ou qualquer outra grande variação na quantidade de radiação chegando até a superfície. Ainda me espanta saber que somos capazes de fazer medidas assim em outro mundo!

Dynamic Albedo of Neutrons (DAN) – Albedo dinâmico de nêutrons: Albedo é o mesmo que refletância ou porcentagem de reflexão. Por exemplo, o albedo médio do planeta Terra é em torno de 30%. Isso quer dizer que, de toda a luz que vem do Sol e bate em nosso planeta, 30% voltam para o espaço. É claro que esse é um valor médio, porque nuvens refletem muito mais luz, enquanto rochas negras refletem muito menos. Esse instrumento, como o nome indica, mede a reflexão, mas não da luz. Ele dispara nêutrons de alta energia para a superfície do planeta e mede quanto é refletido de volta. Já se sabe que os átomos de hidrogênio mudam a energia dos nêutrons de uma forma previsível antes de refleti-los de volta. Então esse instrumento é na verdade um detector de hidrogênio com capacidade de medir sua concentração até 50cm abaixo da superfície marciana. A maior parte do hidrogênio que existe no planeta Marte está associada ao oxigênio, formando moléculas de água ou íons hidroxila (OH^+). O DAN consegue detectar concentrações de água muito baixas, de até 1%, no solo marciano. Medidas feitas da órbita marciana já nos mostraram que existem muitos minerais hidratados na cratera Gale. Como esfinges de pedra que só respondem se fizermos a pergunta certa, esses minerais são muito estáveis e podem abrigar moléculas de água por bilhões de anos. Ao interrogar esses minerais, pode ser que venhamos a descobrir pistas de um passado molhado, mesmo que hoje toda a água livre já tenha desaparecido. Se houver vapor d'água suficiente na atmosfera para congelar durante a noite ou o inverno, talvez possamos ver variações temporais na detecção de água com esse instrumento. Temos também as câmeras no Curiosity e a REMS, de forma que o conjunto de todos os resultados vai nos informar sobre como o ciclo hídrico funciona em Marte no presente.

Mars Descent Imager (MARDI) – Imageador da descida em Marte: Esse é um dos instrumentos que mais nos fascina e assusta. Assim que o escudo frontal de calor se separou do veículo, nosso radar e essa câmera começaram a funcionar. Ela tem 8 gigabytes de memória e pode tirar quatro fotos por segundo. Durante os últimos 5 minutos da descida, cerca de 1.200 fotos foram tiradas, mostrando tudo que aconteceu nessa parte mais crítica da missão. Além de ajudar a localizar a posição final do nosso veículo em Marte e auxiliar no planejamento de seus primeiros movimentos, essas fotos foram baixadas para a Terra nos dias seguintes à descida e transformadas em vídeo. Seria a primeira vez que a espécie humana teria a sensação de descer com uma espaçonave terrestre em outro planeta. Temos sorte de viver nesta época e é muito bom fazer parte disso.

MSL Entry, Descent and Landing Instrument (MEDLI) Suite – Conjunto de instrumentos do MSL para entrada, descida e pouso: Nem todos os instrumentos no Curiosity e na espaçonave que o levou para Marte tinham objetivos inteiramente científicos, mas todo o conjunto produzirá resultados que nos ajudarão a entender melhor o planeta. A broca em um dos "dedos" do Curiosity e as câmeras fotográficas de engenharia são alguns deles, além dos sensores presentes no escudo frontal de calor – responsáveis por captar informações sobre a atmosfera que poderão ser usadas em futuros projetos de sistemas de descida que precisem atravessar atmosferas planetárias.

A sigla MEDLI nomeia esse conjunto de sensores montados no escudo frontal de calor capaz de fazer oito medidas por segundo, começando mais ou menos 10 minutos antes de o veículo atingir o topo da atmosfera marciana, até que o paraquedas tenha aberto 4 minutos após a entrada na atmosfera. Com esses dados, temos à nossa disposição uma história completa de como o escudo frontal se comportou durante seu período mais crítico de atuação.

Esse então é o conjunto de instrumentos para interrogar o planeta Marte, suas rochas e sua atmosfera. Não esperamos detectar vida em Marte com eles, pois não é esse o objetivo da missão. Se funcionarem corretamente, eles aumentarão muito nosso conhecimento sobre o passado e o presente de Marte e teremos feito a esfinge falar.

A questão da energia

Há um detalhe no projeto do Curiosity que ainda não mencionamos. Como se trata de um veículo bastante pesado, que carrega todos esses instrumentos, a questão da energia está sempre na cabeça e na ponta da língua das pessoas. Sempre me perguntam como se faz para gerar energia elétrica para todos esses instrumentos e para mover o veículo em Marte.

O projeto do Spirit e do Opportunity usou painéis solares, que captam luz solar e produzem energia elétrica para carregar baterias que alimentam seus motores, computadores e instrumentos. Infelizmente, essa solução simplesmente não funcionaria para o Curiosity. Os painéis solares teriam de ser tão grandes que o veículo teria "asas" enormes e provavelmente não conseguiria se locomover. A alternativa seria a energia nuclear, que foi usada com sucesso nas Vikings e em outras missões para Júpiter e Saturno.

Essa foi a opção adotada no Curiosity também. Não é uma usina atômica em miniatura, o que seria muito complicado, pesado e arriscado, além de nunca ter sido usado em nenhum voo espacial. Como as missões Cassini em Saturno, Galileu em Júpiter, Viking em Marte e Voyager, que navegaram por todo o sistema solar, o Curiosity usa um gerador termoelétrico de radioisótopos – ou RTG (Radioisotope thermoelectric generator), na sigla em inglês. Por ser uma fonte de energia extremamente confiável e sem necessidade de manutenção, esse tipo de gerador é usado em missões espaciais há décadas, e também em faróis que auxiliam a navegação marítima na região do Ártico.

Em princípio, é um gerador bastante simples. Descoberto em 1821, esse efeito físico, hoje conhecido como "efeito Seeback" em homenagem ao seu descobridor, permite a conversão direta de uma diferença de temperatura em eletricidade. Você já o viu em ação, mas, se não é físico nem engenheiro, provavelmente ainda não sabe disso. Aqueles termômetros digitais de rua, comuns nas grandes cidades do Brasil, têm em seu interior um termopar, que é uma ligação de três pedaços de fio feitos de dois metais diferentes. Por exemplo, um pedaço de fio de uma liga de cromo (Cromel) ligado a dois fios de uma liga de alumínio (Alumel) forma um termopar. Se há qualquer diferença de temperatura entre os dois pontos onde o fio de Cromel se liga aos fios de Alumel, uma voltagem é gerada entre eles. Em geral, a quantidade de energia elétrica gerada é muito pequena, mas pode ser facilmente detectada e transformada em leitura de temperatura no termômetro digital.

Nos geradores RTG, em vez de apenas um termopar, existem centenas deles, combinados com pastilhas de óxido de plutônio 238, que criam a alta temperatura necessária. Esse isótopo do plutônio tem uma meia-vida longa (metade dele se desintegra a cada 87,7 anos) e seu decaimento produz calor suficiente para aquecer as pastilhas a até 900ºC. Quando posicionamos uma das junções dos termopares em contato com essa alta temperatura e deixamos a outra junção exposta às temperaturas marcianas, torna-se possível gerar 125 watts de potência elétrica para o Curiosity. Parece bem pouco, mas a geração de energia é contínua e é usada para carregar uma grande bateria, de onde sai toda a eletricidade de que o Curiosity precisa. A desvantagem desse processo de conversão de energia térmica em elétrica é sua baixíssima eficiência – de mais ou menos 6% –, enquanto sua enorme vantagem para voos espaciais é que não existe nada móvel no gerador, nada que "gaste" e quebre com o tempo. Por isso as espaçonaves Voyager feitas no JPL e lançadas pela NASA em 1977 continuam funcionando até hoje.

Com esse gerador RTG, esperamos que o Curiosity tenha uma fonte de energia que lhe permita vagar pela superfície gelada de Marte por muitos anos.

13
Vamos para a Califórnia!

Na Escócia, dias de sol eram raros, por isso os primeiros meses na Califórnia foram quase como se estivéssemos no Brasil. O céu azul de manhã todo dia, o calor, o cheiro dos eucaliptos, a enorme quantidade de estudantes de bermuda: tudo aquilo era uma novidade e um contraste com o clima da Escócia. Na Universidade da Califórnia em Los Angeles, a UCLA,[1] um emprego já me esperava. Era como se tivéssemos voltado para casa. Achávamos o clima maravilhoso.

Por outro lado, tivemos um grande choque cultural. Em nossa ida do Brasil para a Escócia, já estávamos preparados, mas pensávamos que, de lá para a Califórnia, não haveria mudanças significativas. Afinal, estávamos acostumados com a língua e o clima era mais parecido com o nosso. Essa perspectiva fez com que o choque fosse bem maior do que esperávamos. Nossas interações iniciais com os californianos nos fizeram pensar que eles eram extremamente rudes e mal-educados em comparação aos escoceses. Por exemplo, quando estávamos procurando apartamentos para alugar, pedimos informações em um quiosque que vendia ingressos para um torneio de tênis que estava acontecendo na UCLA. O atendente nos disse que "estava ali para vender ingressos, não para dar informações" e nos virou as costas! Demora um tempo até a gente aprender as regras do jogo em outro país, em outra cultura. Não adianta ir contra a maré: é preciso encontrar maneiras de se adaptar a elas o mais rápido possível. Em todo bairro, cidade, país existem pontos positivos e negativos, vantagens e desvantagens, e a melhor maneira de viver é aproveitar o lado bom e aprender a lidar com as desvantagens.

O trabalho na UCLA foi bastante produtivo. Lá eu pesquisei um novo tipo de material (nitreto de gálio), que agora já é usado na fabricação de LEDs de iluminação. Nosso grupo tinha contatos com equipes de pesquisadores de Santa Bárbara e do Caltech, com empresas e com o pesquisador japonês que tinha sido o primeiro a produzir cristais desse material e que ganharia o prêmio Nobel em 2014. Nessa época, publiquei um artigo científico* que continha resultados importantes para engenheiros e cientistas do mundo todo.

Meu contrato na UCLA era de apenas dois anos e, em 1999, comecei a procurar outro emprego. Estávamos no auge da primeira revolução da internet, com muitas empresas aparecendo, todos achando que iriam "ficar ricos" em dois ou três anos. Foi uma época emocionante, em que pessoas com perfis técnicos eram muito valorizadas e havia bastante trabalho para engenheiros, físicos e programadores. Locais como o Jet Propulsion Laboratory da NASA, em Pasadena, estavam com problemas para manter seus funcionários, que eram frequentemente recrutados por empresas oferecendo salários mais altos e participação acionária. Essa era a parte mais atraente, as chamadas "*stock options*", que poderiam tornar uma pessoa milionária em pouco tempo se a empresa desse certo mesmo e passasse a negociar suas ações na bolsa de valores ou se fosse comprada por outra. Muita gente fez fortuna nessa época.

Então um dia descobri um anúncio de emprego no JPL. Candidatei-me e fui lá dar uma palestra sobre meu trabalho com lasers, LEDs e detectores de luz. Apesar de a palestra e a entrevista terem sido um sucesso, havia uma questão com meu visto de trabalho, que estava atrelado à UCLA. A opção era que o Caltech, de que o JPL faz parte, solicitasse outro visto temporário para mim. Assim, eu teria mais um desses contratos de trabalho por tempo fixo. Isso não me pareceu uma boa ideia, porque só estaria adiando a solução do meu problema de visto. O ideal seria que pedissem um *green card* para mim, de forma que eu pudesse

---

* I. Gontijo, M. Boroditsky, E. Yablonovitch, S. Keller, U.K. Mishra, S.P. DenBaars, "Coupling of InGaN quantum-well photoluminescence to Silver surface plasmons", *Physical Review B*, Vol. 60, No.16, 11564-11567, 1999.

ter um emprego permanente no país. Era um longo processo, muito complicado e caro. Porém fui informado de que eles não achavam que isso valesse a pena porque, em casos anteriores, os engenheiros saíram do emprego logo após receberem o *green card*, trocando-os por uma *startup* qualquer. A única alternativa era mesmo o contrato por tempo fixo, com visto temporário. Decepcionado, desisti de trabalhar no JPL, pelo menos por enquanto.

Pedi então informações na UCLA sobre pedidos de vistos de trabalho e *green card*. Eles também não estavam interessados em fazer isso para mim, mas me recomendaram um escritório de advocacia especializado nisso. Fui lá conversar com os advogados e, depois de analisarem o meu caso, me disseram que, primeiro, eu deveria pedir um visto de trabalho da categoria *Outstanding Ability*, que só é dado a pessoas que conseguem provar para o Serviço de Imigração que sua permanência e atuação no país é do interesse dos Estados Unidos. A grande vantagem desse tipo de visto é que ele não está atrelado a uma empresa específica e permite à pessoa mudar de trabalho e fazer o que quiser.

Felizmente, eu preenchia nove dos dez requisitos necessários e consegui oito cartas de recomendação de cientistas da Grã-Bretanha, da Europa e dos Estados Unidos dizendo que, na opinião profissional deles, seria do interesse dos Estados Unidos que me concedessem o visto. Entramos com o pedido enquanto eu ainda estava na UCLA e o visto foi concedido em poucos meses.

Nessa época, às portas do novo milênio, todos os engenheiros e pós-docs da UCLA estavam indo trabalhar em novas empresas. Depois de dois anos e meio, fiz o mesmo. Entrei para uma *startup* na área de telecomunicações por fibra óptica. Minha experiência com lasers e com óptica era ideal para o que eles estavam desenvolvendo. Ainda estávamos naquele período em que muitos investidores aplicavam seu dinheiro em empresas assim. Havia a expectativa de que todo mundo passasse a fazer a maioria de suas compras pela internet. Para isso seria preciso uma conexão de alta velocidade que atendesse a todos.

Apesar de as empresas chamadas de pontocom já estarem em dificuldades, com muitas delas fechando e a "bolha da internet" estourando nessa época, os investidores ainda acreditavam que a internet tinha vindo para ficar e a infraestrutura precisava melhorar muito. Por isso continuavam a investir em empresas como a nossa, que produziam equipamento. A justificativa era de que havia, sim, um ciclo de contração nas empresas pontocom, mas muitas iriam sobreviver e esse mercado iria se recuperar rapidamente. Ninguém esperava que o ciclo de contração fosse tão longo.

Em uma das maiores conferências da área, a OFC – Optical Fiber Conference – de 2002, os equipamentos produzidos por nossa empresa fizeram muito sucesso. Conseguimos fechar vários contratos com novos clientes que ainda estavam montando a infraestrutura da internet de alta velocidade. Empresas maiores tentaram comprar a nossa e poderíamos mesmo ter ganhado muito dinheiro, mas o conselho de administração não quis vender. Queriam segurar a empresa mais um ano e só então colocar as ações na bolsa de valores. Ganharíamos muito mais assim, provavelmente três ou quatro vezes mais.

Por pouco não ficamos ricos, mas havíamos entrado tarde demais nessa corrida e, olhando para trás, fica óbvio que não dava para esperar mais um ano. Com os ataques terroristas em Nova York, o "estouro da bolha" da internet se consolidou e aquilo que parecia somente um ciclo de contração tornou-se uma recessão profunda nos Estados Unidos. Não soubemos interpretar os indícios de que tudo iria por água abaixo e corremos riscos demais. Menos de um ano depois da nossa demonstração na OFC, todo o nosso grupo foi demitido e fecharam essa área de desenvolvimento na empresa, que passou a se concentrar em telefones celulares e internet sem fio. Dezenas de milhares de engenheiros nos Estados Unidos perderam o emprego nessa época e eu fui um deles. Se meu visto de trabalho estivesse ligado àquela empresa, teria sido quase impossível arranjar um novo emprego e mesmo continuar no país.

Depois desses altos e baixos, estava eu novamente à procura de emprego. Eu não queria mais contratos temporários. Minha esposa estava trabalhando como pós-doc na UCLA, com um neurocientista famoso. Uma de suas colegas de trabalho era a esposa de um engenheiro do JPL, na verdade o engenheiro-chefe de uma das missões espaciais. Fui apresentado a ele, que foi muito prestativo, analisando meu currículo e me enviando os contatos de doze pessoas de lá que poderiam ter interesse em me contratar, agora que já tinha resolvido a questão do visto. Mandei meu currículo e um e-mail individual para cada um, pedindo a oportunidade de uma entrevista de emprego. Não recebi nenhuma resposta. A maré tinha virado e dezenas de engenheiros e cientistas estavam tentando voltar para o JPL. Pelo jeito, conseguir um trabalho na NASA ia ser mais complicado do que eu pensava.

Apesar das dificuldades que o setor estava enfrentando, em um mês consegui uma nova posição, fazendo quase a mesma coisa que antes, dessa vez em uma empresa maior, de telecomunicações por fibra óptica. Era uma companhia que fazia o contrário da outra: produzia somente equipamentos de baixa tecnologia, menor velocidade, com um controle rigoroso de custos. Seus produtos não eram os mais baratos no mercado, mas eram de excelente qualidade, por isso tinham muitos clientes antigos e um modelo de negócios bem estabelecido. Em pouco tempo fui promovido a gerente de processos, com um grupo de quinze engenheiros sob minha responsabilidade. A empresa produzia mais de 1 milhão de dólares de produtos por semana e o trabalho da nossa equipe era aprimorar os processos e desenvolver outros para melhorar a qualidade, baixar custos e aumentar a produtividade. Fizemos tudo isso e mais. Conseguimos avanços importantes em automação, o que me rendeu um bônus de 25% do meu salário anual no fim do segundo ano!

Aproveitei essa época para comprar um apartamento no bairro de Westwood, uma área excelente de Los Angeles, onde fica a UCLA. É claro que eu não tinha dinheiro, mas naquele tempo concediam empréstimos para qualquer um – os chamados *subprime*. Nos primeiros dois anos, o valor da mensalidade seria fixo, mas depois disso iria subir uma vez por ano. Alguns amigos logo me avisaram que provavelmente minha mensalidade subiria 50% logo no terceiro ano. Por isso eu tinha de me preparar e refinanciar a dívida a partir do terceiro ano, passando para um empréstimo fixo. De qualquer forma, pagaria mais daí para a frente, porém o valor seria fixo por 30 anos. Durante os dois primeiros anos, se eu economizasse, se as taxas de juros não tivessem subido muito e se eu estivesse empregado – é claro –, poderia até fazer um bom negócio.

Eram muitos "e... se?", mas decidimos correr esses riscos mesmo assim. Deu tudo certo e continuamos morando no mesmo lugar até hoje. A maioria das pessoas que fez esse tipo de empréstimo não tinha condições de pagar as mensalidades quando elas subissem e provavelmente nem entendia direito o que estava fazendo. Os bancos que emprestavam o dinheiro iam acumulando milhares de empréstimos assim e os juntavam com outros de menor risco antes de revender esses "produtos" para grandes investidores, como fundos de pensão, outros bancos e grandes conglomerados financeiros. Quando a base dessa pirâmide falhou, quando os tomadores de empréstimos não puderam pagar as mensalidades que subiram demais, o castelo de cartas que haviam criado desmoronou. Os tomadores de empréstimos perderam suas casas, os investidores no topo da pirâmide perderam bilhões de dólares e houve uma quebradeira geral na economia americana, com reflexos no mundo todo até hoje. Como tínhamos informações mais claras e estávamos mais bem preparados, saímos ilesos. Para nós acabou sendo mesmo um ótimo negócio.

O trabalho nessa segunda empresa era tão bom quanto o anterior, com a vantagem de ser bem mais próximo de casa. Mesmo assim, eu às vezes trabalhava até as 9 ou 10 da noite, sem hora extra nem dias de folga. Nos Estados Unidos, somente os empregos manuais, que pagam por hora, têm direito a hora extra. Empregados com salário anual em geral têm uma remuneração mais alta, mas não têm direito a horas extras nem a qualquer proteção trabalhista. Praticamente não existe salário mensal nos Estados Unidos. O salário é combinado por ano, mas pago toda quinzena. Além disso, eu tinha somente dez dias de férias anuais, o que tornava viagens ao Brasil possíveis somente durante o fim do ano, quando combinava as folgas com os feriados de Natal e Ano-Novo.

Fiquei pouco mais de três anos nessa empresa, mas, no terceiro, já havia sinais claros de que meu emprego estava com os dias contados. Comecei a enviar novas versões do meu currículo para outras empresas, para sites de procura de emprego e até para alguns sites de conferências como a OFC e sociedades profissionais como a Optical Society of America, da qual eu era membro. Não obtive bons resultados, mas continuei tentando.

No meio de uma conversa com um dos engenheiros que desenvolvia softwares na minha equipe, recebi uma ligação de alguém que não conhecia. O sujeito perguntou se eu poderia falar naquele momento e já foi logo adiantando que estava ligando do JPL e queria discutir oportunidades de emprego. Não demonstrei interesse demais, mas na verdade fiquei muito impressionado pelo que ele me disse logo no início: que havia encontrado meu currículo no site da OFC e achava que minha experiência com lasers de semicondutores e detectores de luz seria ideal para um projeto que ele estava patrocinando no JPL.

Ele queria contratar alguém com experiência nessa área para fazer estudos com lasers porque a NASA tinha interesse no assunto e estava patrocinando esse tipo de pesquisa em vários de seus centros. Lasers desse tipo haviam sido usados nas últimas missões e infelizmente tinha havido muitos problemas. O satélite Icesat, por exemplo, mandado para a órbita terrestre com um altímetro a laser, tinha três lasers redundantes, de modo a garantir que ao menos um deles funcionasse. O primeiro operou por apenas 38 dias e falhou devido a problemas com a estrutura mecânica que o acomodava. O segundo operou por três períodos de mais ou menos 33 dias cada e falhou também. O terceiro ainda estava funcionando, mas os operadores do satélite estavam com muito medo de que ele também pifasse. Além disso, desde a época das naves Apollo 15, 16 e 17, muitos lasers tinham falhado no espaço.

Queriam então me oferecer uma entrevista de emprego no Jet Propulsion Laboratory para ir trabalhar em colaboração com outros centros da NASA. O intuito era especificar um conjunto de testes que pudessem ser feitos na Terra para garantir que os lasers iriam funcionar no espaço. Era provável que esse trabalho durasse um ou dois anos, mas ele me disse que nesse meio-tempo outros projetos deviam aparecer por lá e eu não tinha de me preocupar em perder o emprego. Fui fazer a entrevista e gostei muito do pessoal e da possibilidade de trabalhar com lasers no JPL. Pelo que me disseram, havia outros candidatos, mas me dariam uma resposta dentro de uma semana. Saí de lá achando que minhas chances eram muito boas. Como meu emprego na empresa de fibra óptica não estava muito seguro, decidi que, se me oferecessem mesmo algum cargo, eu provavelmente iria aceitar. Depois de uns 10 dias recebi o e-mail a seguir:

De: Andrew
Enviada em: sexta-feira, 14 de outubro de 2005 8:04
Para: Ivair Gontijo
Assunto: Re: Oportunidades no JPL?

Ivair,
Infelizmente, devido a reestruturações na sede da NASA, o orçamento do JPL para este ano será um pouco menor do que o esperado.
Isso causou uma suspensão nas contratações aqui por pelo menos seis meses.
Nós estamos muito interessados em que você venha trabalhar conosco, mas não podemos fazer nada no momento.
Por favor, mantenha contato. A necessidade de longo prazo não desapareceu e mais cedo ou mais tarde nós precisaremos de alguém com as suas habilidades.
Tudo de bom,
Andrew

Fiquei decepcionado e achei a desculpa estranha, principalmente porque ainda me dava esperanças para o futuro. Essas promessas nunca se materializam. Preferia que tivessem me dito claramente que haviam decidido contratar outro candidato. Decidido a não me preocupar mais com aquilo, continuei meu trabalho e segui buscando outras oportunidades de emprego.

A empresa onde eu trabalhava foi a última a fabricar seus componentes para comunicação por fibra óptica na Califórnia; todos os concorrentes já haviam estabelecido suas operações na China. Nossos clientes começavam a nos pressionar e dizer que não iríamos sobreviver com os custos que tínhamos. Apesar de os três fundadores da empresa não terem a menor intenção de mudar para a China, quem manda mesmo é o conselho de administração e isso foi inevitável. Pouco tempo depois, fui informado de que seria demitido dali a dois meses e meio. Foram até generosos, porque na Califórnia temos emprego *at will*, o que quer dizer que qualquer empregado pode ser despedido a qualquer hora, sem aviso prévio e sem gastos especiais para a empresa. Funcionários também podem sair a qualquer hora, embora seja costume dar um aviso à empresa com uma ou duas semanas de antecedência. O fato de me manterem por tanto tempo foi para que eu tivesse oportunidade de arranjar outro trabalho e se deveu ao meu "bom nome" na companhia.

É horrível perder um emprego, mas é muito pior quando isso acontece fora do país da gente. Longe da família, dos amigos ou de um grupo de apoio, só temos nossas próprias habilidades e nossos contatos profissionais. Quando a gente toma um tombo assim, é preciso muita concentração e muito esforço para conseguir subir de novo nessa corda bamba. Durante os últimos meses de trabalho, passei a maior parte do tempo conversando com contatos, reescrevendo meu currículo e fazendo de tudo para conseguir outra colocação, para sair da empresa já empregado.

Infelizmente, não deu certo. Meu tempo acabou antes que eu conseguisse um novo trabalho. Essa foi uma das épocas mais difíceis nos Estados Unidos. Depois da UCLA e de dois empregos muito bons na área de fibra óptica, eu estava novamente desempregado, com experiência e conhecimento profundos em uma área em franca deterioração. Não era o único nessa situação: milhares de outros engenheiros passavam pela mesma coisa. Isso na verdade só criava mais apreensão, pois significava mais competição. Mesmo que conseguisse outro emprego na área de telecomunicações por fibra óptica, não havia nenhuma garantia de que duraria mais que um ano antes que o próximo empregador decidisse mudar tudo para a Ásia também.

Tendo sido acostumado desde a infância a não esperar ajuda de ninguém, a achar minhas próprias soluções e encontrar meu próprio caminho, me concentrei no futuro e procurei anular o passado recente. Passei então a abrir ao máximo o leque de oportunidades e me candidatar a posições em áreas em que eu não tinha muita experiência.

Foi assim que, um dia, vi o anúncio de um emprego no website da empresa Staar – Surgical Technology And Applied Research. Queriam contratar um engenheiro para projetar lentes para cirurgias de catarata, ou seja, lentes para serem implantadas no olho humano. Devido à minha formação em física, eu tinha um conhecimento muito bom de óptica e, durante meu trabalho nas empresas de fibra óptica, usara um software especializado para cálculos e otimização de lentes. Estávamos naquela época interessados em transferir o máximo de luz de dentro das fibras ópticas para os detectores de luz. Isso era feito através de lentes que não eram da melhor qualidade, então estávamos tentando ver o que poderíamos fazer para melhorar a transferência de luz sem aumentar o preço do produto.

Eu nunca tinha feito cálculos de lentes a serem implantadas no olho humano, mas não tinha a menor dúvida de que seria capaz. Além disso, seria muito bom abandonar a área de telecomunicações por fibra óptica, que já não estava mais em expansão. A grande dificuldade seria convencer essa empresa a me conceder uma entrevista, já que eu não tinha experiência. As chances de conseguir esse emprego eram muito pequenas, mas, se não tentasse, seriam nulas.

Em uma sexta-feira de manhã, menos de uma semana depois de enviar meu currículo para eles, recebi uma ligação do vice-presidente de pesquisa e desenvolvimento e fiz uma entrevista por telefone. Foi tudo bem e ele me convidou para ir até a empresa fazer uma entrevista pessoalmente na segunda-feira seguinte. Ele me deu também algumas dicas sobre o novo tipo de lente que queriam produzir e eu já fui logo me oferecendo para dar uma palestra de uma hora sobre como poderíamos realizar tal projeto. Passei então o fim de semana pesquisando, achei um artigo científico descrevendo o melhor modelo óptico do olho humano e o recriei em software. Fiz vários cálculos detalhados mostrando como e onde colocaríamos a nova lente no olho. Produzi figuras que mostravam resultados promissores. Preparei minha apresentação e lá fui eu com a cara e a coragem. Consegui convencê-los e, em uma semana, já estava contratado para o cargo de engenheiro óptico e chefe do grupo de pesquisa e desenvolvimento, com sete engenheiros sob minha responsabilidade!

Meses depois, meu chefe me contou um detalhe interessante sobre a contratação. O filho dele era casado com uma brasileira, de Minas Gerais. Então, quando viu que eu era de Minas, foi logo perguntar à nora sobre aquela universidade que aparecia no meu currículo, a UFMG, de que ele nunca tinha ouvido falar. Perguntou se ela achava que ele deveria pelo menos fazer uma entrevista por telefone comigo. A resposta foi algo como: "O pessoal da física da UFMG é tão bom que eles podem quase 'andar sobre a água'!"

Nunca conheci essa brasileira que me ajudou a conseguir a entrevista nem aprendi a "andar sobre a água", mas fizemos coisas importantes por lá. Há mais de um milhão de pessoas no mundo todo com implantes de lentes que foram projetadas por mim e produzidas pela empresa em suas duas fábricas, que ficam na Califórnia e na Suíça.

Passados uns sete meses da minha contratação, estávamos tocando vários projetos, desenvolvendo inovações em quase todas as linhas de produtos. A maioria das lentes era produzida uma a uma, cortada com ferramentas de diamante natural. Outras duas linhas de produtos mais antigas eram de lentes moldadas e, como queríamos melhorá-las também, teríamos de refazer os moldes, o que custaria uma fortuna. No entanto, conversando com o meu chefe e com engenheiros do meu grupo, chegamos à conclusão de que talvez fosse possível mudar somente a metade deles, o que conseguimos fazer, gerando uma economia de milhões de dólares para a empresa e transformando essas linhas de produtos.

No meio de tanto trabalho, recebo em casa um e-mail com o assunto *"Freeze Over"*. Minha primeira reação foi apagar a mensagem sem nem ler, porque não sabia do que se tratava. Pensei que fosse mais um daqueles e-mails oferecendo algum produto ou serviço. Depois, fiquei com a impressão de que aquele título me soava meio familiar e resolvi olhar na caixa de mensagens apagadas, e deparei com a seguinte mensagem:

De: Andrew
Enviada em: quarta-feira, 3 de maio de 2006 17:42
Para: Ivair Gontijo
Assunto: Fim da suspensão

Ivair,
Nossa suspensão de contratações no JPL chegou ao fim e estamos interessados em falar com você sobre o cargo para o qual foi entrevistado anteriormente.

Por favor, nos informe se ainda está interessado.
Obrigado,
Andrew

Para meu espanto, constatei que ela vinha do JPL. O autor da mensagem, o mesmo engenheiro que havia entrado em contato comigo quase um ano antes, me dizia que finalmente tinham voltado a contratar e ele queria que eu fosse lá para uma nova entrevista se ainda estivesse interessado.

Fui. Fiz. Ofereceram-me o emprego, inclusive com um salário 15% maior do que eu recebia na empresa de lentes.

E agora? Como largar todos aqueles projetos de lentes de catarata no meio? O trabalho estava indo muito bem e os primeiros moldes para testes, que haviam custado 25 mil dólares, iriam chegar na semana seguinte. Se eu abandonasse tudo aquilo, até que a empresa conseguisse contratar outra pessoa se passariam no mínimo seis meses. Na pior das hipóteses, tudo aquilo iria se perder e eles teriam de recomeçar do zero; de qualquer forma, todos aqueles projetos na empresa iriam ficar muito atrasados.

Por isso, antes de aceitar a nova oferta de emprego, fiz algumas sondagens no JPL, para saber se seria possível continuar trabalhando para a outra empresa fora do meu horário na NASA, durante a noite e nos fins de semana. Foram conversar com o departamento de recursos humanos e concluíram que, como o trabalho nessa empresa não tinha nada a ver com o da NASA, não haveria conflito de interesses. Então não viam nenhum empecilho à minha ideia de conciliar os dois lados, contanto que isso não me atrapalhasse durante o dia.

A seguir conversei com a empresa de lentes e disse que estava saindo, mas poderia continuar trabalhando nos projetos à noite e nos fins de semana. Gostaram da ideia. Combinamos que eu continuaria até terminar aqueles projetos. Mas, como nossas novas lentes fizeram um enorme sucesso, depois eles acabaram me dando outras coisas para fazer em casa à noite e durante os fins de semana. Quando contei para um amigo americano que estava conciliando esses dois trabalhos, ele disse, brincando:

– Está vendo? É por isso que precisamos de leis de imigração mais rígidas! Precisamos evitar que gente como você venha para cá tomar o emprego de dois americanos!

Eu esperava ficar nessa dupla jornada por apenas seis meses – não pelos nove anos que acabou durando!

Coordenadas

[1] UCLA, Universidade da Califórnia em Los Angeles – coordenadas terrestres: 34°04'06" N, 118°26'41" W.

14
Do sonho à realidade: a construção do Curiosity

Até hoje, de vez em quando, ainda colocamos as mãos na cabeça e dizemos uns para os outros que estamos impressionados por tudo aquilo ter dado certo! Para mim, o caminho para chegarmos até Marte começou quando me juntei ao projeto MSL. Eu havia sido contratado para trabalhar com lasers de semicondutores, mas, depois de uma semana, viram que eu poderia fazer mais.

Logo nos primeiros dois ou três dias de trabalho no JPL, deu para notar a comoção e a correria em nosso departamento. Eu havia sido contratado para trabalhar em um grupo chamado "Advanced Electronics Fabrication and Packaging", que é o responsável por transformar projetos em realidade. Meus colegas desse grupo até hoje brincam dizendo que frequentemente os projetos não merecem esse nome, pois na verdade são pouco mais que sonhos e muitas vezes chegam à equipe em um estágio inicial, com muitos problemas, precisando ainda de muito trabalho de desenvolvimento para que sejam implementados. Por isso dizíamos que transformávamos sonhos em realidade. Nessa seção, circuitos eletrônicos previamente projetados e simulados em computador são transformados em elaborados layouts, que mostram o tamanho, a posição e as conexões elétricas de cada componente real. O layout é então enviado para uma das muitas empresas que produzem placas de circuito impresso, para fabricação.

Muitas vezes é impossível fazer conexões elétricas entre os componentes em uma única camada na placa do circuito porque as linhas de metal iriam se cruzar umas com as outras, causando curtos-circuitos. Imagine uma estação de metrô onde dezenas de linhas se cruzam – como a Victoria Station, em Londres, onde linhas de metrô e de trem se encontram. Uma vez que existem linhas demais, é impossível fazer com que todas transitem no mesmo nível. A solução é desviar algumas mais para o fundo, por isso existem três andares, ou três níveis de túneis com profundidades diferentes na estação. Para que todas as 19 linhas de trem na Victoria Station sejam acomodadas, algumas estão na camada de cima, outras na intermediária e outras ainda no nível mais profundo. Assim os trilhos e trens não estão todos no mesmo nível e frequentemente as pessoas têm de sair de um trem e descer ou subir para outro andar, para pegar o próximo.

Nas placas de circuito impresso existe o mesmo problema topológico por causa do grande número de conexões elétricas entre os componentes. Nesses casos, usamos a mesma solução do metrô, criando também uma estrutura tridimensional na placa de circuito impresso, com camadas de linhas elétricas separadas por camadas isolantes (no caso do metrô, a camada isolante é formada por muitos metros de terra entre um túnel e o próximo, abaixo dele). É comum, por exemplo, uma placa de circuito impresso com quatro ou seis camadas. No projeto do MSL, no entanto, nosso departamento teria de produzir placas com até 21 camadas – quase um arranha-céu de ligações elétricas! Centenas de componentes, alguns com mais de mil conexões elétricas, precisavam ser conectados uns aos outros, resultando em dezenas de milhares de linhas elétricas entre eles. Uma placa tão complexa seria difícil de fabricar e, provavelmente, desnecessária. Seria muito mais fácil separar o circuito em duas partes, montando-o em duas placas, mas não conseguimos convencer os projetistas a fazerem nenhuma mudança. Então concordamos em lhes entregar o que estavam pedindo, mas isso custaria muito mais caro e traria mais riscos ao projeto. Estamos acostumados a resolver problemas técnicos desse tipo, por isso somos engenheiros: gostamos de problemas e desafios. Se essas questões não existissem, o mundo não precisaria de engenheiros.

Quando o fabricante nos envia de volta uma placa, ela ainda não tem componente nenhum; só as conexões elétricas, em camadas com linhas de cobre separadas por camadas isolantes. Essas linhas metálicas seguem até os pontos em que os terminais (ou "perninhas") dos componentes eletrônicos serão soldados. Porém, antes disso, a placa precisa ser testada. Só então ela é preenchida pelos componentes eletrônicos, que são montados e soldados nela por equipamentos automatizados de última geração. Até aí não há nada de mais. Esse departamento de fabricação eletrônica fazia isso todo dia havia muitos anos.

Os grandes problemas eram outros. O pessoal da nossa seção estava assustado com o trabalho que tínhamos pela frente. Havíamos perdido muita gente ao fim da construção do Spirit e do Opportunity, a grande missão anterior para Marte. Em nossa organização, o JPL, trabalhamos em projetos o tempo todo. No final da semana, cada empregado no laboratório tem que atribuir suas horas trabalhadas a algum projeto – aquele que vai pagar seu salário. Por isso estamos perpetuamente procurando o que fazer e, ao fim de um grande projeto, se não houver outros para absorver a mão de obra, é inevitável que algumas pessoas percam o emprego. Portanto, o tamanho da seção havia sido reduzido e agora uma montanha de trabalho era despejada sobre os funcionários. A impressão que tínhamos era que o projeto MSL havia dedicado tempo demais ao planejamento e, agora, o tempo para efetivamente construir o equipamento todo era curto demais. Em menos de dois anos, a seção teria de produzir mais de 180 tipos diferentes de placa de circuito impresso com qualidade para voo espacial – que é a mais alta que existe, acima inclusive da qualidade usada na aviação civil ou nas forças armadas.

Além disso, o mesmo grupo teria de projetar e construir as caixas metálicas que acomodariam tudo isso, sem deixar de fora os conectores elétricos que fariam as ligações externas com o resto da espaçonave. Os cabos elétricos seriam nossa responsabilidade também e muito provavelmente o número de placas, de caixas e de circuitos eletrônicos iria crescer quando os inevitáveis problemas começassem a aparecer. A opinião de todos, no entanto, era: "Este é o tipo de problema que queremos ter sempre – trabalho de mais, não de menos." Havia, portanto, muita energia e muito otimismo no ar, apesar da pressão. O pessoal no departamento estava acostumado a transformar sonhos em realidade, mas achava que a liderança desse projeto havia sonhado muito e alto demais. Engenheiros e técnicos com experiência em instrumentação e fabricação eletrônica avançada não são fáceis de contratar. Por isso estávamos em polvorosa, com gente correndo para todo lado, salas de reuniões sempre cheias, telefones ocupados.

Eu não tinha nada a ver com aquilo tudo, porque havia sido contratado para trabalhar com lasers, mas, uma semana depois de começar nesse ambiente dinâmico do JPL, meu chefe me chamou à sua sala. Ele me perguntou se eu não poderia ajudar com a parte de radiofrequência ou micro-ondas, porque nossa seção também deveria construir os transmissores e receptores do radar que iriam controlar o pouso do MSL em Marte. Se eu aceitasse sua proposta, ainda seria responsável por outros dois componentes de alta frequência do radar. Os transmissores e receptores funcionam quase como o "coração" do radar, porque são eles que enviam os pulsos de micro-ondas (similares a pulsos de luz) para as antenas que têm a função de irradiá-los para baixo, à procura do solo marciano. Se o sinal encontra o solo, parte dele é refletida de volta, captada pelas antenas e mandada para o circuito de recepção. Medindo o tempo desde que o sinal sai do transmissor até sua reflexão ser captada pelo receptor, o radar poderia calcular a distância até o solo e passar essa informação para o computador que controlaria os retrofoguetes no estágio de descida. Assim poderíamos diminuir a velocidade da espaçonave de forma a fazermos um pouso suave, com o veículo finalmente tocando o solo com suas rodas. Meu supervisor foi logo dizendo:

– Esse radar é essencial e, se os transmissores e receptores não funcionarem, o resto (veículo e instrumentos) será irrelevante, porque não vai sobreviver à descida em Marte. A pressão será enorme e esse será um trabalho de muita visibilidade.

A equipe tinha técnicos muito bons, que saberiam o que fazer para montar os dispositivos eletrônicos, mas não havia ninguém com conhecimento suficiente de micro-ondas para trabalhar com os projetistas de circuitos e com os analistas que iriam fazer os cálculos térmicos e de estrutura mecânica dos transmissores. A especialidade da seção eram os circuitos digitais – que são muito complexos, mas funcionam em frequências muito mais baixas do que esses componentes do radar. Teríamos ainda de levar em conta a vibração do foguete durante a decolagem, as possíveis variações de temperatura, além de um número enorme de outros detalhes, para construir esses módulos do radar de forma que sobrevivessem e funcionassem em todos os ambientes hostis por onde iriam passar. Precisavam também de alguém que soubesse especificar componentes eletrônicos de micro-ondas, projetar as linhas de transmissão para o sinal elétrico passar de um circuito para outro, comprar todos os componentes e mandar testá-los de acordo com padrões para voo espacial. Essa pessoa ficaria igualmente responsável por projetar e construir as caixas metálicas com seus conectores elétricos para os circuitos de micro-ondas, precisando então trabalhar também com nossa oficina mecânica e com fornecedores externos do laboratório.

– Então precisamos de um bom gerente de projetos que tenha o conhecimento técnico suficiente em micro-ondas para tomar a frente disso tudo e transformar sonhos em realidade – disse ele por fim.

Essas coisas raramente acontecem comigo, mas essa foi uma das poucas ocasiões em que eu estava no lugar certo na hora certa. Eu disse para ele que tinha o conhecimento técnico suficiente e havia feito coisa bem parecida em meus empregos anteriores em empresas de comunicações por fibra óptica, onde trabalhávamos com frequências de até 50 GHz (giga-hertz). Como o radar funcionaria na faixa de 35 GHz, eu encontraria mais ou menos os mesmos desafios do ponto de vista elétrico, mas seria mais fácil do que os projetos em que havia trabalhado antes. Minha experiência liderando grupos de engenheiros e processos nessas empresas também me qualificavam como um bom gerente; então eu aceitaria com prazer liderar a equipe que iria construir "o coração" do radar para a descida em Marte. Depois de tudo acertado, quando eu já estava saindo da sala, ele me chamou de volta e disse:

– Esqueci de mencionar, mas você terá de continuar com seu trabalho com os lasers também. Afinal, foi para isso que foi contratado. Depois tentaremos arranjar alguém para ajudá-lo com isso. É claro, não haverá nenhuma mudança ou aumento no seu salário por enquanto, mas, se você se sair bem, suas chances aqui vão aumentar bastante. Espero que concorde com essas condições.

– Ok – respondi e fui embora para começar o trabalho, já sabendo que não haveria ajuda tão cedo com os lasers e eu teria duas grandes responsabilidades no JPL, além de continuar projetando minhas lentes de catarata à noite e nos fins de semana. Não sabia se haveria horas diárias suficientes nem se teria tempo de dormir.

No dia seguinte, tivemos uma reunião com o pessoal do projeto MSL em que me fizeram perguntas por uma hora sobre como iria organizar tudo aquilo. No final deram-se por satisfeitos, pois finalmente tinham alguém, um "ponto de contato", que ficaria responsável por tudo relacionado aos transmissores/receptores e ao conversor de frequências do radar. Eu também tinha muitas perguntas, o que pareceu tê-los convencido de que sabia do que estava falando. Logo na primeira semana vi que tínhamos vários problemas com o circuito de micro-ondas. No ponto em que estava o projeto, ele não poderia ser construído, não iria funcionar. Havia também problemas com os projetistas, que levei ao conhecimento do meu supervisor, que, por sua vez, os repassou à liderança do projeto. Nenhuma providência foi tomada sobre isso, o que nos atrasou alguns meses até que mudanças de pessoal fossem feitas.

Fui então informado de que havia trabalho demais em nossa seção e não havia nenhum engenheiro para projetar as caixas metálicas. Ninguém poderia me ajudar com aquilo. Não haviam me contado esses detalhes inicialmente, mas espera-se que um bom gerente de projetos encontre soluções para problemas assim. Por isso os cálculos estruturais e térmicos, além do trabalho de CAD (Computer Aided Design) para as caixas metálicas foram terceirizados para uma empresa aeroespacial em Pasadena.

A oficina mecânica do JPL não estava em situação melhor que a seção de fabricação eletrônica. De fato, estava sobrecarregada com a estrutura mecânica do veículo para Marte e com os estágios de cruzeiro e de descida no planeta. Então cheguei lá com mais trabalho para eles, pedindo uma precisão de 25 mícrons nas dimensões das cavidades internas das caixas metálicas – coisa essencial em engenharia de micro-ondas. Eles não teriam muita dificuldade com isso, mas simplesmente não tinham como aceitar mais trabalho. Como eu tinha muitos contatos externos, levei o trabalho para uma oficina mecânica que também fazia soldagens a laser próxima a San Jose, no vale do Silício.

Todas as quartas-feiras, pela manhã, tínhamos reunião no JPL, quando a maioria do pessoal envolvido nessas tarefas comparecia ou participava por telefone, além de representantes do projeto MSL – nossos clientes. Mesmo em ciência e engenharia, decisões não são completamente determinadas. Não existe uma única maneira correta de fazer as coisas; inevitavelmente diferenças de opinião sobre como enfrentar e resolver problemas aparecem. Não foi fácil manter esse grupo diverso de engenheiros trabalhando uns com os outros, com todas as discussões e a pressão devido ao tempo muito curto de que dispúnhamos para projetar, construir, testar e entregar os transmissores/receptores e conversores de frequência do radar.

Apesar das diferenças, todos concordavam que não havia problemas pessoais, mas sim técnicos e profissionais. Essa foi uma época de muito estresse para todos e às vezes membros da liderança do projeto MSL participavam da nossa reunião de quarta para nos "ajudar". Na verdade, eles só se envolviam em áreas que estavam em risco de não terminar sua parte a tempo. Estivemos umas duas ou três vezes na lista de riscos, ou seja, o projeto MSL foi informado de que o radar poderia atrasar e não ficar pronto para o lançamento em 2009. Apesar da pressão, eu continuava mais ou menos confiante de que entregaríamos nossa parte dentro do prazo.

Especifiquei as linhas de transmissão para transporte do sinal de micro-ondas de um componente eletrônico para outro e enviei uma ordem de compra de 57 itens para uma empresa especializada da área. O ideal seria comprar uma pequena quantidade de cada tipo de componente, construir protótipos e testá-los. Se tivéssemos problemas, faríamos então modificações e mandaríamos fabricar outros componentes para podermos montar uma segunda geração de módulos a serem incluídos no radar que iria para Marte.

Infelizmente, a mecânica celeste não espera por ninguém e não iria esperar que resolvêssemos nossos problemas técnicos e de cronograma. A janela de lançamento em setembro de 2009 estava se aproximando rapidamente e concluímos que não teríamos tempo de fazer as coisas assim. Nossa opção, portanto, era projetar tudo da melhor forma possível, checar e rechecar ao máximo e fazer uma compra só – todos os componentes para os protótipos e para os transmissores que iriam para Marte de uma só vez. Resolvemos então o problema de cronograma aceitando mais risco. Agora teríamos de fazer tudo certo da primeira vez, porque, se aqueles dispositivos tivessem erros de projeto ou de fabricação, não teríamos nada pronto e funcionando ao final do trabalho, nem mesmo protótipos.

A empresa que escolhi para produzir esses componentes já fazia parte da lista de fornecedores aprovados pelo JPL para produzir dispositivos para voos espaciais. Além disso, era gente que eu já conhecia, pois havia trabalhado com eles na época em que atuava na área de telecomunicações por fibra óptica. Em nosso grupo no JPL, havia um controle rigoroso de cronogramas, com datas para entregas de componentes que eu informava aos meus supervisores e aos representantes do projeto MSL que participavam das reuniões semanais. Fui obrigado a "forçar a barra" com essa empresa e insistir que entregassem os componentes em três semanas, enquanto eles diziam que o melhor prazo para fazê-los seria de quatro semanas. Relutantemente concordaram em fazer o trabalho em três semanas. Porém, depois de duas semanas, quando liguei para saber como estavam se saindo com nossos componentes, eles me disseram que iriam atrasar.

Se não entregassem a tempo, isso nos causaria sérios problemas. Por fim prometeram fazer o melhor que pudessem. Quando o prazo acabou e os componentes não chegaram, entrei em contato de novo e me disseram que não poderiam entregar nem em quatro semanas – agora precisariam de cinco!

Conversei até com o presidente da empresa, mas não houve jeito. Disseram que "não iriam concordar com datas que depois não conseguiriam cumprir". Apesar de nossa ordem de compra de 57 itens, a quantidade de cada componente era pequena para eles, pois tinham grandes ordens de compra de outros clientes, outras empresas em expansão, que compravam todo mês. Eu podia entender que, do ponto de vista deles, aqueles eram os clientes com maior prioridade. Nós do JPL provavelmente levaríamos anos para comprar mais. Quando informei isso ao projeto MSL em uma das reuniões de quarta-feira, a informação foi repassada aos quatro níveis de gerência acima de mim. Naquela tarde recebi visitas do meu chefe, do chefe dele e do vice-diretor da divisão, que vieram me "explicar" a importância de estar com aqueles componentes na data combinada. Todos eles haviam recebido ligações das mais altas lideranças do projeto pedindo providências.

– Eu já sei da importância. Pelo nosso cronograma, se entregarem os componentes em quatro semanas, isso não nos atrasa em nada, porque temos um pouco de margem de manobra. Se forem entregar em cinco semanas, isso vai nos causar um pequeno atraso, porque ainda temos de testar esses componentes antes de usá-los. Eu gostaria então de visitar a empresa pessoalmente e tentar convencê-los.

– Entrega em cinco semanas é inaceitável. Compre as passagens ainda hoje. Esteja lá na empresa amanhã de manhã. Resolva o problema – disseram.

Às 10 da manhã seguinte, depois de uma hora de voo e 40 minutos de carro, eu estava na sala do presidente da empresa conversando com ele sobre nossa ordem de compra. Pedi para falar com o pessoal dele e mostrar a simulação da nossa ida para Marte e do que estávamos tentando fazer.

– Vou chamar os dois gerentes das áreas envolvidas, você pode conversar com eles – disse.

– Não, não, não! Eu quero mostrar isso para o pessoal da produção também. Quero que todas aquelas mulheres que trabalham lá na linha de produção e que vão fabricar nossos componentes estejam presentes também. É essencial que elas façam parte dessa conversa – respondi.

Nessa hora, eu estava lá como "o homem da NASA/JPL" e como cliente dele. Isso tem um peso grande e, meio a contragosto, ele acabou concordando. Em meia hora lá estava eu na frente de umas 50 pessoas, inclusive gerentes de produção e o pessoal que realmente estava produzindo nossos componentes. Haviam montado um projetor no refeitório e eu lhes mostrei o vídeo com a simulação da entrada na atmosfera, da descida e do pouso do nosso veículo em Marte. Você pode ver esse mesmo vídeo procurando no YouTube por "MSL EDL". Ao fim da exibição, muitos aplaudiram. Dava para ver no rosto daquelas pessoas o entusiasmo e a apreensão com o que estávamos tentando fazer. Com as luzes principais do refeitório ainda apagadas, improvisei uma história:

– Nós vamos colocar esse veículo em Marte e vocês são uma parte essencial disso. Sem os componentes que estão fabricando para nós, não temos como fazer o radar funcionar e nada disso vai para a frente. Por isso esse é o trabalho mais importante que vocês já fizeram. É provável que nunca voltem a fazer algo tão importante. Daqui a 2 mil anos ninguém vai saber que nenhum de nós existiu. Até nossos ossos terão se esfarelado e voltado ao estado mineral. No entanto, é possível que arqueólogos humanos estejam trabalhando em Marte, e eles vão achar essas espaçonaves antigas enterradas nas dunas marcianas. Se lá ainda não houver oxigênio, todas essas coisas que mandamos estarão preservadas e tão novas quanto no momento em que saíram da Terra. Eles vão pegar partes da nossa espaçonave, ficar maravilhados e dizer uns para os outros: "Olhe, isso é de antes da revolução 'biopicoeletrônica'.* É um exemplo da tecnologia mais primitiva já encontrada até hoje! Ainda assim as mãos e mentes do passado não eram totalmente ignorantes. Apesar de sua tecnologia primitiva, as pessoas que construíram isto sabiam o que estavam fazendo. Mesmo com estes instrumentos rudimentares, conseguiram chegar até o planeta Marte naquela época dos grandes descobrimentos!"

Continuei dizendo a eles que estávamos em um ponto difícil do projeto MSL e precisávamos muito dos componentes que estavam construindo. Não poderíamos esperar mais duas semanas nem atrasar a conclusão do radar, caso contrário colocaríamos toda a missão em xeque, correndo o risco de não sair da Terra em 2009.

– Quero que vocês deem o melhor de si para construir esses componentes com a melhor qualidade de que forem capazes no menor tempo possível. Confio que vocês vão terminá-los em uma semana. Três níveis de gerência acima de mim lá no JPL me mandaram aqui hoje para pedir urgência.

Silêncio absoluto. As pessoas não queriam falar nada, mas também não se levantaram. Pedi que acendessem as luzes e me dispus a responder às suas perguntas. Houve algumas, mas não muitas. Estavam meio atordoados com nossa simulação da chegada em Marte. Aquela tinha sido a primeira vez que viam como seus componentes seriam usados. Quando estávamos saindo da sala, uma das mulheres que trabalhavam na linha de produção colocou a mão em meu braço, me olhou bem nos olhos e disse:

– Obrigada. Boa sorte.

---

* Até cerca de 30 anos atrás, falávamos em microeletrônica. Hoje estamos na era da nanoeletrônica, porque os componentes de hoje têm estruturas mil vezes menores. A "picoeletrônica" não existe ainda e seria novamente mil vezes menor. Não é difícil imaginar que a nanociência e a nanoeletrônica vão evoluir para a picoeletrônica e se juntar à biologia molecular, criando uma nova ciência, algo como a biopicoeletrônica. Ainda não podemos sequer imaginar os tipos de máquina e inteligência que serão possíveis quando tivermos a capacidade de construir componentes e computação com moléculas.

Interpretei que ela havia entendido a enormidade do que estávamos tentando fazer e que também se sentia parte daquela empreitada de levar um veículo robotizado para Marte. Se todos naquela sala estivessem pensando da mesma forma, minha viagem daria bons resultados. Não sei se foi boa vontade dos empregados ou pressão dos gerentes de processos e produção da empresa, mas houve um remanejamento de prioridades e, em três dias, me ligaram dizendo que estavam despachando os componentes para nós! Agradeci muito à pessoa que me ligou e pedi que também agradecesse ao presidente da empresa e aos empregados pelo empenho. Garanti que do nosso lado estávamos trabalhando para fazer daquela missão um grande sucesso e que aquelas pecinhas iriam parar no planeta Marte e durar muitos séculos. Daí em diante, toda vez que eu propunha uma data de entrega de algum componente e o meu supervisor achava que o tempo era curto demais, eu brincava dizendo que ele estava "subestimando a minha capacidade de persuasão".

Desafios técnicos

Construímos então os dois primeiros protótipos dos transmissores e receptores do radar, que foram testados e funcionaram a contento, apesar de ainda precisarem de alguns ajustes. Enquanto isso, a liderança do projeto MSL decidiu transferir a construção de todos os outros transmissores e receptores para outra empresa, porque não tínhamos pessoal suficiente para fazer isso e ainda dar conta de fabricar e montar mais de duzentos tipos diferentes de placas de circuito impresso – o número já havia aumentado. Com essa terceirização, eu continuaria responsável pelos componentes e pelo know-how da montagem, mas passaríamos os detalhes e componentes para esse outro fabricante.

Isso facilitou nossa vida porque, sem ajuda, realmente não teríamos como entregar os transmissores e receptores a tempo. A empresa fez um ótimo trabalho e produziu várias unidades que passaram pela qualificação de testes térmicos e de vibração – além das que foram usadas para montar um radar completo para testes, que nós chamamos de "módulo de engenharia". Em seguida foram montadas as unidades do "módulo de voo" que iria para Marte. Precisávamos de seis pares de transmissores/receptores para o módulo de voo e pedimos que eles produzissem oito, de forma que tivéssemos dois sobressalentes.

Em paralelo a esse processo, projetamos também o conversor de frequências para o radar. O projeto do circuito estava bem atrasado em relação aos transmissores e receptores, mas o pessoal envolvido era muito eficiente, de forma que foi possível recuperar o tempo perdido. Tínhamos mais liberdade para especificar as coisas da forma que achássemos melhor, o que em geral tornou mais fácil a construção dos conversores. O radar usa somente um conversor e os sinais dos seis pares de transmissores/receptores passam por ele. Por isso esse componente é seis vezes mais importante. Se falhasse, não importaria que todos os transmissores funcionassem corretamente. Fizemos mais um protótipo e a empresa construiu as unidades para o radar de testes e para o radar que iria no voo para Marte.

Ficou ainda sob minha responsabilidade a construção de outra caixa com os circuitos digitais que fariam o controle do conversor de frequência, além dos dispositivos de controle digital dos transmissores e receptores. Depois de mais de dois anos de trabalho e muitos testes minuciosos, entregamos os transmissores/receptores e o conversor de frequência para serem integrados ao radar do voo para Marte.

Só então começaram os testes com o radar completo do módulo de voo. Tudo estava indo muito bem até que um dos transmissores começou a apresentar um problema intermitente que foi ficando cada vez pior. Depois de uma semana, ele parou totalmente de funcionar. Os outros continuaram funcionando sem problema, inclusive os seis que estavam no radar de testes do módulo de engenharia. Como tínhamos mais dois sobressalentes, bastava trocar o que havia falhado, certo?

Não. Tínhamos que descobrir por que aquele transmissor havia falhado. Em uma missão cara como o MSL, com tanta gente e tantos detalhes envolvidos, era imprescindível encontrar a causa dos problemas ou corríamos o risco de algo muito sério dar errado. Nossa dificuldade era o fato de esses transmissores terem sido montados em uma sala limpa, com filtragem especial para remover partículas de poeira do ar – na verdade, um ambiente bem mais limpo que a ala cirúrgica de um hospital. Depois da montagem, a cavidade de micro-ondas, onde ficavam os dispositivos eletrônicos mais importantes, havia sido soldada a laser. Ela não fora projetada para ser reaberta. A tampa metálica teria que ser cortada no torno de uma oficina mecânica, porém isso contaminaria todos os dispositivos eletrônicos lá dentro e esse transmissor com certeza não poderia mais ser usado no radar.

Conversando com o pessoal da oficina mecânica que havia construído as caixas metálicas e soldado as tampas a laser, eles me ofereceram uma solução: tínhamos que remover cuidadosamente o material da soldagem na borda da tampa, como se fôssemos abri-la, deixando-a ainda presa no lugar por uma linha de apenas 50 mícrons de espessura – um pouco mais fina que um fio de cabelo. Assim a caixa não seria aberta no ambiente sujo da oficina mecânica. Poderíamos levá-la para uma sala limpa e, aí sim, usar um bisturi para cortar os últimos 50 mícrons de metal em volta da tampa e removê-la. Isso nos permitiria inspecionar o interior do transmissor. Em seguida seria necessário montar firmemente a tampa de volta de alguma maneira, de modo que pudéssemos voltar à oficina para remover os pequenos fiapos de metal que ficariam na borda cortada pelo bisturi. Depois seria possível soldar uma tampa nova sobre a cavidade de micro-ondas e pronto!

Quando fiz essa proposta ao pessoal de projeto do MSL, eles acharam muito complicado, mas não tinham outra opção senão concordar. Só não permitiriam que fizéssemos o procedimento em nossa oficina mecânica no JPL (que provavelmente nem aceitaria o trabalho, porque os funcionários continuavam ocupados demais com outras tarefas).

– Como foi essa outra empresa que construiu as caixas e soldou as tampas, são eles que devem fazer esse serviço lá na oficina deles – disseram.

Fazia sentido, mas essa solução trazia mais um problema: lá não havia uma sala limpa onde pudéssemos remover as tampas e trabalhar com os componentes. Era uma oficina mecânica, afinal de contas. Para piorar, a empresa ficava no vale do Silício, a uma hora de voo do JPL. Mesmo assim, a liderança do projeto decidiu que teríamos de levar o transmissor/receptor até lá para afinarem a borda da tampa, trazê-lo de volta para o JPL para abertura e inspeção na sala limpa e depois retornar à empresa, para limparmos as bordas de fiapos metálicos na oficina deles.

Um dos engenheiros no grupo foi até a empresa e voltou com o transmissor para nossa sala limpa. Quando foi aberto, aparentemente não havia nada de errado lá dentro, mas ele continuava sem funcionar. Já havíamos inspecionado tudo com microscópios e, mesmo assim, não encontramos nada. Estávamos em um beco sem saída, até que uma das funcionárias do laboratório resolveu fazer uma inspeção com um microscópio de alta potência, com capacidade de aumento de 100 vezes. Ninguém havia tentado isso antes porque era um procedimento muito difícil e considerado inútil. A caixinha metálica é funda e tem pequenas cavidades, o que torna complicado ajustar o foco do microscópio. Apesar disso, ela conseguiu descobrir que alguns capacitores – componentes eletrônicos minúsculos que parecem uma bolacha recheada – estavam com problemas. Esses componentes são feitos em massa e têm uma folha de material isolante recoberta por camadas de metal tanto por cima quanto por baixo. Depois são cortados em quadradinhos de poucos milímetros de lado. O problema parecia ser que a serra usada pelo fabricante durante esse corte não estava muito afiada e acabou deixando pequenos fiapos de metal em alguns desses quadradinhos – desses capacitores. Os fiapos eram pequenos e extremamente finos. Medimos alguns e descobrimos que seu diâmetro ficava em torno de 13 mícrons – quase seis vezes mais finos que um fio de cabelo!

Apesar do problema em sua fabricação, esses dispositivos haviam passado tanto pelo controle de qualidade do fabricante quanto pelo nosso, que, em geral, inspeciona tudo com microscópios – mas não com um aumento de 100 vezes. Nenhum dos técnicos que haviam trabalhado com esses componentes tinha visto os pequenos fiapos de metal. Em um desses capacitores havia até um pequeno fiapo metálico ligando a parte de cima à parte de baixo: um curto-circuito dentro do nosso transmissor! Por isso ele parara de funcionar. Outros capacitores também pareciam ter fiapos metálicos em suas bordas, então todos foram retirados e trocados por novos – devidamente inspecionados e com a garantia de que não teriam problemas. Nosso transmissor voltou a funcionar e decidimos que iríamos montar a tampa com parafusos mesmo, sem soldagem a laser. Felizmente tínhamos feito furos em torno da borda por outro motivo, de forma que poderíamos usá-los para segurar uma tampa.

A grande pergunta agora era o que fazer com os outros cinco transmissores que já estavam integrados no módulo de voo, funcionando normalmente. Já estávamos atrasados na entrega do radar e não havia tempo para mais nada. Entretanto todos tinham ficado sob suspeita. Não poderíamos confiar que os outros cinco não apresentariam o mesmo problema. Durante a decolagem do foguete para Marte, por exemplo, se em algum transmissor houvessem restado pequenos fiapos metálicos que pudessem se mover com a trepidação, isso seria suficiente para causar um curto-circuito. Nesse caso, o radar não funcionaria e todo o trabalho do restante da equipe do MSL teria sido irrelevante. O fruto de todos os nossos esforços terminaria como uma pilha de ferro-velho na superfície de Marte. Dá para entender por que ficamos meio desesperados e quase em pânico, não é? Para nossa sorte, a liderança do projeto MSL decidiu que o risco era inaceitável e que deveríamos, sim, abrir os outros cinco transmissores e os sobressalentes para inspeção. Além disso, o pessoal do MSL bolou um elaborado esquema para levar todos esses dispositivos para a empresa responsável – duas vezes cada um!

Os componentes usados para construir esses transmissores e receptores de micro-ondas não são muito caros nem especiais, custando menos de 5 mil dólares. No entanto, todos haviam sido comprados de lotes especificados com a qualidade para voo espacial. Precisávamos aproveitar os que já haviam sido testados e qualificados no JPL, pois não teríamos nem tempo nem mais peças para reconstruir os pares de transmissores/receptores do zero. Nesse ponto do desenvolvimento do radar, essas peças tinham um valor inestimável, maior que qualquer dinheiro no mundo. Por isso tivemos que tomar sérias precauções: cada engenheiro só poderia levar dois desses transmissores para a empresa e não poderia viajar no mesmo avião que outro colega com a mesma missão! Chegando a San Jose, cada engenheiro deveria alugar o próprio carro e viajar sozinho até a empresa.

Os transmissores/receptores seriam bem empacotados na sala limpa do JPL, dentro de embalagens especiais que protegem contra descargas eletrostáticas. Em seguida, cada um seria colocado dentro de uma pequena maleta de 40cm com o interior recoberto de espuma, para absorver choques mecânicos. Disseram-nos ainda que as maletas não poderiam passar pelas máquinas de raios X nem ser abertas pela segurança do aeroporto. Para completar, como eu moro perto do aeroporto internacional de Los Angeles e há um voo que sai às seis da manhã, fui escolhido para ser o primeiro a fazer isso – dali a dois dias! Quando me deram essa bela notícia, minha primeira reação foi imaginar a situação: um estrangeiro com sotaque como eu, viajando sozinho, chegando ao aeroporto sem malas para despachar. Então eu diria para a segurança do aeroporto que aquelas duas maletas de mão que eu iria levar para dentro do avião não poderiam passar pela máquina de raios X nem ser abertas por eles. Ou iriam rir na minha cara, ou me prender na hora e me mandar para Guantánamo!

Ao ouvir essa hipótese, meus colegas deram gargalhadas. A recomendação era para que eu fosse bem-educado, mas firme. Não poderia deixar, em hipótese alguma, que abrissem as maletas no aeroporto, porque aqueles eram componentes delicados, montados em sala limpa. Não poderíamos correr o risco de contaminá-los ou de receber descargas eletrostáticas. Além disso, é claro que iriam pedir à segurança do JPL para mandar cópias de todos os meus documentos para o aeroporto e combinar com a segurança de lá. Eu não teria nada com que me preocupar.

Como eu pegaria o primeiro voo, às seis da manhã, e o JPL fica a quase 60km da minha casa, não seria possível passar lá para pegar as maletas antes de ir para o aeroporto. A liderança do projeto MSL me perguntou se a minha casa era segura e se haveria algum risco caso eu levasse as duas maletas com transmissores para casa na véspera da viagem. Respondi que, a menos que algo extraordinário, como um terremoto, acontecesse, achava que eles estariam seguros, sim. Ficou combinado então que as maletas passariam a noite lá em casa tanto antes quanto na volta da viagem. Quando cheguei e as coloquei com todo o cuidado no chão da sala, meus gatos vieram, cheiraram e perderam logo o interesse por aquilo.

Na manhã seguinte, ao chegar ao aeroporto, eu estava meio apreensivo. Falei com o primeiro segurança da área de raios X do terminal de embarque e me apresentei como funcionário da NASA. Disse que estava levando para San Jose aquele material que fazia parte do veículo que iríamos enviar para Marte. Antes de eu ter chance de contar a história toda, ele me mandou sair da fila e conversar com o supervisor dele, que foi chamado pelo rádio. Quando vi o supervisor vindo na minha direção, já sabia que estava tudo certo, porque ele trazia folhas de papel na mão e reconheci as cópias dos meus documentos. Fui muito bem tratado pela segurança todas as vezes que passei por lá em viagens com material da NASA.

Três engenheiros viajaram no primeiro dia. Levamos seis transmissores/receptores no total. Um por um eles foram colocados no torno e o material que selava suas tampas foi afinado para que pudéssemos cortá-lo quando estivéssemos de volta a nossas salas limpas no JPL.

Ao serem abertos, vimos que todos os capacitores tinham os mesmos fiapos metálicos. Só não haviam dado curto ainda. Todos foram reparados, em um processo trabalhoso e demorado. Depois voltamos com eles, de dois em dois, para a empresa, para a segunda etapa. No total, cada um dos transmissores foi ao vale do Silício duas vezes. Apesar desse processo cansativo, valeu a pena inspecionar todos. Hoje penso que os que ficaram no chão da minha sala por duas noites agora estão em Marte – e ficarão lá por muitos séculos. Os grãos da fina poeira marciana lentamente vão cobrir tudo.

Nessa época, vários outros problemas com a fabricação e os testes dos componentes eletrônicos do MSL estavam surgindo. Estávamos transformando aquele sonho em realidade, mas às vezes brincávamos dizendo que alguns daqueles projetos de circuitos que recebíamos eram pesadelos mesmo! Um dos engenheiros que trabalhavam comigo me disse um dia:

– Eu consigo resolver esses problemas se tiver o tempo necessário, mas com essa pressão toda é muito difícil. É como tentar consertar um carro que está se movendo na estrada a mais de 100km/h. Dá para resolver qualquer problema com o carro parado, mas assim é demais.

Se os nossos contratempos podiam ser considerados microproblemas que foram levados ao conhecimento da liderança do projeto MSL somente uma ou duas vezes, outras áreas tiveram macroproblemas, que eram bem visíveis para todos.

Uma das maiores dificuldades foi o paraquedas. Se tiver curiosidade, procure na internet por "MSL parachute problem" para ver detalhes e vídeos. O projeto básico do paraquedas é bem antigo, da década de 1970, e tem sido usado desde então em todas as espaçonaves da NASA que precisam entrar em uma atmosfera. A Phoenix, por exemplo, que chegou à região do Polo Norte marciano em maio de 2008, usou um paraquedas desse tipo, mas o do MSL seria o maior já construído para uma missão extraterrestre. Paraquedas de testes foram construídos e disparados dentro do maior túnel de vento do mundo, que fica no Ames Research Center, outro centro da NASA, no norte da Califórnia. Esses testes foram feitos para validar o paraquedas e mostrar que ele iria se abrir na hora de descer na atmosfera marciana.

Surpresas acontecem todas as vezes que é necessário fazer algum equipamento maior que outro que já tenha sido usado em uma missão espacial anterior – e em geral elas não são nada boas. O paraquedas tinha que abrir na atmosfera marciana a uma velocidade supersônica e não há como testar isso aqui na Terra, pois é impossível reproduzir as mesmas condições. Não temos como fazer tudo exatamente na mesma situação de gravidade, velocidade, densidade da atmosfera e outras tantas variáveis, mas, no túnel de vento, conseguimos reproduzir a força que atuaria no paraquedas em Marte. Levando-se em consideração a pressão atmosférica em Marte e na Terra, o paraquedas teria que ser disparado no túnel de vento a uma velocidade de aproximadamente 130km/h – o que o faria dar um puxão de 35 toneladas em sua âncora no fundo do túnel! Por isso até o sistema de ancoragem no túnel de vento precisou ser reformado para suportar essa força. Nada tão potente havia sido testado até então.

Quando o primeiro paraquedas foi disparado a uma velocidade mais baixa, deu tudo certo e os engenheiros acharam que tinha sido até fácil demais. Fizeram então o segundo teste na velocidade certa e o resultado foi catastrófico. O paraquedas foi dilacerado pelo vento, restando somente tiras de tecido no chão. Para piorar, os engenheiros envolvidos não tinham a menor ideia do que tinha causado aquilo. Resolveram então que tinham de repetir o teste com muitas câmeras de alta resolução e alta velocidade, que filmariam cada detalhe da abertura do paraquedas, de forma que em seguida todo o material pudesse ser visto em câmera lenta. Depois de muitos custos, tempo e estresse, repetiram o teste. Só que, dessa vez, o paraquedas abriu sem problemas. E agora? Daria para confiar que ele abriria em Marte? Continuavam sem entender o que havia causado a destruição do paraquedas no teste anterior. Riscos assim são considerados altos demais, e a pior coisa é não entender o que causou um problema e deixá-lo de lado. Não fazemos isso. Repetiram o teste nessa mesma velocidade pela terceira, quarta, quinta vez sem problemas. Apenas na sexta vez conseguiram repetir o problema inicial e capturá-lo nas câmeras. O paraquedas estava se enchendo de ar na sequência oposta do que deveria acontecer em Marte e por isso algumas cordas de sustentação se embaraçavam logo no início, fazendo uma parte do pano virar ao avesso e começar a inflar. Com uma parte do paraquedas do avesso e outra na posição normal, ele era dilacerado em menos de um segundo. Levou muito tempo, trabalho e dinheiro, mas esse problema também foi entendido e resolvido.

Tudo que pode dar errado em um projeto complexo assim sempre dá errado. O problema com o escudo de calor foi ainda pior. Escudos frontais de calor são usados pela NASA desde a década de 1960 e essa era uma área em que ninguém esperava surpresas. Quando uma espaçonave entra na atmosfera de um corpo celeste como Marte ou a Terra, o atrito com o ar produz uma enorme desaceleração e um aquecimento brutal, que faz sua parte exterior ficar incandescente, transformando-se em uma bola de fogo.*

Para evitar que o calor se propague pelo interior da espaçonave, um método engenhoso e relativamente simples foi inventado. Um material parecido com cortiça é impregnado com bolinhas de sílica preenchidas de gases e usado para recobrir a parte externa do escudo frontal de calor. Quando esse material entra em contato com o CO_2 na atmosfera marciana (ou com o ar na atmosfera da Terra), ele é aquecido por causa do atrito. Nesse momento, os gases que estão dentro das bolinhas de sílica escapam,

---

* Procure na internet por "Hayabusa atmospheric entry" sem as aspas para ver fotos e vídeos da espetacular reentrada na atmosfera terrestre da cápsula japonesa *Hayabusa* (falcão peregrino) trazendo amostras microscópicas do cometa Itokawa. A espaçonave de 380kg se desintegra em poucos segundos, enquanto, voando um pouco à frente, a pequenina *Hayabusa* é protegida por um escudo frontal de calor. Emocionante!

erodindo uma pequena quantidade do material, que se solta e é removido pela alta velocidade. Os gases superaquecidos e o material removido formam aquela cauda luminosa atrás da espaçonave e carregam consigo o calor. Esperava-se que nossa espaçonave colidisse com a atmosfera marciana a uma velocidade de 6,1km/s, o que equivale a 21.960km/h – nada muito diferente do que já fora feito antes. No entanto, o escudo de calor do MSL tinha 4,5 metros de diâmetro, enquanto mesmo os das naves Apollo, os maiores já feitos até aquele momento, tinham 4 metros. Portanto, o escudo do MSL ia um passo além da tecnologia desenvolvida até então, e uma área maior significava maior atrito e maior resistência ao ar marciano. Por um lado, isso era muito bom para a desaceleração, para diminuir a velocidade da espaçonave rapidamente. Porém o aquecimento também seria sem precedentes. Esperava-se que, se não houvesse um sistema de proteção térmica, a temperatura do módulo chegasse a 1.850ºC – cerca do dobro da temperatura da lava vulcânica. Nessas condições, a maioria dos metais se liquefaz.

Quando fizeram simulações computadorizadas do processo de entrada na atmosfera marciana, concluíram que, devido ao enorme escudo, o fluxo de ar ficaria turbulento em certas situações, aumentando ainda mais o calor. O material usado como escudo de calor em todas as missões para Marte desde as Vikings, chamado SLA-561V, ou Super Lightweight Ablator, nunca havia sido testado a essas temperaturas e o escudo precisaria ser de espessura bem maior do que os que haviam sido usados anteriormente.

Foi realizado um teste no túnel de vento com uma amostra desse material atingida por um jato de ar superaquecido, do tipo produzido por um maçarico. Os resultados mostraram que o material não funcionaria no nosso caso. Aquela espécie de cortiça com bolinhas de sílica se desprendeu rapidamente, deixando a base metálica do escudo de calor desprotegida. Se isso acontecesse em Marte, a base também iria se aquecer e ser perfurada, destruindo tudo em poucos segundos. Para funcionar bem como escudo de calor, o material precisa se soltar lentamente, em um processo de erosão controlada, ou ablação.

Esse problema foi descoberto bem tarde e poderia ter provocado o cancelamento da missão. Felizmente já existia uma solução em potencial.

O NASA Ames Research Center tinha sido o responsável pelo sistema de proteção térmica das naves Apollo e do ônibus espacial. Eles haviam desenvolvido outro material para proteção térmica, cujo nome em inglês é Phenolic Impregnated Carbon Ablator. Não há outro jeito de dizer isto: em inglês esse nome é conhecido pelas iniciais PICA – por favor, não confunda com a palavra em português!* Esse havia sido o material usado para proteger a cápsula da missão Stardust, que trouxera de volta para a Terra partículas de cometas e de poeira interestelar em janeiro de 2006. Viajando a uma velocidade de 12,9km/s, essa cápsula é a recordista de velocidade – o objeto mais rápido a entrar na atmosfera terrestre e sobreviver. Portanto essa alternativa já tinha sido testada no espaço, já possuía "herança", como dizemos por aqui. Entretanto, havia uma diferença muito importante: a cápsula Stardust era minúscula, com somente 80cm de diâmetro. Esse detalhe permitira que a proteção térmica fosse aplicada como uma placa única, sem emendas. Não era algo possível para uma cápsula de 4,5 metros de diâmetro como a nossa.

Em 18 meses, os engenheiros do Ames Research Center desenvolveram todo o processo e produziram as 113 placas curvas com 3,2cm de espessura que seriam coladas na estrutura metálica do escudo frontal de calor. Elas seriam testadas para mostrar que não haveria problema nenhum com as emendas – que são sempre um ponto fraco. Eles convenceram o projeto MSL e instalaram ainda um sistema completo de medição de temperatura em sete pontos do escudo de calor, com termopares para mensurar a temperatura em três profundidades diferentes dentro do material ablativo. Assim poderiam coletar todos os dados de aquecimento durante a entrada na atmosfera marciana. Mais um macroproblema havia sido resolvido.

No entanto, ao longo de toda a montagem da espaçonave, os problemas não paravam de aparecer. Após muito trabalho no JPL, um grupo de engenheiros brilhantes terminou de construir o espectrômetro a laser, o TLS (Tunable Laser Spectrometer), que faria parte do grande instrumento SAM, que, por sua vez, estava sendo desenvolvido próximo a Washington,

---

* Para maiores informações, procure por "PICA MSL heatshield" na internet.

no Goddard Space Flight Center. Depois de pronto, o espectrômetro foi mandado para o Goddard e integrado ao SAM, mas, para surpresa geral, o laser começou a se deteriorar assim que fizeram alguns testes, chegando a um ponto em que o espectrômetro seria incapaz de funcionar corretamente em Marte. Participei de um grupo de análise formado para descobrir as causas desse problema. Essas questões técnicas costumam ser resolvidas sem muita dificuldade quando temos tempo e dinheiro. Porém havia muito pouco dos dois. Nossa janela de lançamento estava se aproximando. Foram necessários muitas reuniões e muitos testes para resolvermos mais esse contratempo. Descobrimos mal-entendidos e erros de comunicação entre o grupo do JPL e o do Goddard Center que haviam resultado em testes térmicos do instrumento SAM a temperaturas altas demais para o laser, o que causara mudanças no seu comprimento de onda. Tínhamos mais desses lasers, então foi possível substituí-lo depois que entendemos a fonte do problema. Esse erro não voltaria a se repetir.

Instrumentos, radar, escudos de calor, paraquedas, antenas, o estágio de cruzeiro com seus painéis solares, o estágio de descida em Marte com seu sistema de propulsão e tanques de combustível, além de uma multidão de subsistemas – tudo isso estava chegando à sala limpa para integração, mas quase todos os componentes tinham atrasos em suas datas de entrega. Tanto essa sala limpa quanto outros laboratórios de testes estavam funcionando 24 horas por dia, com três turnos de técnicos, engenheiros e gerentes. Um ambiente fantástico para se trabalhar, se você não se importa com o cansaço, problemas técnicos enormes e pouco tempo para resolvê-los, a adrenalina e o estresse. Os engenheiros que trabalhavam no veículo também estavam fazendo muitos avanços e ele já tomava sua forma; já era possível ver o mastro e algumas das rodas montadas no corpo.

Em junho de 2008, estávamos ainda em meio a muito trabalho e muitos problemas, apesar do grande progresso na montagem do MSL. Pela primeira vez, o veículo estava montado dentro do escudo posterior que levava o paraquedas na Spacecraft Assembly Facility, a sala limpa onde as espaçonaves são montadas. Também haviam levado para lá o escudo frontal de calor com seu revestimento ablativo e fariam o teste para ver se tudo se encaixava corretamente. Depois disso, tudo seria desmontado e transportado para outro edifício, para ser submetido a um teste em vácuo e com calor (vácuo térmico). Essa era, portanto, uma oportunidade excelente para ver o "disco voador" inteiro que estávamos construindo para enviar a Marte. A liderança do projeto deixou então que levássemos, em um sábado, nossas famílias para verem, da galeria de observação, a espaçonave que estávamos construindo.

Apesar de todo o progresso que estávamos fazendo, ainda nos deparamos com mais um problema grave, dessa vez com os motores elétricos do veículo. O Curiosity tem 32 motores elétricos e, embora alguns deles estejam em ambientes que podem ser aquecidos sem muita dificuldade, os cinco motores do braço mecânico, os quatro da broca, os dez que movimentam as rodas, os três do mastro e os dois que movem a antena de comunicação seriam expostos às intempéries marcianas. Motores elétricos são muito simples. Temos milhões deles em funcionamento aqui na Terra a todo momento, em condições que vão desde o frio do inverno siberiano até o calor do deserto do Saara. Já deveríamos saber tudo o que há para saber sobre eles. No entanto, no caso de Marte, onde há variações de temperatura muito maiores que na Terra, com o frio feroz da noite marciana, é muito difícil fazer um motor elétrico que funcione de forma confiável.

Um dos grandes desafios em qualquer mecanismo em que algum dos componentes mecânicos se move em relação a outro é a questão da lubrificação. Lubrificantes líquidos precisam ser mantidos a uma temperatura adequada, para que não se tornem viscosos demais nem congelem. Por isso, logo no início, a equipe do projeto MSL decidiu usar um novo tipo de engrenagem de titânio para os motores e atuadores (as caixas de engrenagens) que pode ser lubrificado a seco com pó de dissulfeto de molibdênio. Isso parecia oferecer grandes vantagens, pois, com essa nova tecnologia, seria possível garantir a lubrificação dos componentes na temperatura ambiente de Marte. Além disso, seria uma economia de energia, já que não precisaríamos de aquecimento para os motores nem de lubrificantes. Esse tipo de motor e de engrenagem já havia sido testado em temperaturas como as de Marte, mas não pelo tempo necessário.

Quando um número suficiente desses motores já havia sido construído, a liderança do projeto decidiu submetê-los a testes em uma câmara térmica fria e seca, reproduzindo as condições de operação em Marte. Depois de calcular quantas revoluções cada motor faria durante toda a missão em Marte, a equipe responsável os colocou para funcionar nesse ambiente. Em seu livro, Rob Manning descreve que no início os testes foram bem, mas, depois de alguns milhões de revoluções, os dentes de titânio das engrenagens começaram a trincar e quebrar, com um efeito catastrófico nos motores. Infelizmente ficou provado que as engrenagens de titânio e lubrificação a seco não iriam funcionar por tempo suficiente nas condições climáticas de Marte. Já estava tão em cima da hora que não tiveram outra opção senão voltar para o sistema antigo que utilizava lubrificantes tradicionais, que precisariam de aquecimento. Para fabricá-los, contrataram a mesma empresa que havia produzido os motores elétricos para os veículos Spirit e Opportunity, mas os do MSL seriam muito maiores, devido ao tamanho gigantesco do veículo.

Os primeiros testes com os novos motores também mostraram vários problemas de torque – sem solução no curto tempo de que dispúnhamos. Nossa janela de lançamento estava perigosamente próxima, começando em meados de setembro de 2009 e terminando no final de outubro daquele ano. Tínhamos menos de um ano até a data de lançamento e tudo teria de ser mandado para a Flórida cerca de seis meses antes do lançamento, para mais testes e integração com o foguete. Com os problemas se acumulando e os subsistemas sendo entregues com atraso para integração à espaçonave na sala limpa, o clima no laboratório era de pressão, preocupação e pressa.

À espera de uma nova oportunidade

No dia 4 de dezembro de 2008 veio a notícia que todos temiam, mas que já parecia inevitável. Em uma entrevista coletiva na sede da NASA, em Washington, com o administrador, o diretor do nosso laboratório e os gerentes do projeto MSL, foi anunciado que não tínhamos condições de resolver todos os problemas e testar tudo a tempo de enviar nosso veículo para o lançamento na Flórida. A NASA informou oficialmente que perderíamos a janela de lançamento em 2009 e a missão MSL seria adiada. O projeto seria reorganizado para que o veículo fosse lançado na janela de lançamento seguinte, 26 meses mais tarde, em 2011. Como praticamente todo o orçamento do MSL já tinha se esgotado e entrado em suas reservas, seria necessário diminuir drasticamente as atividades por um ano. Somente no ano seguinte a NASA aprovaria o repasse de mais recursos para a resolução dos problemas que ainda existissem e para aprontar tudo para o lançamento. Um repórter perguntou ao administrador se "a NASA não sabia mais realizar um projeto complexo assim dentro do cronograma e dentro do orçamento". É claro que aquele grupo lá diante da imprensa estava preparado para perguntas como essa, e a resposta, dada com voz calma e sem irritação, foi magistral:

– A NASA sabe, sim, e consegue entregar um projeto no tempo certo e dentro do orçamento. Basta fazermos o que já foi feito antes. Quando estamos tentando algo completamente novo, que nunca foi tentado antes, corremos riscos. Às vezes não sai a tempo. No caso do telescópio Hubble, por exemplo, não chegamos nem perto do orçamento e do cronograma iniciais. O custo do Hubble foi mais ou menos o dobro do que havíamos programado, mas o resultado final foi espetacular e essa continua sendo uma das nossas grandes conquistas. Ninguém diria agora que não deveríamos ter construído o telescópio espacial Hubble.

Muitas outras perguntas foram feitas e esse encontro com a imprensa foi difícil. O custo total do MSL subiria aproximadamente 400 milhões de dólares por causa do atraso, apesar de terem de retirar quase toda a equipe das contas do projeto no fim de 2008. O ano de 2009 seria de "vacas magras" tanto para o projeto MSL quanto para o JPL em geral.

Nessa época em que enfrentávamos tantos problemas no MSL e o laboratório JPL era uma colmeia de atividades, nosso veículo estava prestes a ganhar seu nome oficial. A NASA havia lançado um concurso para alunos de escolas do país inteiro, pedindo que sugerissem um nome para o veículo e escrevessem uma redação explicando por que ele deveria ser chamado assim. A data de encerramento era 25 de janeiro de 2009. Dos quase 9 mil inscritos, nove finalistas foram escolhidos. Em seguida o público do mundo inteiro foi consultado entre 23 e 29 de março de 2009 pelo website da NASA, para votar em um dos nove nomes e decidir qual deveria ser escolhido. Os finalistas mais votados foram depois mandados para o JPL, para a escolha final. No dia 27 de maio de 2009, a NASA anunciou que o veículo seria batizado de Curiosity, ou Curiosidade, nome sugerido por Clara Ma, uma menina de 12 anos de uma pequena cidade de 50 mil habitantes no meio do país, no estado do Kansas. Sua redação não tinha mais que 250 palavras, mas sua argumentação era tão boa que a escolha não foi difícil. Duas frases de sua redação ficaram famosas: "Curiosidade é a paixão que nos move em nossa vida diária. Nós nos tornamos exploradores e cientistas por nossa necessidade de fazer perguntas..."*

Em resposta ao atraso de dois anos, o projeto MSL deu uma enorme "encolhida" no ano de 2009 para não gastar dinheiro. Somente pequenas equipes continuaram trabalhando nos principais problemas que ainda não haviam sido resolvidos. Todo o equipamento ficou guardado em nossas salas limpas, à espera de mais dinheiro para terminarmos a montagem e os testes. Dessa vez, também tínhamos que dar tempo à mecânica celeste. A Terra daria mais de duas voltas em torno do Sol, e Marte, mais de uma até que os planetas se alinhassem novamente em suas órbitas. Enquanto isso, os problemas na Terra foram resolvidos e a espaçonave terminou de ser montada e testada no JPL.

Chegou a hora de enviá-la para a Flórida. Eu estava em Búzios, no Rio de Janeiro, em junho de 2011, participando de um workshop sobre energia, quando vi, pela webcam da galeria de observação lá na sala limpa do JPL, o grupo de trabalho tirando as últimas fotos diante do nosso veículo. Ele já estava empacotado e pronto para ser transportado de caminhão às duas da manhã para a base aérea March Air Reserve Base, a uns 100km de distância do JPL. Lá, ele foi colocado em um avião cargueiro C-17, da Força Aérea, para seu primeiro voo: a viagem da Califórnia para a Flórida. Depois de ainda mais testes e montagens em Cabo Canaveral, finalmente o MSL estava pronto, posicionado no cone do gigantesco foguete Atlas V, de 350 toneladas. Iríamos agora começar nossa tentativa de executar a maior transferência de massa – a espaçonave MSL com seu veículo Curiosity –

---

* "Curiosity is the passion that drives us through our everyday lives. We have become explorers and scientists with our need to ask questions and to wonder." Clara Ma, NASA/JPL, "Name the Rover" contest.

da órbita terrestre para a órbita de Marte, seguindo um caminho próximo daquele proposto por Walter Hohmann quase um século antes.

Finalmente chegou o dia do lançamento, que correu conforme o planejado. O veículo foi inserido em sua trajetória interplanetária. Daí em diante, a mão invisível de Isaac Newton o guiaria para as proximidades de Marte. Só precisaríamos fazer pequenas manobras de correção em sua trajetória para descermos dentro da cratera Gale.

15

No espaço interplanetário

Em economia, há a lei da oferta e da procura. Considerada a mão invisível de Adam Smith, ela regula preços e guia economias no planeta Terra inteiro. O escocês Adam Smith viveu entre 1723 e 1790. Ele estudou e se tornou professor na Universidade de Glasgow, onde fiz meu doutorado. Sua "mão invisível" impacta profundamente a nossa vida e continua a influenciar até hoje as teorias econômicas que tentam entender como uma nação enriquece. Temos em física e astrodinâmica uma perfeita analogia, "a mão invisível de Isaac Newton", que se manifesta como sua primeira lei do movimento, ou lei da inércia: um objeto em movimento continuará se movendo em linha reta e com velocidade constante se nenhuma força atuar sobre ele. Deveríamos até dizer que, em física e astrodinâmica, temos não uma, mas as duas mãos de Newton, porque, se a lei da inércia é uma das mãos, a outra seria a lei da gravitação universal, que também está sempre presente, guiando a marcha de planetas e luas, cometas e asteroides – além de nossas espaçonaves, é claro.

O inglês Isaac Newton viveu entre 1642 e 1727. Seus ossos estão na abadia de Westminster, em Londres, mas seu espírito – ou o espírito de suas leis do movimento e da gravitação – alcançou não só o planeta Terra, mas todo o sistema solar e toda a galáxia.

Finalmente o MSL havia sido lançado pelo foguete Atlas V e injetado com a velocidade correta em sua trajetória para a viagem interplanetária. Daí em diante, pessoas como eu, que já haviam terminado sua parte no projeto, tinham só que esperar a gestação – perdão, a viagem – de quase nove meses para ver qual seria o resultado no dia 5 de agosto de 2012.

O grupo de navegação e controle (conhecido pela sigla GNC, de Guidance, Navigation and Control) estava agora fazendo seu trabalho e acompanhando a espaçonave em sua viagem. Quanto a nós, tínhamos de nos concentrar em arranjar outras coisas para fazer.

Depois do lançamento, é como se todo aquele equipamento perdesse sua substância e ficasse "desencarnado". Durante a viagem interplanetária, nossa espaçonave não é mais que um pequeníssimo sinal de micro-ondas que só pode ser captado por antenas gigantescas e depois amplificado e decodificado. Os navegadores podem também enviar comandos para a espaçonave e observar os resultados deles no pequeno sinal que recebem de volta, mas não há contato com nada mais substancial. Talvez não seja óbvio para todos, mas nossa espaçonave MSL e seu veículo Curiosity nunca mais voltarão à Terra. Embora algumas pessoas possam considerá-los um monte de lixo terrestre poluindo outro mundo, prefiro pensar neles como monumentos ao conhecimento do nosso tempo, para sempre guardados em Marte.

Não podíamos, no entanto, contar somente com as mãos invisíveis de Newton para garantir a descida dentro da cratera Gale. Na verdade, se sua trajetória não tivesse sido ajustada várias vezes, o MSL teria passado nas proximidades de Marte em 2012, mas errado o planeta por milhares de quilômetros. Isso foi planejado assim de propósito porque se, por algum problema, aquele segundo estágio do nosso foguete – o Centauro – tivesse ido na direção de Marte também, precisávamos garantir que ele não cairia no planeta nem contaminaria a superfície marciana com bactérias terrestres. A probabilidade de alguma bactéria sobreviver à viagem e à passagem pela atmosfera marciana é muito pequena, mas não nula. Se lembrarmos que podiam existir bilhões de bactérias naquele foguete, era factível que alguma delas chegasse a Marte intacta e fosse um organismo viável, capaz de se reproduzir. Imagine se gerações futuras de exploradores finalmente encontrassem colônias de bactérias no planeta vermelho e, ao estudá-las, descobrissem que eram idênticas às bactérias terrestres. Iriam nos culpar por termos contaminado o planeta e destruído as chances de encontrarmos vida autóctone por lá, vida genuinamente extraterrestre. Por isso levamos a proteção planetária muito a sério e fizemos tudo para não colonizarmos inadvertidamente nosso planeta vizinho com formas de vida terrestres.

Nossa espaçonave MSL ia então na direção de Marte, mas não exatamente para lá. Além disso, as muitas pequenas incertezas em seu movimento faziam com que os navegadores realmente precisassem "pilotar" essa espaçonave. Eles precisavam se comunicar com ela quase todo dia para saber sua posição e velocidade durante a viagem e, de vez em quando, fazer pequenos ajustes em sua trajetória para garantir a descida no local correto.

Quando visitei o Museu Naval de Lisboa, em Portugal, e vi caravelas da época do descobrimento do Brasil, eu me imaginei dentro de uma delas no meio do oceano Atlântico, com água por baixo e céu por cima, sem nenhum ponto de referência. É assustador, é quase inacreditável que navegadores do século XV tenham se aventurado a atravessar o Atlântico em embarcações tão pequenas e frágeis. Por mim, não atravessaria nem a lagoa da Pampulha[1] em uma delas! A dificuldade de orientar uma nave na imensidão do espaço é parecida com a da orientação de um navio durante a noite, no meio do oceano. Se o problema é similar, embora mais complexo, a solução também é parecida e usa uma combinação de tecnologia de micro-ondas e medição da posição de estrelas, vistas a partir da espaçonave.

No prólogo de um dos livros clássicos da astrodinâmica,* o autor Richard Battin reproduziu um artigo seu que havia sido publicado no jornal *New York Times* no dia anterior à viagem da Apollo 8 para a Lua. Logo no segundo parágrafo, ele diz que, usando-se princípios antigos de navegação e as teorias planetárias de Kepler, é possível determinar a posição e a trajetória de uma espaçonave com uma precisão que Colombo e o Infante Dom Henrique, fundador da lendária Escola de Sagres de navegação, considerariam impossível em seu tempo. Por outro lado, esses dois famosos exploradores ficariam orgulhosos se soubessem o que podemos fazer hoje em termos de navegação e rastreamento, pois as técnicas de "navegar pelas estrelas" são as mesmas que eles já conheciam. Hoje temos medidas muito mais precisas e computadores que fazem cálculos rápidos, mas esses dois

---

* Richard H. Battin, "An introduction to the mathematics and methods of astrodynamics", página vii, AIAA Education Series, American Institute of Aeronautics and Astronautics, Nova York, 1987.

não teriam a menor dificuldade de entender como determinamos a orientação de uma espaçonave depois que ela parte da Terra.

Navegadores gregos já usavam o sextante e o astrolábio há mais de 2 mil anos para determinar a posição de estrelas e, assim, fazer viagens em mar aberto, de onde não se via a costa e não havia nada além do céu para orientá-los. Técnicas de navegação pelas estrelas são na verdade muito mais antigas ainda e seus ecos distantes nos alcançam no presente, preservados nas páginas da *Odisseia*, de Homero, que viveu por volta do século VIII a.C. Na *Odisseia*, quando Calipso finalmente deixa Odisseu ir embora de sua ilha, Homero nos conta que ela lhe ensinou o caminho de casa através da navegação pelas estrelas, dizendo-lhe algo como: "Observe o aglomerado estelar das Plêiades e Bootes, e também Órion, mantendo sempre do seu lado esquerdo a constelação da Ursa Maior, que não toma parte em banhos no oceano." As estrelas da Ursa Maior são circumpolares (ou seja, não se põem na água), quando vistas da latitude do norte da Grécia.

Nosso conhecimento de navegação pelas estrelas foi acumulado ao longo de lentos milênios. Mais tarde, com a expansão portuguesa e espanhola pelos mares, os navegadores usavam inicialmente a Estrela Polar para calcular sua latitude no mar. Também chamada Polaris, ou Alpha Ursae Minoris, ela é a estrela mais brilhante da constelação da Ursa Menor e a única que não se move durante a noite, enquanto todas as outras, os "exércitos da noite"* de que fala Ésquilo, marcham em torno dela. Polaris, então, é esse ponto de luz quase imóvel no céu, porque está em uma direção muito próxima do Polo Norte celeste, muito próxima do eixo de rotação da Terra. Por isso ela fornece uma indicação direta da latitude, bastando medir quantos graus ela está acima do horizonte.

Os portugueses e espanhóis fizeram muitas viagens de barco à vela pelas costas da África e quanto mais ao sul iam, mais próxima do horizonte ficava a estrela Polaris. De dentro de seus barcos, mediam o ângulo

---

* Na abertura da tragédia *Agamêmnon*, que faz parte da única trilogia do teatro grego a sobreviver até hoje (a Oresteia), o sentinela que passa a noite acordado no telhado imperial da casa dos Atridas diz que conhece por nome as estrelas e as chama de "os exércitos da noite".

dessa estrela em relação à linha do horizonte para saber sua distância de casa. Essa técnica funcionou bem até chegarem ao Equador, onde Polaris não fica mais acima do horizonte. Abaixo do Equador, no Hemisfério Sul, ela não é visível. No Polo Sul celeste não há uma estrela brilhante como Polaris, então, no Hemisfério Sul, todas as estrelas que os antigos exploradores podiam ver a olho nu se movem no céu, sendo de pouca ajuda para a navegação. Na famosa Escola de Sagres (que não era bem uma escola no sentido de hoje), tendo à frente o Infante Dom Henrique, novas técnicas de navegação foram inventadas usando-se o Sol para medidas de latitude. Essas medidas eram bem mais complexas e se baseavam em tabelas criadas pelos melhores matemáticos da época e que variavam de acordo com o mês do ano. Fazendo medidas da altura do Sol ao meio-dia, de dentro do navio e usando a tabela apropriada, era possível calcular a latitude e saber como orientar a embarcação para voltar para a costa africana finalmente, para casa.

Em astrodinâmica, o mesmo princípio de medir a posição do Sol e estrelas é utilizado para orientar a espaçonave – ou, em termos técnicos, para determinar sua atitude. Satélites orbitando a Terra circulam nosso planeta em órbitas planas (elipses em um plano). Por isso, a partir de medidas da posição do Sol e da estrela Canopus, é possível determinar a posição e orientação – a atitude – do satélite. Sensores de Sol são coisas bastante simples, pouco mais que uma fotocélula, daquelas que ligam as lâmpadas dos postes de iluminação nas ruas. Isso ocorre porque o Sol é o objeto mais brilhante no espaço. Então basta girar a espaçonave enquanto a fotocélula mede a quantidade de luz que está recebendo. Depois de uma volta completa, é só voltar para a posição em que a fotocélula detectou o máximo de luz. Um rastreador de estrelas, ou *star tracker*, faz uma coisa parecida. Ele pode captar a imagem da estrela Canopus – o terceiro objeto mais brilhante no céu, depois da estrela Sirius e do Sol – e essa informação então será usada para controlar o satélite de forma que a estrela fique sempre no campo de visão do *star tracker*. Canopus é usada em vez de Sirius porque está mais distante do Sol no céu, o que aumenta a precisão das medidas.

Versões mais sofisticadas de *star trackers* são usadas em viagens interplanetárias, como no caso do MSL. Esses equipamentos empregam câmeras de

CCD* parecidas com as câmeras fotográficas digitais. Eles contêm em sua memória catálogos com milhares das estrelas mais brilhantes da nossa galáxia. Essas câmeras captam uma imagem do céu, comparam com seu catálogo interno e calculam a orientação da espaçonave. Isso é absolutamente essencial para orientar painéis solares na direção do Sol e para apontar a antena da espaçonave para a Terra durante sessões de comunicação.

A distância da espaçonave até a Terra e a velocidade com que se move são medidas através de equipamentos de micro-ondas. É possível mandar um sinal de micro-onda da Terra para a espaçonave e, se sua antena de recepção estiver apontando para o nosso planeta, esse sinal é captado, amplificado e enviado de volta, para ser capturado pelas antenas daqui minutos ou horas depois. Medindo-se o tempo gasto para o sinal ir até a espaçonave e voltar, é possível calcular sua distância em relação à Terra. Pequenas, mas importantes, correções são necessárias porque tanto a Terra quanto a espaçonave estão em movimento enquanto a luz (ou micro-onda) viaja entre elas. Com técnicas assim, era possível medir a distância da espaçonave Cassini, por exemplo, que estava em órbita de Saturno, com uma precisão de 1km. Levando-se em consideração que Saturno está a 1,5 bilhão de quilômetros da Terra, um erro de 1km não é muito. Esses recursos permitiram que nossos colegas navegadores do JPL projetassem e executassem um sobrevoo da Cassini sobre Enceladus, passando a apenas 25km de sua superfície, através de uma pluma de vapor d'água ejetada por essa luazinha de Saturno! Se o erro na posição da espaçonave fosse muito maior que 1km, teriam corrido o risco de colocar a Cassini em uma rota de colisão com a lua Enceladus.

Assim como os navegadores no passado se debatiam com problemas de vida ou morte se não fizessem suas medidas e seus cálculos corretamente e não achassem o caminho de volta para terra firme, o trabalho dos navegadores de hoje é também uma questão de vida ou morte para uma missão espacial. Com técnicas de micro-ondas parecidas e um pouco mais

---

* CCD quer dizer "Charge Coupled Device". Isso é um tipo de detetor de luz um pouco mais complexo do que aqueles usados em câmeras fotográficas de telefones celulares, que usam a tecnologia CMOS, mais comum e mais barata. As câmeras de CCD em geral são mais sensíveis a fontes de luz muito tênues e possuem menos ruído.

sofisticadas, é possível também obter a direção em que a espaçonave se encontra no céu. Além disso, as pequenas variações na frequência do sinal de micro-ondas que volta da espaçonave ainda produzem uma medida muito precisa de sua velocidade. Se a espaçonave estiver em órbita de outro planeta – Marte, Júpiter ou Saturno, por exemplo –, essas pequenas variações de frequência, chamadas de efeito Doppler, são suficientes para determinar também a posição da espaçonave em sua órbita. Portanto, hoje em dia, a distância, a direção no céu e a velocidade da espaçonave são obtidas com medidas de micro-ondas. Já sua orientação ou atitude é determinada pelos rastreadores de estrelas.

Para fazer essas medidas de micro-ondas e navegar as espaçonaves pelo espaço profundo, pela noite eterna do Cosmos, a NASA emprega antenas que fazem parte da DSN (Deep Space Network). Existem três complexos de antenas, um no deserto da Califórnia, outro na Espanha e o último na Austrália. Eles ficam a mais ou menos 120 graus um do outro, cobrindo o planeta Terra inteiro, de forma que sempre havia pelo menos uma dessas antenas apontando na direção da nossa espaçonave MSL enquanto nosso planeta fazia seu giro de 360 graus ao redor de si mesmo (dando uma volta completa) a cada 24 horas. É possível até ter duas dessas antenas apontadas na mesma direção em horários especiais, de forma a se complementarem e produzirem medidas diferenciais, que aumentam ainda mais a precisão dos dados coletados. Isso é importante também como redundância, porque sabemos que equipamentos elétricos apresentam problemas que podem acontecer a qualquer hora, até durante nossa descida em Marte, por exemplo! Essa rede interplanetária de comunicações está em funcionamento há décadas, 24 horas por dia. No presente, ela rastreia mais de vinte espaçonaves da NASA espalhadas pelo sistema solar, desde Mercúrio até o espaço interestelar, muito além da órbita de Plutão, de onde recebemos quase todo dia medidas de partículas e campos magnéticos feitas pelas espaçonaves Voyager 1 e 2. A agência espacial europeia também tem um sistema parecido para rastrear suas espaçonaves e colaborações entre as duas agências são bastante comuns. Podemos dizer então que nós, a espécie humana, já sabemos navegar pelo espaço interplanetário com precisão e confiança. Mesmo assim as coisas se complicam às vezes...

Comportamentos emergentes

Depois do lançamento e da separação do foguete Centauro, o MSL já estava no vácuo do espaço e tudo parecia bem, até que os *star trackers* foram ligados para que a espaçonave pudesse ser corretamente orientada. Logo no início da viagem, a energia elétrica necessária para alimentar os computadores e todos os outros sistemas vinha de baterias que haviam sido carregadas na Terra, antes da decolagem. Durante todo o tempo subsequente, os nove meses de voo, os painéis solares do estágio de cruzeiro seriam os responsáveis por produzir a eletricidade necessária, mas, para isso, precisariam ser orientados corretamente, apontando para o Sol. As comunicações com a Terra também só seriam possíveis se a espaçonave estivesse com as antenas apontando para cá.

Por isso o pessoal da equipe de operações ficou assustado quando enviou os comandos para ligar os *star trackers*. Imediatamente o computador a bordo do MSL travou. Em microssegundos, os sistemas automáticos de proteção entraram em ação e transferiram todos os controles para o segundo computador, que já estava ligado e pronto para assumir o comando, porque o MSL fora mesmo construído com esse sistema redundante. No entanto, o segundo computador também travou na mesma hora e o sistema automático de proteção desligou tudo que não precisava estar ligado em uma situação de emergência. Depois ele reiniciou os dois computadores, determinou a posição do Sol – que é o corpo mais brilhante no céu –, apontou as antenas de comunicação para a Terra e ficou esperando que nossos navegadores enviassem seus comandos.

Bom, pelo menos o sistema de proteção contra falhas estava funcionando corretamente e colocara o MSL em modo de segurança – que é o modo de funcionamento em que a atividade de tudo que não é essencial é suspensa para evitar a propagação de problemas de um sistema para outro. Nesse modo, o computador "liga para casa" e fica esperando comandos da Terra. A carga nas baterias não iria durar muito tempo, então era essencial resolver os problemas imediatamente e manter os painéis solares na direção do Sol para produzir energia, senão todo aquele trabalho teria sido em vão.

"Mas essas coisas todas não haviam sido testadas antes do lançamento?", você deve estar se perguntando.

É claro que sim. Antes de serem integrados à espaçonave, os computadores e os *star trackers* foram testados exaustivamente. Além disso, as cópias que ficaram na Terra fazendo parte do "módulo de engenharia" haviam sido testadas com simulações do céu em laboratório. Apesar disso, não há como fazer um teste exatamente igual ao que vai acontecer no espaço, com todas as condições de movimento, vácuo, temperatura, gravidade e tantos outros parâmetros.

Infelizmente esse tipo de surpresa desagradável que colocou o MSL em modo de segurança logo no início da viagem acontece com bastante frequência, quando milhares de linhas de programação de softwares precisam interagir pela primeira vez com um novo equipamento. Isso tem até um nome: comportamento emergente, ou *emergent behavior* em inglês. Trata-se de um comportamento não esperado, que "emerge" – quando menos se espera – da complexa interação entre muitas partes de software e equipamento. Assim que isso aconteceu, uma equipe rapidamente foi montada e começou uma busca frenética por todos os detalhes do software nos computadores e nas câmeras para determinar por que tudo que havia funcionado na Terra se mostrava agora incompatível no céu. Os responsáveis contataram o fabricante da placa-mãe do computador e em pouco tempo descobriram que nosso projeto estava passando as instruções para o computador de uma forma um pouco diferente do que era esperado pelo fabricante. Havia ainda pequenas e sutis diferenças entre os testes na Terra e a situação real no espaço. Depois de analisarem tudo, descobriram a raiz do problema e maneiras de contorná-lo com modificações no software. A caminho de Marte, com o funcionamento do veículo dependendo de baterias que estavam se descarregando, uma nova versão do software de voo foi compilada e transmitida pelas antenas da DSN para os computadores a bordo do veículo. Com isso, logo nos primeiros dias de voo conseguiram evitar a morte da nossa missão por frio ou falta de energia.

Como vimos, o MSL foi lançado pelo foguete Atlas V no dia 26 de novembro de 2011. Nossa primeira e maior manobra de correção da trajetória (ou TCM, Trajectory Correction Maneuver) aconteceu no dia 11 de janeiro de 2012, quando o MSL já estava operando normalmente. Durante três horas seus pequenos foguetes foram disparados, adiantando em 14 horas o horário de descida em Marte. Essa TCM adicionou 20,7km/h, ou 5,5m/s, de velocidade à espaçonave. Cada uma dessas correções aumenta a confiança do grupo GNC, porque a equipe faz previsões de como o sistema de propulsão vai se comportar, executa a manobra e depois realiza as medições da nova velocidade da espaçonave. Com isso, conseguem determinar a quantidade de combustível injetada, a velocidade resultante e se válvulas estão gastando mais ou menos tempo do que o previsto para abrir ou fechar. Assim, além de realizar as correções, essas TCMs também calibram todo o sistema de propulsão e rastreamento da espaçonave. Depois dessa primeira TCM, já era esperado que chegássemos às proximidades de Marte muito perto do local de entrada na atmosfera que finalmente nos colocaria na cratera Gale.

Em maio de 2012, ligaram o radar que havíamos construído. Acionar um instrumento desse tipo – que emite grandes quantidades de energia em micro-ondas dentro de uma cápsula metálica que funciona como um espelho para ondas nessa frequência – pode ser algo complicado, pois pode interferir com os computadores ou com outros equipamentos elétricos, causando comportamentos emergentes. No entanto, o radar e o resto da espaçonave haviam sido construídos com isso em mente. A equipe responsável testou o radar em condições normais (ou nominais, como preferimos dizer) e em condições de anomalia também, injetando sinais de ruído em seus canais de transmissão e recepção. Tudo funcionou corretamente. Nossa confiança só aumentava.

Durante a viagem é impossível calcular com 100% de certeza o ponto em que penetraremos a atmosfera do outro planeta. Essas estimativas de posição da espaçonave são probabilísticas e, além disso, a partir do momento em que atingimos esse ponto, já não há mais tempo suficiente para medir dados de posição e velocidade e transmiti-los para a Terra antes de decidir como mirar a cratera Gale. Estava previsto que, no dia da descida em Marte, o sinal demoraria 13,8 minutos para chegar à Terra. Só que, após a entrada na atmosfera, o veículo levaria menos de 7 minutos para atingir o solo marciano. Temos que lembrar também que a travessia do palco de dança de Ares não depende somente de fazermos tudo certo. O planeta também teria sua participação nessa dança e gostaríamos que Ares não nos surpreendesse com uma tempestade global de poeira, por exemplo. Variações na densidade da atmosfera eram esperadas, assim como ventos que poderiam ser mais fortes ou mais fracos no momento da descida.

Depois de todas as calibragens ainda restavam muitos parâmetros sobre os quais não tínhamos controle. Sabíamos que a densidade da atmosfera marciana teria um valor específico no dia da descida, mas esse valor não era nem seria conhecido com antecedência. Sabíamos apenas que deveria estar entre um mínimo e um máximo. A mesma situação acontecia com os ventos na atmosfera, que poderiam fazer a espaçonave se mover muito mais do que o esperado. Novamente só podíamos dizer que a velocidade dos ventos estaria dentro de determinada faixa, entre um mínimo e um máximo. Muitos outros parâmetros semelhantes possuíam faixas de valores assim. Qual seria o resultado? Onde nosso veículo terminaria sua viagem quando tudo isso fosse levado em conta?

Esse tipo de problema é bem conhecido em física e, para contorná-lo, temos uma técnica já bem estabelecida chamada simulação de Monte Carlo. Em nossos laboratórios de testes, construímos um software complexo e completo de simulação da descida. Com ele era possível escolher aleatoriamente valores para cada um desses parâmetros, dentro de suas faixas de variação. Esses valores escolhidos eram então transmitidos para um software de voo idêntico ao da espaçonave a caminho de Marte. De certa forma, é como se o software com a simulação de Monte Carlo "enganasse" o outro programa, fazendo com que ele tentasse pousar em Marte naquelas condições estabelecidas pelos valores dos parâmetros (velocidade do vento, densidade da atmosfera, velocidade da espaçonave, ponto de entrada na atmosfera, etc.).

Para cada conjunto de valores escolhidos para esses parâmetros, o software de voo tentava controlar a descida em Marte, fazendo com que o Curiosity fosse parar em um ponto qualquer dentro da cratera Gale. O resultado final, depois de esse processo ter sido repetido com milhares de escolhas de parâmetros diferentes, cada um dentro de sua faixa de variação, foi uma elipse de descida com 90% de probabilidade de acerto. Isso quer dizer que mesmo que todos aqueles parâmetros estivessem variando dentro de suas faixas, nosso veículo terminaria sua viagem dentro dessa elipse em 90 de cada 100 simulações. Uma boa surpresa foi que, devido a todas as calibragens e experiências acumuladas pela equipe de navegação, eles conseguiram reduzir nossa elipse de pouso que antes era de 20 × 30km, para somente 7 × 20km de extensão. Iríamos descer com 90% de probabilidade dentro de uma área quatro vezes menor do que os cálculos iniciais.

A apreensão no JPL era grande, mas todas as notícias que recebíamos do grupo de navegação eram boas. Tudo parecia estar progredindo bem para um pouso em Marte. Nosso engenheiro-chefe, Rob Manning, descreveu em seu livro mais um teste interessante realizado durante a viagem pelo espaço interplanetário. Ele liderou uma equipe que fez um ensaio dos últimos quatro dias de viagem até o pouso na cratera Gale. Primeiro ensaiaram a condição nominal, em que tudo aconteceria de acordo com o planejado. Tanto o software quanto o grupo de navegação e o grupo do controle final da descida se portaram muito bem e o veículo foi parar dentro da elipse de descida na cratera Gale. Chegou então a vez do ensaio em condições anômalas, em que algo não havia funcionado corretamente. O objetivo desse teste era ensaiar o pessoal que estaria na frente das câmeras de TV do mundo todo para ver como se portariam e se conseguiriam resolver problemas emergenciais. A reação deles poderia novamente significar a diferença entre um grande sucesso ou um fracasso espetacular – ao vivo. Para tornar a simulação mais real, chamaram o diretor do JPL e o presidente do Caltech para estarem presentes no último dia, como se fosse mesmo o dia da chegada a Marte. As câmeras de TV, os repórteres e as entrevistas também fizeram parte do ensaio, acrescentando dados de realidade e estresse.

Esse ensaio com anomalias dos últimos quatro dias da viagem começou com um e-mail urgente mandado para todos os controladores e navegadores. A mensagem vinha de um sistema de monitoramento automático e avisava que acabara de acontecer um *solar flare*, uma erupção no Sol, com grande ejeção de massa da corona solar. Isso produz um dilúvio de partículas carregadas, que viajam a partir do Sol a velocidades altíssimas e atravessam todo o sistema solar de vez em quando. Essas partículas podem "fritar" equipamentos eletrônicos em satélites e espaçonaves. Isso já aconteceu muitas vezes. Um dos exemplos mais dramáticos ocorreu logo na saída da Terra com a espaçonave japonesa que levava a sonda Hayabusa para coletar amostras do cometa Itokawa.

Nosso grupo de navegação teria então de se preparar para emergências e acontecimentos inesperados com a espaçonave nas horas seguintes. Pouco depois, os navegadores notaram um minúsculo aumento na velocidade da espaçonave. O fato de eles terem notado a diferença e começado a monitorá-la foi considerado um ótimo sinal de seu profissionalismo e de que estavam atentos. Ainda não sabiam a causa, mas teriam de descobrir mais tarde se aquilo se devia a um erro do software ou se a velocidade da espaçonave estava mesmo aumentando.

Um verdadeiro "saco de maldades" foi lentamente despejado sobre eles. Logo descobriram que o nível de propelente (ou combustível) estava decaindo devagar. Isso seria consistente com um furo causado por micrometeoros na tubulação do sistema de propulsão. Se isso tivesse mesmo acontecido (na simulação, é claro), o gás escapando produziria aquele pequeno aumento de velocidade que haviam notado. A equipe teria de modificar então seus planos para a chegada a Marte de forma a ainda terem combustível para controlar a descida.

Durante todo o ensaio, o grupo se saiu muito bem, apesar do estresse. Quando já estavam com quase tudo sob controle, chegou o engenheiro chefe e mandou um dos controladores deixar seu computador. Dali em diante ele estaria fora e não poderia mais participar ou dar qualquer informação ao grupo. Avisaram ao grupo de navegação e controle que ele estava fora da simulação devido a uma emergência familiar e não poderiam mais contar com ele. Não havia acontecido nada de verdade com a família dele, mas, no ensaio, queriam ver como o grupo reagiria e se dispunha de alguma outra pessoa capaz de desempenhar as mesmas funções. Emergências assim são raras, mas com certeza podem acontecer de uma hora para outra.

A reação no grupo foi de quase pânico. Havia, sim, outra pessoa capaz de criar os comandos que precisavam ser transmitidos à espaçonave, mas ele tinha ido embora para casa depois de um longo dia de trabalho e morava longe. Mesmo que ainda estivesse acordado e tivesse forças para trabalhar, não tinha como voltar a tempo. Então entraram em contato com ele por celular e, assim, ele foi instruindo outros engenheiros que tinham um pouco de familiaridade com o processo para criar esses comandos. Conseguiram resolver todos os problemas emergenciais e fizeram um pouso com sucesso na cratera Gale, mesmo nessa situação anômala (*off-nominal*, como dizemos). Estavam razoavelmente prontos para o dia da descida.

Quando faltava menos de uma semana para nosso pouso em Marte, resolvi enviar mais um e-mail para a família e os amigos. Pensei que, mesmo que nosso pouso desse errado, eles iriam me fazer muitas perguntas sobre o que havia acontecido. Então seria bom avisá-los com uma semana de antecedência sobre o que estava para acontecer:

De: Ivair Gontijo
Enviada em: segunda-feira, 30 de julho de 2012 21:09
Para: Amigos e familiares
Assunto: FW: Contando a história do Curiosity

Oi, pessoal,

Agora estamos bem próximos do nosso destino, a menos de uma semana do nosso pouso em Marte! Nosso radar foi ligado no mês passado para um último teste e está funcionando bem. Parece que está tudo bem tanto com o veículo quanto com o software. Milhares de simulações do pouso (com diferentes velocidades, ventos, tempo de ocorrência das diversas manobras, etc., o que é chamado simulação de Monte Carlo) já foram feitas e o software consegue fazer o veículo pousar corretamente. Isso não quer dizer que seja fácil ou que esteja garantido que vai funcionar. Aqui estamos apreensivos, mas otimistas. É claro que existem milhares de coisas que podem dar errado, mas todos nós fizemos o melhor que podíamos para levar todos os detalhes em consideração. Uma manobra de correção da trajetória foi feita recentemente e ainda temos mais duas oportunidades de corrigir a trajetória, de forma que possamos descer em nossa elipse de pouso de 20km × 7km dentro da cratera Gale. Existem muito mais informações e vídeos no site http://www.nasa.gov/mars. Se tudo sair de acordo com o planejado, nós devemos receber as primeiras fotos de Marte no próximo domingo (5 de agosto) por volta de 22:35, hora da Califórnia (2:35 da manhã de 6 de agosto, horário de Brasília). Eu e Possi vamos para o Caltech assistir à chegada a Marte através de uma transmissão ao vivo da sala de controle no JPL. Eu sinto orgulho e muita sorte por ter participado desse projeto!

Boa sorte para nós todos!

Ivair.

Coordenadas

[1] Lagoa da Pampulha, Belo Horizonte, Minas Gerais – coordenadas terrestres: 19°51'07" S, 43°58'53" W.

16
Tango Delta Nominal

Finalmente o dia da descida em Marte estava chegando. Agora não dava mais para ignorar e pensar no assunto como algo que só aconteceria no futuro. Querendo ou não, o futuro estava chegando e não teríamos como fugir do resultado. Estava na hora de nos prepararmos para a fase mais difícil da nossa missão: a chegada a Marte. Nosso pouso estava confirmado para as 15 horas – no horário solar local no planeta Marte –, dentro da cratera Gale. Se tudo desse certo, o estudo daquele que era considerado o local marciano com maior potencial de habitabilidade, cuidadosamente selecionado depois de muito estudo e discussão, iria começar. Antes disso, uma complexa sequência de acontecimentos teria de transcorrer sem erros. Começando com o fim do trajeto de nossa espaçonave no espaço interplanetário, seguido da sua entrada e travessia da atmosfera sob a proteção de seu escudo frontal de calor, da busca pela posição da cratera com o uso de paraquedas e retrofoguetes, até a aterrissagem final na superfície de Marte, tocando o solo a mais ou menos 3 ou 4km/h – tudo isso tinha que dar certo.

Essa sequência de EDL (*Entry, Descent, and Landing*) ficou conhecida como "os sete minutos de terror" porque durava em torno desse tempo e não havia nada que se pudesse fazer daqui da Terra para corrigir qualquer problema que pudesse aparecer. Além de estarmos atravessando o palco de dança de Ares, utilizávamos uma tecnologia nova, que nunca havia sido testada completamente na Terra. Partes dela haviam sido testadas separadamente e muitas simulações do pouso tinham sido realizadas, mas ninguém poderia impedir que um comportamento emergente acabasse estragando tudo.

Até esse ponto, ainda preferíamos chamar o veículo que mandamos para Marte de MSL, Mars Science Laboratory, porque a espaçonave inteira ainda estava voando junto: o estágio de cruzeiro, seus painéis solares que geravam energia e as antenas usadas para se comunicar com a Terra. Agarrado a ele estava nosso pequeno disco voador, formado pelo casulo do escudo posterior com o paraquedas e o escudo frontal de calor. Dentro desse casulo metálico ia o estágio de descida. Preso a ele, o veículo Curiosity.

Em julho tivéramos más notícias sobre os preparativos para o pouso. O satélite Mars Odyssey havia entrado em modo de segurança. O problema tinha sido causado pelos giroscópios, que são rodas metálicas pesadas que giram com velocidade variável (gerando momento angular) e são usadas para apontar e estabilizar a orientação, ou atitude, do satélite. Como esse é um módulo que, por definição, tem de estar o tempo todo em movimento para fazer seu trabalho, problemas com giroscópios são muito comuns. Algo parecido fez com que a missão Kepler – o telescópio caçador de planetas orbitando outros sóis, outras estrelas da nossa galáxia – terminasse antes do tempo. São necessários três giroscópios montados em direções perpendiculares entre si no espaço tridimensional para controlar um satélite ou espaçonave. Como problemas são esperados, esses sistemas são redundantes e contam com quatro giroscópios, montados como se estivessem na base de uma pirâmide. Assim, se qualquer um dos três falhar, o quarto entra em ação. Lá em Marte, no dia 11 de julho de 2012, a menos de um mês do nosso pouso, um desses giroscópios emperrou e parou de girar, disparando o sistema de proteção de falhas do Odyssey.

Essa era uma péssima notícia para o pouso do MSL, porque o satélite Odyssey fora lançado em 2001 e servia como um roteador, ou relé de comunicação, para os veículos Spirit e Opportunity. Ele já estava "escalado" para fazer toda a transmissão de dados durante nossa chegada em Marte. O MSL tinha a capacidade de se comunicar diretamente com a Terra durante a viagem interplanetária e também durante parte de sua descida na atmosfera marciana, mas, infelizmente, esse tipo de comunicação direta tem duas grandes desvantagens.

Em primeiro lugar, a taxa de transmissão de dados é baixíssima, de no máximo uns 5 bits por segundo. A transmissão é feita através de um sinal de micro-ondas ou de um "tom", que a espaçonave pode emitir em uma frequência que se modifica para designar algo que esteja acontecendo em Marte. Um "dicionário" ou "alfabeto" de frequências é estabelecido com antecedência, para nos dizer o que cada tom significa. Imagine, por exemplo, que a espaçonave está em contato com a Terra, transmitindo um sinal na frequência de 400 MHz. Quando atingir a atmosfera marciana e começar a desaceleração, a espaçonave muda automaticamente sua frequência de transmissão para, digamos, 405 MHz. Quando notarmos em nossa sala de controle na Terra que o sinal pulou da frequência inicial para essa nova frequência, saberemos então que a espaçonave atingiu a atmosfera lá em Marte. Quando a frequência mudar novamente, para 410 MHz, por exemplo, será porque outro evento crítico acabou de acontecer, como a abertura do paraquedas. Esse sinal de comunicação direta é às vezes chamado de "batimento cardíaco" da espaçonave, porque, enquanto ele está funcionando, sabemos que a espaçonave está "viva". A partir desses poucos tons é possível saber um pouco do que está acontecendo durante a descida em Marte ou se algum desses acontecimentos críticos deixou de ocorrer, caso a frequência não tenha mudado.

Além da baixa taxa de transmissão, a outra grande desvantagem dessa técnica de comunicação direta com a Terra é que, no dia da descida em Marte, ela não poderia funcionar até o módulo tocar o solo. Na hora do pouso, olhando do local de descida em Marte, a Terra já teria se "posto", ou seja, estaria abaixo da linha do horizonte. Nós sabíamos disso tudo, mas infelizmente não era possível controlar todos esses fatores e fazer o pouso em um horário conveniente para nós aqui na Terra. Então, se usássemos somente essa comunicação direta, iríamos receber alguns dados mostrando a desaceleração e possivelmente a abertura do paraquedas também, mas logo perderíamos contato até que a Terra estivesse outra vez acima do horizonte, no dia seguinte. Teríamos dolorosas horas de suspense para saber se nosso pouso tinha dado certo ou não. Portanto, a comunicação direta é bastante útil em situações de emergência para obtermos informações durante pelo menos parte da descida, mas não seria capaz de nos enviar os dados mais precisos e preciosos sobre o drama da descida.

Era aí que entrava o satélite Odyssey. Ele fora projetado e construído na década de 1990 para intermediar a comunicação com a Terra de espaçonaves que fossem descer em Marte ou já estivessem em sua superfície. Além disso, ele oferece uma alta taxa de transmissão de dados. Assim, seria possível baixar em tempo real (respeitando a velocidade da luz, é claro) todos os dados de telemetria da espaçonave enquanto ela se aproximava de Marte e descia no planeta. Para isso acontecer, o Odyssey teria de estar funcionando perfeitamente durante nosso pouso.

Felizmente, essa questão foi logo resolvida. Os controladores do satélite Odyssey conseguiram retirá-lo do modo de segurança e reorientá-lo para o solo marciano 21 horas depois da detecção do defeito nos giroscópios. O problema maior havia sido contornado, mas umas duas semanas depois teriam de enviar os comandos necessários para o satélite mudar de órbita de forma a passar por uma região de onde pudesse receber dados do Curiosity durante a descida e ao mesmo tempo retransmiti-los para a Terra. A equipe estava receosa por precisar fazer mais ajustes nesse satélite com tantos anos de serviço em Marte.

No JPL, os preparativos para o dia do pouso estavam a todo vapor. Nós temos uma excelente rede de conexão wi-fi em nossas instalações, que mais parecem um campus universitário. Em qualquer ponto, podemos nos sentar em um banco, abrir o computador e a conexão de banda larga com a internet está disponível. No dia do pouso haveria centenas de repórteres com computadores que precisariam de conexão com a internet para transmitir som e vídeo em alta resolução. Por isso algumas equipes instalaram mais roteadores de internet próximos aos prédios onde haveria mais tráfego de visitantes no dia da descida. Não bastava que tudo desse certo em Marte: tudo tinha de dar certo na Terra também! Nosso departamento de relações públicas também estava fazendo o melhor que podia para oferecer aos nossos visitantes a melhor experiência possível. Estavam fazendo bem seu trabalho e, do ponto de vista deles, tudo iria dar certo com o pouso em Marte e seria um sucesso espetacular. Claro que isso nos aterrorizava um pouco.

Em torno de um mês antes do pouso, recebemos um e-mail explicando que, no fim de semana dos dias 4 e 5 de agosto de 2012, o laboratório estaria cheio de visitantes. Haviam credenciado mais de mil pessoas que estariam trabalhando para veículos de comunicação do mundo inteiro.

Elas iriam assistir ao pouso e transmitir informações para os quatro cantos do globo. Nossa chegada a Marte passaria em TVs de todo o planeta Terra. Por isso, se nós, os funcionários, tivéssemos alguma razão de trabalho para ir ao laboratório nesses dias, teríamos de observar várias restrições. Por exemplo, somente o estacionamento mais distante poderia ser usado e várias áreas do laboratório estariam interditadas para quem não estivesse trabalhando no projeto MSL durante o pouso.

Devíamos responder ao e-mail reservando convites para ir assistir ao pouso em Marte lá no Caltech, que fica a uns 15km de distância do JPL. Fariam uma ligação direta com a sala de controle no JPL e haveria lugar para 1.500 pessoas. Entretanto, quando os convites acabassem, a única opção seria assistir pela TV. Eu respondi quase imediatamente e reservei os meus. Meia hora depois, recebi outro e-mail dizendo que os convites já haviam esgotado. Quem não havia respondido nem precisava tentar mais.

Na sexta-feira, dois dias antes do pouso, encontrei um amigo no corredor do nosso prédio, um engenheiro mecânico brilhante que, junto com sua equipe, havia feito todo o trabalho de projeto mecânico dos transmissores/receptores do radar e do conversor de frequências. Havíamos superado juntos todos os problemas técnicos e de cronograma para a construção daqueles componentes essenciais do radar. Sabíamos que, se houvesse algum problema com eles, eu estaria na linha de frente em termos de responsabilidade – e ele estaria certamente envolvido. Tentando aparentar descontração, perguntei a ele:

– E aí, Bob? Você pegou os convites para assistir ao pouso do Curiosity em Marte no domingo à noite?

Sua resposta me surpreendeu:

– Peguei, sim, mas ontem fui ao escritório de relações públicas e devolvi. Vou assistir de casa.

– Mas por quê? Aconteceu algum problema com sua família? Por que você tem de ficar em casa logo nesse dia? – quis saber.

– Não, não é nada disso. Estou tendo dores no estômago e pesadelos! O último foi na noite passada. Sonhei que dava tudo certo, até nosso radar funcionava corretamente, o que não havia acontecido nos pesadelos anteriores. Os retrofoguetes também não davam problema, o veículo ficava pendurado no estágio de descida. Tudo ia bem, até que ele tocava o solo. Lembra o que tem que acontecer depois?

– Claro que lembro. Quando os sensores no estágio de descida detectarem que o veículo não está mais pendurado, o software vai mandar comandos para os dispositivos pirotécnicos dispararem, acionando as guilhotinas que cortam os cabos entre o Curiosity e o estágio de descida. Nesse ponto, o estágio de descida vai acelerar e voar para longe até queimar todo o combustível e cair em Marte, longe do Curiosity, para não lhe causar danos – respondi.

– Pois é. No meu pesadelo as guilhotinas não funcionam. O estágio de descida acelera e tenta arrancar o veículo do solo, mas não tem potência suficiente para isso. O Curiosity dá uns três pulos, sendo arrastado pelo estágio de descida. No final, depois de muitos arrancos e arrastos, o estágio de descida cai em cima do Curiosity e os tanques de combustível explodem tudo lá em Marte!

Ele estava realmente assustado e angustiado com essa possibilidade. Como já havia feito outras vezes, não só com ele, mas com outros colegas, eu disse:

– Bob, nada disso vai acontecer. Pode ficar tranquilo que vai dar tudo certo. O Curiosity vai descer em Marte sem nenhum problema. Vai ser um sucesso espetacular! O sucesso será tão grande que vai até eclipsar o Spirit e o Opportunity! E depois virão ainda as grandes descobertas que o nosso veículo irá fazer. É uma pena que não possamos assistir todos juntos lá no Caltech, mas fique tranquilo, vai dar tudo certo!

Eu não possuía nenhuma informação que pudesse me dar essa certeza, nem eu mesmo estava convencido disso, mas o que mais poderia dizer a ele?

– É, vai dar certo. Vai dar certo – repetiu ele, tentando se convencer, enquanto se afastava pelo corredor.

Fui para casa na sexta-feira com aquele susto interno. Não sabíamos o que iria acontecer no domingo e não tínhamos contato nenhum com o grupo de navegação para saber o que estava acontecendo. Todos nós entendíamos que eles estavam ainda mais estressados e não tinham tempo para ficar dando informações nem queriam se preocupar com isso. As poucas notícias que ouvíamos era de que estava tudo bem. Não me lembro de nada do sábado, 4 de agosto de 2012. É como se aquele dia não tivesse existido. Mas o domingo foi completamente diferente.

De manhã eu e minha esposa fomos caminhar 6km na Hermosa Beach, como fazemos quase todo fim de semana. Nem tocamos no assunto do pouso em Marte que aconteceria à noite, porque eu evitava pensar naquilo. Teríamos mesmo de esperar até a noite. Fizemos nossas compras da semana e incluímos uma garrafa de champanhe, que foi para a geladeira. À noite, quando voltássemos para casa, ela seria aberta, qualquer que fosse o resultado lá em Marte.

À tarde colocamos na mochila a máquina fotográfica para registrar os acontecimentos da noite, livros e revistas para lermos durante a espera, além de meu crachá do JPL e minha plaquinha de estacionamento. Com ela, nós do JPL podemos estacionar de graça no Caltech quando vamos lá. Pegamos a estrada e a viagem durou pouco menos de uma hora em uma ótima tarde de sol. Chegamos ao Caltech em torno das 17 horas. O pouso em Marte seria às 22h30 do domingo, 5 de agosto, na hora local da Califórnia. Fomos os primeiros a chegar para assistir ao pouso, mas preferimos assim, porque poderíamos escolher bem onde sentar e era melhor esperar sem ninguém por lá do que ter que entrar em uma fila enorme.

Haviam montado três telões no gramado próximo ao auditório Beckman, com centenas de cadeiras. Os técnicos de som estavam naquele momento fazendo os últimos testes e ajustes para que tudo estivesse pronto para a noite. Por mais ou menos meia hora conseguimos ficar sentados lá, perto dessas telas, lendo nossos livros e revistas. Daí em diante o pessoal que iria assistir ao pouso começou a chegar e formar uma fila para o auditório. Então resolvemos ir para lá também. A espera seria longa e as cadeiras seriam mais confortáveis lá dentro. Na entrada conferiram nossos convites e nos deram ainda tíquetes para um lanche que seria distribuído do lado de fora, depois do pouso. Por volta das 19 horas, o auditório já estava cheio e só restavam as cadeiras ao ar livre. Pouco depois, chegou o pessoal que iria comandar as transmissões e nos mostrou um filme sobre a exploração de Marte. Mostraram também a simulação da chegada do MSL a Marte, com a sequência de entrada, descida e pouso. Na hora me lembrei de quando havia mostrado essa mesma simulação para um amigo americano. Seu comentário fora:

– Não dava para ser mais complicado? Olhe, isso aí me parece confuso, com acontecimentos demais. Não entendo nada do assunto, mas acho que as chances de isso dar certo não são as melhores.

Acho que ninguém poderia discordar dele.

Na apresentação explicaram também que para a "nossa" chegada em Marte, dois satélites da NASA e um da ESA (European Space Agency), a agência espacial europeia, estariam presentes para transmitir os dados do pouso. O primeiro seria o MRO – Mars Reconaissance Orbiter, um satélite com as melhores câmeras para fotos de alta resolução em Marte, além de muitos outros instrumentos a bordo. O MRO iria passar quase em cima da cratera Gale segundos depois do pouso do Curiosity e poderia receber dados do nosso veículo para retransmissão à Terra. O problema era que a transmissão não seria feita em tempo real. Por conta da geometria da chegada e do projeto do próprio satélite, o MRO só poderia transmitir para a Terra cerca de cinco horas e meia mais tarde, quando estaria posicionado em um local de onde poderia avistar a Terra. Se por algum motivo a transmissão não acontecesse nessa oportunidade, ele só poderia tentar mandar os dados do Curiosity para a Terra três dias depois – se houvesse dados, é claro. O segundo satélite, o Mars Express, da ESA, iria passar um pouco mais longe, mas também seria capaz de receber a comunicação na frequência do Curiosity e poderia mandar dados mais tarde caso alguma coisa não tivesse dado certo com a transmissão pelo MRO.

O outro satélite da NASA era o Odyssey, que, como eu já disse, estava na órbita de Marte desde 2001 e até hoje continua sendo o satélite com a mais longa vida útil funcionando por lá. Ficar tanto tempo em um ambiente com níveis altos de radiação traz problemas. Sabíamos que ele havia entrado em modo de segurança em julho por problemas com um giroscópio. Isso já o havia atrasado em sua órbita e, se nada fosse feito, ele estaria 2 minutos atrasado e chegaria tarde demais à posição de onde poderia coletar os dados da nossa descida. Por isso foi necessário realizar aquela manobra de ajuste orbital, no dia 24 de julho, disparando seu pequeno foguete durante 6 segundos. Isso adiantou o momento da passagem do Odyssey pela posição de onde ele poderia funcionar como roteador de dados, mas ainda havia mais um detalhe. No dia da nossa chegada a Marte, ele foi comandado a recolher sua antena e fazer uma pequena rotação para se reorientar. A seguir deveria voltar a abrir a antena de forma a receber os dados do Curiosity, amplificar o sinal e retransmiti-lo para a Terra.

Os comandos foram enviados para Marte. O satélite respondeu, confirmando o recebimento, e passou a executá-los. Durante essas manobras, a comunicação do satélite com a Terra foi cortada, porque a antena havia sido recolhida. Às 19h30, quando começaram as transmissões da sala de controle no JPL para o auditório no Caltech onde estávamos, o satélite Odyssey ainda não tinha voltado a se comunicar com a Terra. Isso era preocupante porque aqueles antigos motores elétricos na articulação da antena não eram acionados havia muitos anos e, embora não tivéssemos nenhuma razão objetiva para dizer que não estavam funcionando, também não sabíamos se havia algum problema com eles. Disseram-nos que possivelmente teríamos de esperar algumas horas para a confirmação do pouso em Marte.

Momentos decisivos

O grupo de navegação, que havia acompanhado a viagem e feito correções em nossa trajetória, continuava em contato constante com a espaçonave. Depois da correção de trajetória que ocorrera no dia 29 de julho, os últimos dados que chegaram à Terra mostravam que eles realmente iriam passar o MSL pelo "buraco da fechadura", um pequeno volume de espaço acima da atmosfera de Marte, o que seria essencial para ele descer na cratera Gale. Além disso, os navegadores já sabiam a hora exata em que o MSL chegaria à "interface de entrada" (IE), o ponto de referência acima de Marte onde o módulo, ou "disco voador", faria contato com a atmosfera. Esse ponto era muito importante, porque todos os cálculos da descida o tomavam como referência. Era a "porta de entrada" para o palco da dança de Ares, a temida atmosfera marciana, que, se não for levada em conta, destrói qualquer espaçonave que entre em seus domínios.

No dia do pouso, já estávamos dentro do poço gravitacional de Marte, ou seja, o MSL já estava sujeito à atração gravitacional do planeta e não teria mais como escapar. Estávamos em rota de colisão e o que em dias anteriores era um ponto luminoso no céu passou a ser um globo inteiro, que em pouco tempo cresceu mais ainda e virou a superfície onde iríamos pousar. Precisávamos então parar de acelerar, perder energia na atmosfera e tocar o solo suavemente. Era chegada a hora do grupo de EDL assumir o comando.

Não me lembro ao certo quando isso ocorreu, mas entre 20 e 21 horas a "mudança da guarda" aconteceu formalmente. O grupo de GNC (Ground Navigation and Control) informou ao grupo EDL que os navegadores interplanetários estavam se preparando para a entrega da espaçonave. Iriam enviar os comandos para Marte, que removeria a autoridade do censor. Essa é uma parte do software de proteção de falhas que analisa os comandos antes de eles serem executados. Esse software foi criado para evitar a execução de comandos que pudessem ser enviados acidentalmente da Terra ou que, devido a alguma falha no software de voo, fossem executados na hora errada. Seria preciso agora desligar esse censor, que, enquanto estivesse ativo, impediria a execução de procedimentos arriscados como "Desconectar do estágio de cruzeiro" ou "Disparar o paraquedas". Assim que ele foi desativado, não havia mais proteção alguma.

A última providência a ser tomada pelos navegadores foi mandar um comando que proibia a espaçonave MSL de receber novos comandos dali em diante. *Alea jacta est*! Agora nossa sorte estava confiada aos milhares de linhas de software que, se fossem executadas corretamente, colocariam o Curiosity na cratera Gale. A equipe de EDL iria monitorar o que aconteceria com a espaçonave, mas não teria como interferir em nada, porque, dali em diante, tudo seria puramente determinado por mudanças na velocidade ou na aceleração da espaçonave. Por enquanto o pessoal ainda estava recebendo o sinal de comunicação direta, vindo das antenas no estágio de cruzeiro. Essa comunicação direta estaria ligada até 6 minutos depois de tocarmos o solo, se o veículo continuasse funcionando e estivesse em condições de transmitir seu sinal.

Mais tarde, quando o Curiosity estivesse pendurado no estágio de descida, tudo ficaria muito mais complicado se o satélite Odyssey não estivesse retransmitindo a telemetria. Ainda seria possível receber os tons de comunicação direta por algum tempo, mas com certeza eles iriam desaparecer antes de o Curiosity chegar ao solo marciano. Se o Odyssey voltasse a se comunicar com a Terra, em princípio ele poderia começar a transmitir dados do Curiosity 2 minutos e 19 segundos depois de sua entrada na atmosfera. Se tudo estivesse correto, essa comunicação poderia durar até 12 minutos.

O pessoal na sala de controle responsável pelo sinal do satélite continuava visivelmente estressado porque ainda não havia nenhum sinal do Odyssey. Sem ele, não saberíamos se o MSL havia feito um pouso perfeito ou se chocado com o solo marciano a uma velocidade de muitos quilômetros por segundo.

Mais uma hora se passou e fomos informados de que o satélite continuava mudo. Será que algo havia saído errado na manobra de reorientação da antena? Será que a espaçonave com o mais longo tempo de serviço em Marte iria falhar logo agora, no dia da nossa chegada?

Os eventos durante os 7 minutos de terror são como aqueles dominós enfileirados em pé. A separação do estágio de cruzeiro seria o primeiro dominó a cair. Daí em diante todos os outros dominós teriam de cair também, senão o último dominó, nosso veículo, iria tocar o solo com uma velocidade bem maior do que gostaríamos. Precisaríamos nos separar do estágio de cruzeiro porque não poderíamos entrar na atmosfera agarrados a ele, que possivelmente iria se desintegrar devido ao atrito com o ar marciano. Os sensores na espaçonave estariam monitorando as condições e, quando chegasse a hora certa, o computador a bordo mandaria correntes elétricas por resistores para aquecer e explodir porcas de parafusos, causando a separação. No total, aconteceriam 78 eventos explosivos desse tipo durante a descida e milhares de comandos seriam executados. Isso é um exemplo da mais alta tecnologia em engenharia mecânica e em software que podemos criar no presente. Quase tudo teria de funcionar como previsto, senão seria como se uma daquelas pecinhas de dominó estivesse fora do lugar, interrompendo a sequência, com resultados desastrosos para nós.

Pouco depois das 21 horas, o ex-astronauta Charlie Bolden, que era o administrador da NASA na época, entrou no auditório e falou durante uns 5 minutos. Disse a todos que "estávamos ali para ver mais um acontecimento histórico" e nos lembrou da importância de continuarmos alimentando a nossa curiosidade, correndo riscos e nos esforçando. Naquele auditório lotado de funcionários do JPL, parentes e amigos, ele pediu que todos que haviam trabalhado no projeto MSL se levantassem e nos disse algo mais ou menos assim:

– Eu tenho certeza de que não há ninguém querendo mais que isso dê certo do que vocês, que trabalharam diretamente neste projeto. Estamos aqui hoje para ver o resultado do trabalho de vocês. É claro que tanto eu quanto a NASA queremos que tudo dê certo, mas o mais importante é que nós sabemos que vocês fizeram tudo que podiam para garantir que nossa descida em Marte seja um sucesso. Por isso estou aqui para agradecer-lhes pelo seu trabalho.

E começou a bater palmas, seguido imediatamente pelo auditório inteiro. Após sua fala, Bolden voltou para o JPL e 20 minutos depois já estava na sala de controle.

Já passava das 21h30 e nos disseram novamente que o pessoal da DSN (Deep Space Network) no deserto de Goldstone e na Austrália continuava fazendo tudo que podia para encontrar o sinal do satélite Odyssey – sem sucesso. Não sabiam se o satélite estava funcionando, se estava em modo de segurança novamente ou se estava tudo bem. Havia uma ou muitas coisas erradas com ele para não ter se comunicado ainda. A tensão e o estresse na sala de controle do JPL eram quase palpáveis. No auditório onde estávamos, o silêncio era total. Olhando ao redor, dava para ver a preocupação estampada no rosto das pessoas.

Foi emocionante ver os poucos dados que chegaram pela comunicação direta mostrando que a velocidade da nossa espaçonave se aproximando do planeta Marte estava aumentando. Você se lembra da lei da gravitação de Newton, que diz que dois objetos com massa atraem um ao outro? Essa força de atração produz movimento e aceleração. Nossa velocidade aumentava lentamente de 4,1km/s para 4,2, 4,3... chegando a 5,9km/s antes de começarmos a desacelerar com a entrada na atmosfera. Estávamos em queda livre, com o planeta Marte puxando para si, naquele "abraço gravitacional", o resultado do nosso trabalho de tantos anos.

Ver a gravidade funcionando assim, às claras, foi uma das grandes emoções daquela noite para mim. É claro que era isso mesmo que esperávamos, mas é diferente quando a gente vê a coisa acontecendo, quando vê a gravidade funcionando em outro planeta exatamente da mesma forma que funciona aqui, só que mais fraca, porque Marte tem bem menos massa que a Terra.

Enquanto estivéssemos no espaço interplanetário, ainda estaríamos acelerando, mas, ao entrar na atmosfera marciana e sofrer seu atrito, em 40 segundos nossa desaceleração subiria para mais ou menos 10 g (onde g = $10m/s^2$ é a aceleração causada pela gravidade terrestre). Durante a descida em Marte, teríamos que reduzir nossa velocidade de 28.000km/h para zero em 7 minutos.

Pouco antes das 22 horas, mais ou menos 10 minutos antes de a nossa espaçonave colidir com a atmosfera marciana ao atingir a interface de entrada, o engenheiro na sala de controle monitorando os trabalhos do pessoal da DSN começou a gritar que o sinal do Odyssey havia aparecido! O satélite estava funcionando, com um sinal de comunicação forte para a Terra, mas não havia dados sendo transmitidos, pois ele ainda não havia feito contato com o MSL, o que era normal. Houve aplausos na sala de controle, no auditório onde eu estava, do lado de fora, onde os telões haviam sido montados, e provavelmente em todo lugar onde alguém estava entendendo o que acabara de acontecer.

Em torno de 22h15, horário da Califórnia, alguém nos informou que o drama estava acontecendo lá em Marte naquele momento. O veículo já estava no solo marciano – inteiro ou em pedaços –, mas as micro-ondas que iriam trazer a notícia e a confirmação do pouso estavam agora viajando pelo espaço interplanetário em nossa direção e iriam gastar 13,8 minutos para viajar os 13,8 minutos-luz de distância entre nós e Marte naquela noite. O futuro já havia acontecido lá em nosso planeta vizinho e esperávamos que aquele "agora" marciano chegasse à Terra, viajando à velocidade da luz. Dá uma sensação estranha na gente pensar que realmente o "agora" só pode ser comunicado quando distâncias se conectam pela velocidade da luz, de forma que a informação possa ser transmitida de um ponto a outro.

Logo após, chegou a confirmação da separação do estágio de cruzeiro que carregava os painéis solares, pela mudança da frequência de comunicação. O MSL continuava funcionando e seu batimento cardíaco – o pequeno sinalzinho de micro-ondas – mostrava que tudo estava normal.

Depois dessa separação, a energia para alimentar os computadores do MSL vinha de baterias que haviam sido carregadas pela energia coletada pelos painéis solares. Contrapesos separaram-se logo após, mudando o centro de massa da espaçonave e alinhando-a para a entrada na atmosfera. O segundo dominó acabava de cair!

Em poucos segundos já estávamos na atmosfera, no processo de entrada guiada, em que nosso "disco voador" fazia curvas em S pelo céu marciano. Durante esse período ele voou em torno de 100km, quase paralelamente à superfície do planeta, com a desaceleração de 11 a 12 g sendo recebida na sala de controle no JPL. Nesse ponto alguém informou:

– Estamos agora processando dados [vindos do MSL através] do Odyssey!

Palmas, aplausos. Passamos então a receber a telemetria da nossa espaçonave em Marte, que estava sendo roteada pelo satélite Odyssey. Daí em diante, poderíamos acompanhar tudo que estava acontecendo.

Logo a seguir, os dados mostraram que o MSL já não estava mais fazendo curvas na atmosfera marciana, mas se encaminhando diretamente para seu alvo na cratera Gale. Nesse ponto, ele ainda estava a 18km de altura, movendo-se a quase 1km/s, ainda desacelerando. Quando sua velocidade já havia sido reduzida o suficiente, descendo para 200m/s (o equivalente a 720km/h), recebemos a confirmação de que o paraquedas havia disparado. Isso aconteceu 4 minutos e 19 segundos depois de passarmos pela interface de entrada.

O "dominó" seguinte a cair foi a separação do escudo frontal de calor, 20 segundos depois. Chegara a hora da verdade para nós que havíamos trabalhado no radar de descida. Enquanto o escudo frontal permaneceu em seu lugar, não havia como o radar procurar o solo. Agora, sem a barreira metálica diante dele, o radar tinha de fazer sua parte: enviar pulsos de micro-ondas para a superfície e tentar captar seu reflexo, o eco, de volta. Se ele não encontrasse o solo marciano, o resultado seria catastrófico dali a poucos segundos.

Oito segundos depois, em meio a muitas conversas simultâneas, ouvi meu colega Allen Chen dizer na sala de controle:

– Encontramos o solo com o radar!

É claro que todos nós queríamos que tudo desse certo, mas queríamos mais ainda que nossa parte no projeto funcionasse corretamente. Ainda sem querer acreditar, passei a me permitir pensar que pousaríamos inteiros no solo marciano. Coloquei a mão no ombro da Possi e lhe disse:

– Você não deve ter notado, no meio de tanta gente falando na sala de controle, mas acabei de ouvir que nosso radar está funcionando!

O plano era que o radar achasse o solo rapidamente, de forma que ainda estivéssemos a pelo menos 3km de altura, o que daria o tempo necessário para o estágio de descida controlar o pouso com os retrofoguetes. Quando os primeiros dados do radar chegaram à sala de controle, eles mostravam que o MSL ainda estava a 8km de altura. O radar estava funcionando quase três vezes melhor do que o absolutamente necessário e teríamos uma descida controlada por bastante tempo. Era quase bom demais para ser verdade!

Treze segundos depois, ou seja, 5 minutos após a entrada na atmosfera, nosso veículo estava tão baixo no céu marciano que o planeta Terra havia se ocultado, já tinha "se posto" no local de pouso. Estávamos a mais ou menos 6km de altura do solo quando a sala de controle começou a receber alertas TWTA. TWTA é a abreviação para os amplificadores que produzem os tons de micro-ondas (Traveling Wave Tube Amplifiers). A essa altura, o sinal de comunicação direta já não conseguia chegar às antenas na Terra e estávamos perdendo o batimento cardíaco da espaçonave. Se o Odyssey não tivesse entrado em ação, dali em diante não receberíamos mais comunicação nenhuma. Felizmente não tivemos esse problema.

Aos 6 minutos e 14 segundos depois da entrada, recebemos a confirmação de que havíamos nos separado do escudo posterior e do paraquedas. Esse tempo que voaríamos sob o paraquedas era a maior incerteza do processo EDL e poderia ter, no mínimo, 55 segundos e, no máximo, 170 segundos, dependendo da velocidade e da altitude da abertura e também das condições atmosféricas em Marte no dia da descida. Ficamos sob o paraquedas aproximadamente 115 segundos, um pouco menos do que a previsão média das simulações de Monte Carlo. Agora estávamos em voo com os retrofoguetes funcionando.

O ambiente na sala de controle no JPL estava "eletrizado". Todo mundo queria acreditar que aquilo daria mesmo certo, que todas as sequências de comandos do software seriam corretamente executadas. Com tensão e nervosismo, todos esperavam pela confirmação de que estávamos no solo.

Todos estavam preocupados com a possibilidade de problemas nos últimos segundos. Eu poderia dizer que o mesmo acontecia no auditório do Caltech, onde estávamos. A poltrona em que eu me sentava ia ficando cada vez mais desconfortável. Só aí notei que estava sentado quase na borda.

Poucos segundos nos separavam do momento em que pousaríamos em Marte. Nosso radar ainda mandava o sinal de controle para o computador que controlava os retrofoguetes. Todos os dados de altitude, velocidade, aceleração, ventos, temperaturas, etc. estavam sendo transmitidos para o Odyssey e de lá para a Terra. Nesses últimos instantes, ainda vimos a seguinte telemetria:

Altitude: 14,2 metros
Velocidade: 0,76m/s (que corresponde a 2,7km/h)
Aceleração: 0
Combustível: 166,73kg

Ou seja, o veículo estava a apenas 14 metros do nível do solo em Marte, descendo a uma serena velocidade constante (sem aceleração) de 2,7km/h!

Logo depois, ouvimos, em alto e bom som, quando uma engenheira da sala de controle anunciou, com a voz embargada pela emoção:

– Tango Delta Nominal!

Na hora ninguém entendeu o que aquilo queria dizer, mas havia "nominal", isto é, algo transcorrera sem anomalias. Um bom sinal! Mesmo assim, não confirmavam que o veículo estava no solo. Ficamos sabendo o que estava acontecendo um pouco mais tarde. Não era só meu amigo Bob que tinha medo de o estágio de descida cair em cima do Curiosity. Quando confirmassem que o veículo havia tocado o solo marciano, era muito provável que todo mundo começasse a comemorar. E se o veículo não estivesse parado? E se o estágio de descida continuasse descendo e caísse em cima dele? Para evitar comemorações antes da hora, decidiram não anunciar claramente que o veículo havia tocado o solo. Pouca gente, provavelmente somente o grupo de EDL lá na sala de controle, sabia que "**T**ango **D**elta Nominal" significava *touchdown nominal*, ou seja, o veículo havia tocado o solo marciano sem anomalias! Em inglês existem palavras padronizadas para cada letra do alfabeto: Alpha, Bravo, Charlie, Delta... Tango, etc. O "Tango Delta Nominal" anunciava que nosso veículo, o Curiosity, estava na superfície de Marte. Mas como saber se ele estava mesmo parado e se estava tudo bem?

O Curiosity tem um sistema de acelerômetros chamado RIMU, ou Rover Inertial Measurement Unit. Por isso, logo depois do "Tango Delta Nominal", ouvimos outro engenheiro anunciar:

– RIMU estável.

Ou seja, o sistema que detectava movimentos mostrava que o veículo estava estável e parado lá em Marte.

– UHF está boa.

Essa foi a confirmação seguinte. A transmissão de dados pelo satélite Odyssey havia sido transferida das antenas do estágio de descida para a antena do Curiosity, ou seja, aquele pequeno sinal UHF que continuávamos recebendo vinha agora do nosso veículo em Marte. Essa era a confirmação que mostrava que o estágio de descida não havia caído sobre o Curiosity nem quebrado sua antena!

Restava então somente o anúncio oficial confirmando nosso pouso em Marte, que veio uns três segundos depois. Foi como uma erupção de emoções na sala de controle no JPL, a maioria dos presentes pulando e gritando de alegria e alívio. O mesmo aconteceu no auditório Beckman, onde eu estava, e pelo país inteiro.*

Sendo um mineirinho desconfiado, eu ainda não queria acreditar, porque não havia entendido essa sequência de três confirmações. Só compreendi pouco depois, mas ainda precisava de algo mais substancial do que o anúncio verbal e o pessoal na sala de controle pulando feito louco, algumas pessoas em lágrimas. Não tive de esperar muito, porque as fotos tiradas pelo Curiosity assim que ele tocou o solo marciano haviam sido transferidas para o satélite Odyssey e estavam viajando pelo espaço interplanetário, codificadas em sinais de micro-ondas. Nesse momento de comemoração, elas já estavam cruzando a órbita da nossa Lua, em sua viagem para as antenas da DSN. Em pouquíssimos segundos elas foram recebidas, automaticamente

---

* Se tiver curiosidade, veja o vídeo da transmissão do pouso no site da NASA: https://mars.nasa.gov/msl/multimedia/videos/?v=60.

processadas e enviadas para a sala de controle. Antes mesmo de a celebração amainar, um dos engenheiros na sala de controle informou:

– Preparem-se que estamos recebendo as fotos.

Elas foram colocadas nas telas da sala de controle e agora todos nós podíamos ver as quatro fotos em baixa resolução tiradas pelas câmeras no mastro do veículo, ainda com as tampas cobrindo suas lentes. Mesmo assim, em uma delas dava para ver até uma das rodas do veículo. Em outra víamos a sombra do veículo no solo marciano e dava para reconhecer a sombra do mastro em seu lugar correto, a fonte de energia do Curiosity e alguns outros detalhes.

Aquilo tudo tinha mesmo funcionado! Nesse momento eu me levantei e comecei a aplaudir também. Desde então considero aquela foto da sombra do veículo na tarde marciana a "nossa" sombra no planeta Marte. Do lado de fora do auditório, onde haviam montado os telões, vinham os gritos de "JPL, JPL, JPL...". Na Times Square, em Nova York, um outdoor luminoso começou a transmitir uma mensagem com os dizeres "Parabéns ao Curiosity por seu pouso em Marte".

Continuávamos atordoados com tudo aquilo. Saí do auditório para ver como estavam as comemorações do lado de fora, onde havia muito mais gente. Sentado nos degraus do auditório Beckman em uma noite quente sem uma nuvem no céu, vendo as comemorações na sala de controle pelos telões, ainda tive mais uma surpresa. Interromperam o som vindo da sala de controle e alguém pegou um microfone e anunciou:

– Se você está aqui, do lado de fora do auditório, nesta noite estrelada, é uma boa hora para olhar para o céu na direção leste, porque lá vem a Estação Espacial Internacional!

Olhei. Uma pequena estrelinha se movia, aproximando-se da nossa posição e ficando mais brilhante a cada segundo. A Estação Espacial Internacional passou quase por cima de nós e chegou a ficar bem mais brilhante que o planeta Vênus por causa dos reflexos da luz do Sol em seus painéis solares. Houve mais um estrondoso aplauso, dessa vez para uma espaçonave em órbita do planeta Terra fazendo uma passagem sobre nós.

Começaram a distribuir os lanches, mas não estávamos com fome. Voltamos para casa cansados, atordoados e felizes naquela noite histórica. Abrimos aquela garrafa de champanhe que havia ficado na geladeira e então mandei o seguinte e-mail, depois de uma da manhã de segunda-feira, dia 6 de agosto de 2012:

De: Ivair Gontijo
Enviada em: segunda-feira, 6 de agosto de 2012 01:09
Para: Amigos e familiares
Assunto: Nossa sombra em Marte!

Primeiramente, obrigado a todos pelas mensagens de apoio.

As coisas saíram melhor do que esperávamos! O auditório Beckman no Caltech estava lotado e eles montaram três telões do lado de fora também. O satélite Odyssey havia sido reposicionado para passar próximo da área de pouso, mas foi só 10 minutos antes de o MSL entrar na atmosfera de Marte que recebemos a confirmação de que o Odyssey tinha completado uma rotação e apontava as antenas na direção correta, para receber o sinal do veículo e retransmiti-lo para a Terra. Visto do local de pouso do MSL, o satélite Odyssey subiu acima do horizonte por apenas três minutos aproximadamente, por isso deu tempo de transmitir poucos dados. Mesmo assim confirmaram que o sinal do satélite estava bem claro, mostrando que o nosso veículo estava aumentando a velocidade, sendo atraído pelo planeta Marte. Essencialmente, ele estava em queda livre.

Acho que ouvi meu colega Allen Chen (jovem oriental que narrava os acontecimentos na sala de controle) dizendo que o radar tinha encontrado o solo marciano e estava produzindo o sinal de controle. Nesse momento, me virei para Possi e disse: "Nosso radar agora está funcionando." Daí em diante levou muito pouco tempo para vermos a primeira foto de 64 × 64 pixels. Durante a passagem do Odyssey acima do horizonte, só deu para receber e transmitir para a Terra quatro fotos: 2 de 64 × 64 pixels e 2 de 256 × 256 pixels. Finalmente, quando vimos "nossa" sombra na tarde de Marte (3 da tarde, hora local), Possi e eu começamos a acreditar que tudo tinha dado certo mesmo.

Daqui a quatro horas muitas outras fotos vão chegar, vindas do outro satélite (MRO – Mars Reconnaissance Orbiter). Esperamos que esteja tudo bem, com todos os instrumentos funcionando e sem nenhum dano durante a viagem e o pouso. Para os geólogos que estudam Marte, a parte mais interessante está apenas começando!

Ivair.

Na manhã seguinte, o JPL estava quase deserto, mas eu me sentia caminhando nas nuvens e tinha impressão que era um sentimento geral por lá. Fiz questão de mandar e-mails de agradecimento para duas empresas que fizeram muito trabalho para nós e nos ajudaram a entregar nossa parte do radar em dia. Em minha mensagem, eu lhes lembrava os nossos apertos e que aqueles componentes em que havíamos trabalhado juntos iriam durar muitos séculos lá em Marte. Um colega meu que voltou a uma dessas empresas me disse que colocaram uma cópia do meu e-mail em um quadro no saguão de entrada.

Depois de enviar esses e-mails, fui ver as fotos tiradas pelo MRO, que havia passado quase em cima da posição de pouso do MSL. Pelo menos uma dessas fotos ficará para a história. É possível vê-la na página xi do caderno de fotos. A princípio você pode não ficar muito entusiasmado com essa foto em preto e branco – até entender o que está vendo. Durante nossa aproximação e descida em Marte, os instrumentos do MRO foram desligados e somente sua câmera de alta resolução ficou pronta para entrar em ação. Ela foi apontada na direção em que o MSL se aproximava do planeta e ficou "de tocaia". Na hora certa, recebeu do software do satélite o comando para tirar uma sequência de fotos. A chance de pegar nossa espaçonave em alguma dessas fotos era pequena, por conta de todas as pequenas incertezas: a direção em que a câmera apontava, a posição e a velocidade do MRO e da nossa espaçonave, que se movia a muitos quilômetros por segundo nesse ponto. Mesmo assim, nessa foto vemos claramente o paraquedas aberto e inflado, com nossa pequena cápsula metálica, nosso "disco voador", pendurada nele. Essa foto foi tirada com mais de 350km de distância entre a câmera e o MSL e mostra os momentos finais da descida de uma espaçonave terrestre em outro planeta.

Ficamos sabendo também que o estágio de descida, com nosso radar a bordo, voou para longe do veículo Curiosity, indo cair a uns 650m de distância. Nos dias seguintes ao pouso, era um grande prazer chegar ao trabalho no JPL e receber outras fotos de Marte, cada uma com mais um detalhe interessante. O veículo Curiosity foi minuciosamente testado. Por exemplo, mandaram comandos para verificar se a roda dianteira do lado esquerdo estava funcionando corretamente. Depois baixaram as fotos desse teste e fizeram um pequeno filme mostrando que a roda respondia a todos os comandos, girando para a direita e a esquerda. Checaram também se as tampas dos espectrômetros se abriam e fechavam lá em Marte, porque, se tivessem empenado ou se seus motores elétricos não funcionassem, seria um enorme vexame. O resultado novamente foi um sucesso total, como vimos no pequeno filme feito com as fotos recebidas de lá mostrando as tampas se abrindo e fechando. Todos os sistemas móveis foram testados e um novo software, específico para as operações no planeta, foi enviado para Marte. O anterior, usado durante a descida, não tinha mais serventia e só ocupava espaço na memória do computador, por isso era melhor substituí-lo. A grande aventura dentro da cratera Gale estava apenas começando.

Neil Armstrong, o primeiro humano a pisar na Lua, morreu no dia 25 de agosto de 2012, apenas vinte dias após nosso pouso em Marte. Não sabemos se ele o viu ou não, mas continuamos a seguir seus passos na exploração do sistema solar.

17

E agora, José?

E agora, José? Depois que tudo passou, que o Curiosity pousou... Vamos trabalhar no quê? Comecei a me fazer perguntas desse tipo em 2009, um pouco antes de saber que a nossa missão não seria lançada naquele ano e iria atrasar 26 meses. Era mais ou menos óbvio para mim que, quando terminássemos de construir todo o equipamento que iria para Marte, não haveria muito mais o que fazer. Já escaldado pelos dois empregos perdidos nas empresas de comunicação por fibra óptica, eu estava de olho nesse tipo de problema bem antes da maioria das pessoas. Muitos dos meus colegas de trabalho não queriam nem pensar sobre isso enquanto passávamos por todos os problemas para construir o Curiosity. Eles acreditavam que tudo se ajeitaria no futuro e conseguiriam se mudar para algum outro projeto. Eu não podia pensar assim. Todos nós sabíamos que só havia mais um projeto indo para a etapa de implementação: um satélite para orbitar o planeta Terra que era um projeto bem menor que o MSL. Além disso, grande parte dele estava sendo construída fora do JPL, o que reduzia ainda mais nossas oportunidades de emprego.

Sabíamos que sem participar de outro projeto, sem o número da conta de alguém para debitar as horas trabalhadas toda semana, não teríamos como continuar empregados no JPL. Por isso, muito antes do pouso, muito antes de o veículo ficar pronto e ser mandado para a Flórida para o lançamento, vi o desastre que estava se aproximando para nós que trabalhávamos no projeto. O que fazer em uma situação dessas? Não adianta ficar sentado esperando que tudo aconteça e que alguém vá resolver seus problemas. Todo mundo tem suas próprias preocupações, então o melhor era não esperar por nada e sair à procura de trabalho antes dos outros. Se eu não tivesse agido rapidamente, com certeza teria perdido meu emprego. Quando há muito dinheiro e muito o que fazer, os projetos competem para atrair os melhores profissionais. Quando o dinheiro é pouco, a situação se inverte e todos os engenheiros tentam entrar em qualquer projeto. A competição pode se tornar brutal.

Eu pensava que não dava para ficar nessa situação. Quem fosse "correr atrás" já teria perdido a corrida. O ideal seria sair na frente – e foi o que tratei de fazer. Eu pensava que, de 2010 em diante, a área de implementação de projetos no JPL iria ser reduzida drasticamente. Pelos quatro anos seguintes, as chances estariam na outra ponta do espectro, no que chamamos de formulação. Essa é a área que desenvolve as propostas de pesquisa e de missões espaciais para a NASA. Poucas são aprovadas e viram projetos no futuro, mas eu imaginava que a melhor opção seria mudar para essa área, porque nosso emprego em implementação não iria durar muito.

Outros colegas que esperaram demais não tiveram a mesma sorte que eu. Um deles me mandou o seguinte e-mail: "Ivair, em anexo vai a foto do MSL. Se você souber de alguém que esteja precisando das minhas qualificações, me avise. Meu último dia no laboratório será 18 de outubro, a não ser que eu arranje outra vaga." Perdemos muita gente entre 2010 e 2012 e, apesar do sucesso espetacular do MSL, teríamos de respirar fundo e provar de novo nossa capacidade começando do começo. Nesse ambiente, ninguém sobrevive por ter trabalhado em um grande projeto. Centenas de pessoas estavam na mesma situação e havia poucas vagas disponíveis.

Por isso decidi muito cedo reinventar minha carreira mais uma vez. Isso é sempre algo complicado e difícil de fazer, mas não havia outra opção. Seria uma questão de arranjar outra coisa para fazer no JPL ou então procurar emprego fora.

O JPL é estruturado em divisões e a que se ocupa da formulação de novas missões criou um programa de elite para treinar anualmente dez dos seus melhores engenheiros de sistemas para assumir posições de liderança. Esse projeto durou cinco anos. Quando fiquei sabendo, eles estavam anunciando o processo de seleção da quarta turma. Era necessário ter uma recomendação até para se inscrever, então escrevi para eles perguntando se considerariam a inscrição de alguém que não fosse da divisão deles. Nem chegaram a me responder. Eu estava em clara desvantagem, vindo de uma divisão que implementava, que construía coisas.

Mesmo assim, continuava decidido a entrar para esse programa. Com certeza, precisava de aliados que me ajudassem a abrir essa porta, por isso fui conversar com meu chefe. Ele achou uma boa ideia e concordou que as coisas iriam ficar difíceis para a nossa equipe quando a implementação do MSL terminasse. Por isso era mesmo bom que eu estivesse começando a procurar desde cedo. Ele conversou com o subchefe de nossa seção e os dois me deram cartas de recomendação para o treinamento. Meu chefe também me colocou em contato com o engenheiro-chefe do projeto MSL, Rob Manning, e consegui marcar uma reunião de meia hora com ele, que me atendeu e foi muito prestativo. Já cheguei na sala dizendo que ele era um dos meus heróis e que eu estava trabalhando nos transmissores e receptores do radar que iria controlar o pouso em Marte.

Expliquei minha situação:

– Estou quase terminando minha parte no projeto MSL e procurando outras coisas para fazer. Eu gostaria muito de mudar para a área de formulação, porque teremos mais empregos lá pelos próximos anos.

Eu disse ainda que gostaria de entrar para o programa de treinamento dos dez melhores engenheiros da divisão de formulação e perguntei se ele poderia me ajudar com isso. Como eu não era daquela divisão, minhas chances não eram das melhores, mas, com a ajuda dele, quem sabe eu conseguiria entrar. Ele então sugeriu:

– Eu posso mandar um e-mail para os coordenadores do programa recomendando você. Será que isso ajudaria?

É claro que ajudaria. Muito! Eu estava com um pouco de receio de pedir, mas era isso mesmo que ia sugerir. Ficamos combinados então e, com a ajuda do nosso engenheiro-chefe, consegui ao menos ser convidado para a entrevista de seleção. Ele havia me ajudado a chegar até a porta. Dali em diante eu teria de convencer os entrevistadores a me deixarem entrar. Fui para a entrevista bem preparado e até levei alguns modelos metálicos das caixas dos transmissores do radar para mostrar a eles no que eu vinha trabalhando. Como parte da minha preparação, consegui nomes de vinte dos engenheiros e engenheiras que haviam participado desse programa nos anos anteriores e liguei para todos eles. Consegui entrar em contato com três deles e fiz uma reunião de meia hora com cada um para saber detalhes do programa e da entrevista, além de pegar dicas e recomendações. Perguntei também o que eles achavam do programa e dois me disseram que era ótimo. O outro não tinha gostado, não tinha ajudado em quase nada, mas mesmo assim achava que seria útil para mim.

Chegou o dia da entrevista. Havia três entrevistadores. Já comecei contando que havia contactado vinte dos engenheiros que haviam passado pelo treinamento e conversado com três deles. Os entrevistadores gostaram disso, porque mostrava que eu estava mesmo interessado e disposto a me dedicar para ser mais um caso de sucesso do seu programa. Eles me fizeram perguntas por uma hora e gostaram muito de ver as várias coisas concretas que eu levara para a entrevista, coisas que podiam pegar e mostravam minha área de atuação no JPL até então. Durante uma entrevista de emprego assim, a gente em geral sabe se está se saindo bem ou não. Uma das últimas perguntas que me fizeram foi:

– Mas por que você veio para o JPL? Qual a sua ligação com o espaço? Sua carreira antes se concentrava em pesquisa em fotônica, comunicação por fibra óptica ou física de materiais semicondutores. Nada disso tem muita relação com o espaço e com o trabalho do JPL.

Eu mais ou menos já esperava essa pergunta e tinha a resposta perfeita para ela, que foi mais ou menos assim:

– Antes de responder, deixe-me primeiro fazer uma pergunta: você se lembra da primeira vez que assistiu a TV?

A entrevistadora não se lembrava quando nem ao que havia assistido. Ela disse que provavelmente teria sido algum desenho animado. Então lhe contei a história do meu primeiro contato com a televisão, quando vi Neil Armstrong dando seus primeiros passos na Lua. Terminei dizendo que, para mim, era uma honra estar ali, sendo entrevistado para fazer parte daquele grupo seleto de engenheiros do JPL. A ideia de trabalhar na área de exploração espacial era um sonho desde criança. Pelo seu sorriso e pelos comentários que vieram depois, vi que não poderia ter dado uma resposta melhor e é claro que fui um dos escolhidos. Fui o primeiro engenheiro da divisão de implementação a fazer parte desse programa. Houve apenas mais um, que entrou no ano seguinte, quando completaram o treinamento dos cinquenta escolhidos.

Esse programa foi essencial porque me abriu várias portas, além de ocupar 25% do meu tempo. Além disso, tive como colegas o narrador dos acontecimentos na sala de controle durante nosso pouso em Marte, uma engenheira que lidera a construção do braço mecânico do próximo veículo que irá para Marte e o atual cientista-chefe do projeto MSL.

Também ganhei um mentor, um engenheiro sênior que havia comandado a construção e parte das operações do satélite MRO em Marte. Ele passou a me levar para reuniões envolvendo as lideranças do JPL, onde grandes decisões sobre os projetos em curso eram tomadas. Tínhamos também uma reunião semanal de uma hora só entre nós dois, em que eu podia perguntar o que quisesse. Eu sempre ia para essas reuniões muito bem preparado, com uma lista de assuntos para discutirmos.

Consegui também algum dinheiro para um curto projeto de pesquisa de seis meses, que ocupava mais 50% do meu tempo. O restante eu consegui cobrir ajudando grupos que estavam escrevendo propostas de pesquisas, fazendo alguns experimentos e medidas para pesquisadores que precisavam da nossa experiência e de equipamentos da nossa seção, entre outras coisas similares. Sabia que, se conseguisse sobreviver ao período de vacas magras, com o tempo haveria muito mais trabalho. Como eu já disse, no JPL, se não há trabalho, não há a menor possibilidade de continuar empregado lá.

Um dos projetos em que trabalhei nessa época foi o Nustar, que estava construindo um telescópio de raios X para ser colocado em órbita do planeta Terra. Ele estava sendo projetado para estudar fenômenos como supernovas em galáxias distantes, buracos negros e galáxias com núcleos ativos, que emitem quantidades monstruosas de raios X. Eu e dois outros colegas de departamento trabalhamos com o pessoal do Caltech e ajudamos a construir os detectores de raios X desse telescópio. Também ajudei a testar – ou qualificar, como preferimos dizer – lasers de semicondutores que fariam parte de um sistema de metrologia montado no telescópio, para mantê-lo alinhado e focalizado. Como essa é uma área em que tenho especialização, não foi difícil convencê-los a me dar esse serviço. Mais uma vez, era um projeto que duraria menos de seis meses e ocuparia mais ou menos 50% do meu tempo, mas mesmo assim seria muito útil.

Em uma daquelas voltas que a vida dá, me disseram que eu iria testar lasers de duas empresas para vermos as vantagens e desvantagens deles quando submetidos a ciclos térmicos, de aquecimento e resfriamento. Pretendíamos simular as condições do dia e da noite em órbita da Terra. Levei um susto quando vi o nome de uma das empresas, que era uma subsidiária americana da empresa escocesa criada pelo meu antigo chefe lá em Glasgow. Essa empresa estava produzindo e comercializando lasers de semicondutores, construídos com base nas pesquisas que nós havíamos desenvolvido. Conversei então com o pessoal do projeto e contei-lhes que eu havia feito parte do grupo de pesquisa de onde saíra essa empresa e que eles precisavam saber disso. Caso quisessem procurar outra pessoa para fazer os testes, eu entenderia perfeitamente. Responderam que não era necessário, porque eu não seria o único a testar os lasers e não faria parte do grupo que efetivamente tomaria as decisões sobre o uso dos lasers no satélite. Então realizei os testes junto com dois outros engenheiros do JPL e, no final, entregamos um relatório do comportamento dos lasers.

Fiquei sabendo mais tarde, depois que o telescópio já estava em órbita, que eles usaram dois lasers, um de cada empresa. Nenhum dos dois fabricantes era claramente melhor que o outro. Ambos os processos de fabricação tinham suas vantagens e desvantagens. Por isso, com esse sistema redundante de dois lasers, um de cada fabricante, esperavam diminuir o risco de algo dar errado. Há mais de seis anos esses lasers se encontram funcionando e o telescópio já fez várias descobertas importantes na área de astronomia de altas energias.

Em 2012, meu treinamento de um ano para me tornar membro dessa elite de engenheiros de sistemas estava quase terminando. Consegui entrar para o projeto Grace Follow-on, para ajudá-los a se prepararem para sua mais importante avaliação, chamada CDR, ou Critical Design Review. Quando um projeto é aprovado nessa avaliação, ele recebe a autorização para passar para a fase de implementação, em que o equipamento vai mesmo ser construído. Até esse ponto, as chances de cancelamento são razoavelmente grandes, mas diminuem drasticamente, chegando a quase zero, depois que o projeto passa pela CDR. Por isso essa avaliação é mesmo "crítica" e a comissão independente que a realiza faz todas as perguntas mais difíceis sobre o custo, o cronograma, os riscos e os detalhes técnicos. É preciso ter resposta para tudo e realmente estar pronto para a implantação do projeto. Eu criei todo o material apresentado pelo Project Systems Engineer, que é a autoridade técnica responsável pelo projeto. Discutimos também os riscos e como mitigá-los.

A missão Grace Follow-on está agora na fase de implantação, com previsão de lançamento no primeiro semestre de 2018. Ela é a sucessora da missão original GRACE (Gravity Recovery and Climate Experiment), que produz a cada 30 dias um novo mapa do campo gravitacional da Terra. Com isso é possível ver que ele varia de um local para outro e também de acordo com o clima. Por exemplo, na época de cheia na Amazônia, o campo gravitacional muda naquela região e isso pode ser detectado por esses satélites, que são importantes também para os estudos de mudanças climáticas.

Quando esse trabalho terminou, felizmente consegui mais uma coisa para fazer. Era essencial que eu continuasse a encontrar soluções assim para me manter no JPL. Até hoje brinco que já me acostumei a "andar na corda bamba". Como fiz o treinamento com o grupo de engenheiros de sistemas, era óbvio que o passo seguinte seria mudar para a divisão de formulação. No entanto, nessa época eles também não estavam contratando ninguém. Estavam, na verdade, dispensando os engenheiros que haviam terminado sua parte no projeto MSL e não tinham para onde ir. Ao mesmo tempo, meu chefe na divisão de fabricação me chamou na sala dele e me disse que faria o que pudesse para me ajudar a participar de outros projetos, mas no momento não teria como me receber de volta. Eu já estava no meio do caminho entre a divisão que construía e a que projetava – e nenhuma delas tinha um emprego permanente para mim! O jeito era manter os olhos e os ouvidos abertos para qualquer oportunidade que aparecesse. Eu tinha a vantagem de estar procurando havia mais tempo. Muitos dos engenheiros de sistemas que estavam trabalhando no MSL saíram da situação de muito trabalho para a de não ter nada o que fazer. O estresse agora era estar com o emprego em risco.

Dei sorte mais uma vez. Meu mentor no programa de treinamento para engenharia de sistemas foi contratado pelo pré-projeto de uma missão para Europa, a segunda lua de Júpiter, descoberta por Galileu Galilei. Ele precisaria de ajuda lá e me ofereceu o cargo de engenheiro de sistemas nesse pré-projeto que ainda estava na fase de estudos. Havia recursos para um ano de trabalho, em que faríamos análises sobre a viabilidade da missão. Muitos desses estudos são engavetados pela NASA depois de concluídos; outros duram mais de um ano. No caso específico da missão para Europa, as chances de que continuasse por mais tempo eram boas. É claro que aceitei a oferta na hora, especialmente porque, depois de quase dois anos, essa era a primeira vez que tinha um trabalho que ocuparia todo o meu tempo.

Infelizmente, depois de um ano o estudo foi renovado, mas com muito menos recursos. Não teriam como manter todo mundo trabalhando. Então me mandaram reduzir minha participação para somente 50% do meu tempo e, dali a um mês, para zero. Eu já havia me acostumado com essa situação de estar perpetuamente procurando trabalho e rapidamente consegui, com a ajuda de amigos e aliados, mais uns dois projetos para ter onde depositar minhas horas trabalhadas no final de cada semana.

Uma equipe estava projetando um novo instrumento óptico, um espectrômetro, para ser colocado em órbita terrestre e fazer medidas de gases do efeito estufa. Consegui ser contratado por eles para fazer cálculos matemáticos do funcionamento e da qualidade dos dados produzidos pelo aparelho. Em horas assim é muito bom ter uma formação sólida em física, com conhecimento suficiente de óptica e de linguagens de programação, para ser capaz de dizer com confiança: "Claro, deixe comigo que eu sei o que fazer." É claro, não basta só dizer, é preciso produzir resultados depois!

Esse trabalho durou uns seis meses. Ao terminá-lo, consegui voltar integralmente para o estudo de Europa, porque haviam conseguido mais dinheiro. Trabalhei pouco mais de três anos nesse projeto e sou um dos autores do artigo científico oficial que descreve os resultados do nosso estudo para a missão.* Em maio de 2015, a NASA anunciou oficialmente a escolha dos instrumentos que serão levados para a lua de Júpiter no início da próxima década. Menos de um mês depois, fomos confirmados como o projeto oficial da NASA** que será responsável por isso.

Consegui assim sobreviver ao período de "vacas magras" que veio depois que terminamos nossa parte no projeto MSL. Agora temos muito trabalho novamente, sobretudo porque estamos com duas *flagship missions* na fase de implementação, além de várias missões menores. Assim continuamos com nossos ciclos de "maré cheia e maré vazante".

---

* Todd Bayer, Brian Cooke, I. Gontijo, Karen Kirby, "Europa Clipper Mission: the habitability of an icy moon". *Aerospace Conference*, Big Sky, Montana, 2015 IEEE, páginas 1-12.
** Anúncio oficial da nova missão para Europa, a lua de Júpiter: http://www.jpl.nasa.gov/news/news.php?feature=4627.

18
Operações, descobertas e problemas em Marte

Não sabemos como, quando nem onde a vida começou no planeta Terra, mas mesmo assim queremos estudar a possibilidade de vida em outro mundo, em outro planeta. Não sabemos nem mesmo se a vida presente na Terra surgiu aqui mesmo ou se veio em um cometa ou em algum meteorito procedente de Marte, por exemplo, ou de algum outro corpo celeste. Essa não é uma especulação absurda. A teoria da panspermia propõe que nós somos criaturas extraterrestres, que a vida veio para o nosso planeta de "carona" em algum meteorito e se desenvolveu aqui – uma área de exploração rica em perguntas e ainda bem pobre em respostas.

A possibilidade de vida fora da Terra, as condições absolutamente necessárias para que a vida aconteça e perguntas parecidas são o objeto de estudo da astrobiologia, antigamente chamada de exobiologia. Pode ser que, ao aprendermos mais sobre os processos de formação e diferenciação de Marte e de suas rochas, sejamos capazes de encontrar indícios de que esse planetinha teve condições para abrigar vida no passado distante. Se tivermos mesmo muita sorte, quem sabe até encontremos algum sinal inequívoco da presença de vida no passado marciano?

Dirigindo um veículo marciano
Depois da chegada a Marte, nosso veículo, o Curiosity, foi testado cuidadosamente para garantirmos que tudo havia sobrevivido mesmo à viagem e ao pouso. Ele ficou os primeiros 20 dias sem sair do local de descida, sendo

comandado a se mover uns poucos metros apenas no sol 21. Como o dia marciano não dura o mesmo tempo que o nosso, fica muito complicado falar em dia, porque às vezes alguém pode estar falando de dia marciano, enquanto outra pessoa entende que é dia terrestre, o que pode causar erros de quase 40 minutos em comandos mandados para Marte. Como já dissemos, chamamos o dia marciano de "sol" para evitar esses mal-entendidos.

Desde seu primeiro movimento no sol 21 até o sol 1930, o Curiosity percorreu mais de 18km em Marte. Isso pode ser considerado muito ou pouco, dependendo de como olhamos para esse número. Por exemplo, se formos olhar somente a média percorrida por sol, o resultado é um pouco decepcionante: somente 9,3 metros. Por outro lado, o Curiosity não é um carro que tem de provar sua utilidade pelo número de quilômetros rodados por dia ou por sua quilometragem total. Comparado com as Vikings, que chegaram a Marte em 1976, mesmo o movimento de um único sol já seria suficiente para ir muito além do que elas podiam fazer. Como já vimos, as Vikings eram estações fixas que só alcançavam 2 metros com suas pás mecânicas. Com seus 18km percorridos, o Curiosity já saiu de sua elipse de pouso e está subindo pelas regiões de rochas sedimentares do Aeolis Mons, a montanha no centro da cratera. Ele já mandou para a Terra centenas de milhares de fotos da cratera Gale e percorreu tudo isso em outro mundo, onde não existem estradas, sendo comandado daqui da Terra. Podemos dizer sem hesitar que a cratera Gale é agora o local mais fotografado do planeta Marte.

Devido à minúscula quantidade de energia produzida pelo veículo, as operações em Marte precisam ser cuidadosamente coreografadas da Terra. Não há energia para ligar todos os instrumentos ao mesmo tempo, já que nosso gerador RTG produz somente em torno de 110 watts. Toda a energia elétrica produzida durante o dia e a noite marcianos é armazenada em uma bateria no Curiosity. Parte dela é usada para aquecer componentes no braço mecânico e nos motores das rodas, que não recebem aquecimento vindo do plutônio dentro do gerador. No entanto, a maior parte da energia fica armazenada para operações durante o dia.

De manhã, depois dos testes rotineiros, o veículo começa a executar a sequência de comandos que recebeu da Terra na sessão de comunicação do sol anterior. Em geral esses comandos são coisas do tipo: "Tirar foto da rocha à frente", "Alinhar o laser do instrumento ChemCam com a rocha", "Disparar o laser do instrumento ChemCam 50 vezes", "Coletar a luz produzida pelo material rochoso vaporizado para análise", "Tirar outra foto após o uso do laser", "Mover-se 10 metros à frente", "Virar 7 graus à esquerda", "Tirar fotos com as câmeras de navegação" e assim por diante. Por trás de cada um desses comandos, centenas de linhas de programação armazenadas no Curiosity são executadas e os resultados dos experimentos que ele realiza são gravados na memória do computador de bordo. O veículo também executa comandos para coletar amostras do solo marciano e despejar o resultado no funil de entrada dos espectrômetros dentro de seu corpo.

Depois de executar dezenas ou centenas de comandos como esses, no fim da tarde todos os experimentos param e parte da energia restante na bateria é usada para operar os transmissores do veículo, mandando os dados coletados durante aquele sol para o espaço extramarciano, na direção por onde deve estar passando um dos satélites da NASA – o MRO ou o Mars Odyssey. Durante as sessões de comunicação, o veículo recebe o novo lote de comandos a serem executados no sol seguinte.

Os resultados do Curiosity são captados por um desses satélites, que mais tarde os transmite para a Terra, sendo recebidos por uma das antenas da Deep Space Network na Califórnia, na Espanha ou na Austrália. Do complexo de antenas da DSN e de seus computadores, esses dados são roteados para nossos computadores no JPL e, hoje em dia, em que muitas das operações já estão completamente automatizadas, as fotos vão diretamente para o website aberto ao público. Muitas vezes, pessoas do mundo inteiro veem as fotos vindas de Marte antes até que os pesquisadores e engenheiros que trabalham no projeto.*

Nos primeiros três meses de operações em Marte, quando ainda não estavam confiantes na saúde do veículo nem acostumados a criar os

---

* As imagens obtidas em Marte vão automaticamente para o website a seguir, sem processamento nenhum. Há mais de 250 mil imagens armazenadas lá, organizadas de acordo com a câmera do veículo usada para captá-la e pela data de sua coleta em Marte (por sol): http://mars.jpl.nasa.gov/msl/multimedia/raw/.

comandos a serem enviados para ele, os operadores do Curiosity tiveram de trabalhar em tempo marciano. Isso é cansativo, difícil e perturbador. Aqui na Terra muitos hospitais, empresas e outros órgãos trabalham em turnos durante o dia e a noite. Algumas pessoas, por exemplo, trabalham em empresas das 22 horas às oito da manhã do dia seguinte, com intervalos para jantar e café no meio da noite, quando a maior parte de nós está dormindo. Esse turno não costuma ser o preferido da maioria, mas com o tempo, as pessoas acabam se acostumando com a mudança do dia pela noite e algumas até gostam de trabalhar nesse horário.

Trabalhar em tempo marciano é algo parecido – só que muito pior. Suponha, por exemplo, que uma pessoa comece a trabalhar em tempo marciano em um dia em que as oito da manhã em seu local físico coincidem com as oito da manhã em Marte. Vamos supor também que essa pessoa esteja escalada para começar a trabalhar todos os dias às oito da manhã no horário de Marte. Como já vimos, o veículo precisa começar suas tarefas na manhã marciana para poder usar a energia acumulada na bateria durante a noite. Enquanto isso, na Terra, programadores, cientistas e engenheiros de operações estão analisando os dados coletados no sol anterior, tomando decisões sobre o que fazer no sol seguinte e criando os novos comandos a serem enviados para Marte mais tarde. Por isso, mesmo que o veículo execute os comandos em Marte de forma autônoma, é preciso que o grupo de controle aqui na Terra esteja trabalhando ao mesmo tempo que ele.

Como o dia marciano tem quase 40 minutos a mais que o nosso, no segundo dia essa pessoa teria de começar a trabalhar às 8h40 na Terra – horário que corresponderia às oito da manhã em Marte. Assim, em vez de parar de trabalhar às 17 horas, como no dia anterior, agora ela trabalharia até as 17h40. No terceiro dia, começaria a trabalhar 40 minutos mais tarde de novo, às 9h20 da manhã, terminando seu turno às 18h20. Continuando com essa sequência, ao fim de 18 dias a pessoa estaria começando a trabalhar aqui na Terra 720 minutos – 12 horas – mais tarde, ou seja, às 20 horas, vindo a terminar seu turno às cinco da manhã.

Essa situação em que a pessoa tem de acordar em uma hora diferente e ir dormir 40 minutos mais tarde todos os dias é intolerável no longo prazo. Ninguém consegue se acostumar com isso, não evoluímos em nosso planeta para passar por situações assim. Além disso, engenheiros, engenheiras e cientistas têm família, filhos, cônjuges, que ficam muito incomodados com alguém saindo e chegando em casa em horário diferente todo dia – em um horário literalmente de outro mundo.

Esses três primeiros meses foram muito difíceis para os profissionais do projeto MSL, mas o esquema de trabalhar em horário marciano foi mesmo necessário, porque eles queriam obter resultados científicos o mais rápido possível. Não queriam perder nenhuma oportunidade de fazer o veículo trabalhar em Marte, porque havia sempre o risco de algum desastre acabar com a missão antes de ela produzir os resultados científicos esperados.

Avanços técnicos em Marte

Muitas descobertas importantes foram feitas nesses primeiros meses, seguidas por outras que estão aprofundando nosso entendimento do planeta vermelho. Para começar pela equipe de engenharia, o pessoal do Ames Research Center conseguiu captar todos os dados de aquecimento do escudo frontal de calor quando o MSL atravessou a temida atmosfera marciana, o palco de dança de Ares. Foi possível acompanhar inclusive quanto do material foi removido durante toda a descida, a cada altitude acima do solo marciano. Esses dados importantíssimos já foram publicados em artigos científicos e estão à disposição da humanidade, aumentando um pouquinho o nível de conhecimento da nossa espécie. Eles darão mais confiança às gerações futuras, que serão responsáveis por projetar espaçonaves que levarão humanos para Marte.

Descobrimos também como fazer uma descida com precisão no planeta vizinho. Nossa engenharia foi competente o suficiente para construir uma espaçonave não tripulada e pousá-la em uma pequena elipse de pouso carregando um veículo de 900kg. Como descemos a pouco mais de 1.200m do centro do nosso alvo, é bem provável que a próxima missão especifique uma elipse de pouso menor que a nossa, que era de 7 × 20km. Isso é importante, pois proporciona mais opções de locais de pouso em Marte para a próxima vez. Existem muitas áreas interessantes que são consideradas pequenas ou que estão cercadas por relevo acidentado, o que torna inviáveis elipses de pouso maiores.

Outra realização, ou "descoberta", da engenharia foi obtida pela câmera MARDI (Mars Descent Imager), que disparou na hora certa e conseguiu captar quatro fotos em alta resolução a cada segundo durante os últimos 5 minutos da descida em Marte, obtendo um total de 1.200 fotos. Nos dias seguintes ao pouso, essas fotos foram baixadas para a Terra através dos satélites roteadores, o que permitiu a construção de um pequeno filme* mostrando os últimos minutos da descida em Marte.

Esse filme foi sincronizado com o que estava acontecendo na sala de controle do JPL enquanto meu colega Al Chen narrava a sequência de EDL. O filme começa no escuro, porque o escudo frontal de calor ainda estava bloqueando a visão do solo. Quando ele se separa, nós o vemos acelerar e continuar a cair em Marte bem mais rápido que o resto da espaçonave, porque ele não está mais sob o efeito do paraquedas. Nossa espaçonave e a câmera MARDI, nosso olho lá em Marte, continuam sua descida mais lenta, com o pequeno balanço do paraquedas. O filme termina com o veículo no solo – até hoje ainda me emociono quando o vejo novamente. Pela primeira vez tivemos a sensação de como será descer naquele planeta quando humanos finalmente puderem fazer isso em carne e osso.

A estação meteorológica espanhola no "pescoço" ou, mais precisamente, no mastro do Curiosity fez e continua fazendo medições em Marte. Ela descobriu, por exemplo, que 15 sóis depois de sua chegada por lá, o Curiosity havia registrado o valor mínimo de -78ºC e o máximo de -15ºC para a temperatura do ar. Essas são temperaturas comuns dentro da cratera Gale. No sol seguinte (sol 16), fez bastante calor, em comparação com o dia anterior, pois a temperatura do ar chegou a 0ºC! Esse instrumento continua funcionando e seus dados estão disponíveis na internet.**

Vivemos na era das fotos instantâneas, as selfies. Dando asas a essa tendência, os controladores do Curiosity decidiram tentar comandar o veículo a fazer uma selfie em Marte. Como o veículo tem 17 câmeras, por que

---

* Procure na internet por "Dropping in on Mars in High-Res" ou acesse o link https://www.youtube.com/watch?v=A3XzGGDxozw.
** Procure por "spanish weather station Curiosity Mars" ou acesse o link http://cab.inta-csic.es/rems/marsweather.html#previous-sol.

não usá-las para criar uma montagem de várias fotos mostrando o Curiosity em seu ambiente de trabalho? Com a câmera MAHLI (Mars Hand Lens Imager) seria possível fotografar grande parte do veículo estacionado em Marte, pois ela está montada no braço mecânico, que é móvel. Usando fotos das outras câmeras, em princípio seria possível alcançar quase todo o corpo do veículo, além da paisagem ao redor.

Uma sequência complexa de comandos foi criada, instruindo o veículo a fazer 110 fotos de partes de si mesmo. Antes de usarem o tempo precioso desse veículo de 2,5 bilhões de dólares em Marte para fazer uma selfie, os controladores no JPL decidiram executar toda a sequência na cópia do veículo que ainda está em nosso laboratório, onde podem testar comandos novos. Depois de executar os comandos aqui e captar as fotos, elas foram montadas por um software para produzir a selfie no laboratório.

Os mesmos comandos foram então transmitidos para Marte e, nos sóis 84 e 85 – que correspondem a 31 de outubro e 1º de novembro de 2012 –, as fotos foram tiradas, baixadas para a Terra e montadas como uma selfie. O resultado é quase surreal. Vemos nosso veículo no planeta Marte, em frente às quatro marcas na areia marciana de onde ele já havia coletado amostras para os espectrômetros em seu corpo. No fundo, dá ainda para ver o grande Aeolis Mons no centro da cratera. Para quem conhece bem o veículo, é óbvio que estão faltando muitos detalhes na sua frente, principalmente seu grande braço mecânico com os quatro instrumentos, incluindo a câmera MAHLI. Como essa foi a câmera que tirou a maioria das fotos, essa parte do veículo não está completa na selfie. Mesmo assim, o resultado impressiona e podemos vê-lo na página xiv do caderno de fotos.

Descobertas científicas

Passando agora para as descobertas científicas realizadas em Marte pelo Curiosity, elas têm mudado algumas de nossas noções sobre o planeta.

Para começar, a questão da habitabilidade de Marte está resolvida. Não sabíamos antes do Curiosity, mas agora temos a confirmação sólida de que o planeta vermelho já foi mesmo um local onde a vida poderia ter se formado. Se a vida se formou lá dentro da cratera Gale ou não, ainda não sabemos. O que podemos dizer com a certeza dos dados científicos obtidos é que detectamos lá todos os elementos da sequência CHONPS (carbono, hidrogênio, oxigênio, nitrogênio, fósforo e enxofre). Sabemos também que aqui na Terra não existe vida sem esses ingredientes.

Essa descoberta foi feita pelo estudo de rochas encontradas em locais onde já houve água. A primeira amostra obtida do interior de uma dessas rochas, coletada pela broca no braço mecânico, revelou também argila e uma quantidade bastante pequena de sais, sugerindo água fresca, provavelmente potável. Com essas revelações, já foi cumprido o principal objetivo da missão, que era o estudo de pelo menos um local que demonstrasse habitabilidade em Marte.

A descoberta de moléculas e compostos orgânicos demorou muito tempo e já estava causando certa apreensão nos cientistas. Sabemos que várias toneladas de compostos orgânicos caem em Marte todos os dias, vindas do espaço, e que o mesmo acontece aqui na Terra. Esse "bombardeio" era muito mais comum no passado distante, porque ainda havia muito material sobrando da formação do sistema solar. Hoje em dia, a região em torno do Sol onde moramos, onde está o planeta Terra, é bastante limpa, mas mesmo assim ainda temos "estrelas cadentes". Ocorre também que ocasionalmente algum objeto de bom tamanho atinge a Terra – como aconteceu com aquele meteoro de 20 metros de diâmetro que caiu em Chelyabinsk, na Rússia, no dia 15 de fevereiro de 2013. Muitos desses objetos que sobrevivem à passagem pela nossa atmosfera contêm compostos orgânicos e sabemos que isso também ocorre em Marte no presente.

O que faz a detecção de compostos orgânicos em Marte ser tão difícil é, em parte, a radiação que banha o planeta todo e que, com o tempo, destrói esses materiais. Além disso, o ambiente ácido na superfície, com aquela poeira enferrujada, também contribui para a destruição de compostos orgânicos mais complexos. Depois de muito procurar, finalmente compostos orgânicos foram achados pelo instrumento SAM em amostras do interior de uma rocha.

Isso não significa que haja, ou mesmo que tenha havido, vida em Marte, porque essas moléculas orgânicas encontradas podem ser formadas tanto por seres vivos com seus processos biológicos quanto por reações químicas que não envolvem nenhuma forma de vida. Mesmo assim, ficou demonstrado que os ingredientes orgânicos necessários para a vida começar em Marte estavam presentes quando essa rocha se formou. Talvez mais importante ainda seja a prova de que, pelo menos dentro dessas rochas, compostos orgânicos marcianos tenham sido preservados por bilhões de anos, o que é um bom sinal para os estudos futuros. Mesmo que a superfície esteja esterilizada pela radiação, o interior das rochas sedimentares marcianas é um ambiente protetor para compostos necessários à formação de vida.

O instrumento SAM fez também uma descoberta inesperada em Marte. Naqueles seus forninhos que aquecem as amostras, o equipamento detectou percloratos, clorometano e diclorometano. Esses compostos haviam sido detectados tanto pelas Vikings quanto pela Phoenix, que desceu próximo ao Polo Norte. Além disso, os veículos Spirit e Opportunity também descobriram que perclorato é algo muito comum no solo marciano. "O que há então de tão interessante nessa descoberta de perclorato e diclorometano, se isso sempre foi detectado?", você pode se perguntar.

Fizeram um teste nos laboratórios na Terra e descobriram que, quando o perclorato é aquecido junto a materiais orgânicos, ele os destrói, produzindo como resultado clorometano e diclorometano! Tanto as Vikings quanto a Phoenix e o Curiosity também usaram fornos para aquecer o solo marciano e medir os vapores produzidos. Todos eles encontraram esses compostos clorados – o clorometano e o diclorometano.

Portanto, mesmo que houvesse compostos orgânicos misturados com perclorato nas rochas, eles seriam destruídos pelo aquecimento, resultando nessas substâncias secundárias. Ou seja, o fato de todas as missões para Marte terem detectado esses compostos clorados poderia ser, na verdade, uma indicação de que estávamos vendo somente os resíduos produzidos pelas reações químicas entre perclorato e compostos orgânicos. Felizmente, algumas amostras obtidas dentro de uma rocha, extraídas com a broca do braço mecânico do Curiosity, mostraram sem sombra de dúvida a presença de moléculas orgânicas complexas.

Como estamos falando de gases e compostos orgânicos, os satélites em órbita marciana de vez em quando detectam na superfície a presença do gás metano – que aparece e desaparece em poucos dias. Não sabemos sua fonte. Ao mesmo tempo, já temos boas estimativas da quantidade de radiação ultravioleta, raios X e raios cósmicos que banham o planeta há bilhões de anos. Toda essa radiação é capaz de destruir moléculas de metano em pouco tempo. Levando em conta a quantidade de radiação presente, ela seria suficiente para destruir qualquer molécula de metano em, no máximo, um século. Portanto, se esse gás está presente por lá, é porque existe alguma fonte que o produz com certa frequência; ele deve ser um "recurso renovável". Aqui na Terra, o metano é formado tanto por processos biológicos – por seres vivos – quanto por reações químicas que não envolvem a vida. Por isso um dos primeiros experimentos do Curiosity ainda em seu local de pouso foi "cheirar" o ar marciano com o espectrômetro SAM em busca de metano, mas nada foi detectado.

Durante seus movimentos dentro da cratera Gale, de vez em quando o experimento era repetido, obtendo sempre o mesmo resultado – somente ruído elétrico do detetor –, mostrando que não havia esse gás por ali. De repente o espectrômetro de laser sintonizável que faz parte do SAM começou a detectar a presença de metano. Durante um período de dois meses, esse sinal de metano ficou dez vezes maior que o nível medido nos experimentos anteriores, voltando novamente para praticamente zero depois disso. Que processos estão produzindo metano em Marte? Serão bactérias e outros organismos vivos ou reações químicas que não têm nada a ver com a vida? Não temos ainda como responder a essa pergunta.

Outra informação que não tínhamos confirmado antes do Curiosity, apesar das evidências fotográficas de que já dispúnhamos, é que existiu um antigo riacho, no passado distante, próximo ao nosso local de pouso. Foi encontrada nessa região uma grande quantidade de pedras lisas e arredondadas de até 4cm, formando o que se chama na Terra de conglomerado sedimentar. Na Terra, esse tipo de formação rochosa é comum em locais onde antigos riachos correram, transportando pedras por muitos quilômetros. Qualquer geólogo que vê as fotos dessas formações marcianas reconhece na hora as evidências de um antigo riacho. Pelo tamanho dessas pedras e levando em conta a gravidade em Marte e o declive no local, é provável que esse riacho tivesse uma profundidade de aproximadamente 90 centímetros.

O Curiosity também já nos ensinou muito sobre a presença de radiação, tanto durante a viagem quanto na superfície de Marte. Ao longo do trajeto, o sensor a bordo do veículo detectou um nível de radiação que excedia o limite recomendado pela NASA para a exposição de um astronauta durante sua carreira inteira! Portanto, com o mesmo tipo de proteção usado para nosso veículo robotizado, os astronautas correriam sérios riscos de desenvolver problemas de saúde – isso sem contar a exposição após a chegada a Marte. Dados como esses serão úteis no futuro, quando forem planejar missões tripuladas.

Outra descoberta interessante do instrumento SAM é que a atmosfera marciana tem uma alta concentração de isótopos pesados de hidrogênio, carbono e argônio. Como a Terra e Marte se formaram do mesmo material, esses resultados parecem indicar que o planeta vermelho perdeu seus isótopos mais leves, que escaparam do planeta através de sua atmosfera. Maven, o mais recente satélite da NASA a chegar lá depois do Curiosity, já confirmou nossos achados e mostrou também que esse processo continua acontecendo no presente. Suas medidas detalhadas vão nos ajudar a entender como morre um planeta.

Deixei as descobertas mais importantes sobre a água em Marte por último. Antes não tínhamos como saber se a água líquida havia sido um fenômeno local e temporário. Tampouco sabíamos se essa água ficava sempre abaixo do solo e raramente aflorava até a superfície. Hoje, com os resultados obtidos pelo Curiosity, confirmamos uma hipótese bem mais radical: a antiga atmosfera marciana era realmente bem mais espessa, permitindo que o planeta armazenasse calor e mantivesse uma temperatura global acima do ponto de fusão do gelo. Podemos agora dizer com certeza que a cratera Gale foi habitável e que havia água líquida na superfície e um lago raso na região próxima ao nosso ponto de pouso, que durou dezenas ou centenas de milhões de anos. Será que foi tempo suficiente para o desenvolvimento de formas de vida capazes de deixar sinais de sua presença na forma de fósseis? Não sabemos ainda, mas descobrimos que essa água tinha pH quase neutro – era água limpinha, que um ser humano poderia beber. E de onde vinha essa água líquida? Da chuva.

Chuva como na Terra. Houve muitos dias chuvosos em Marte, mas isso aconteceu 2 ou 3 bilhões de anos antes de qualquer criatura humana caminhar sobre o nosso planeta. Houve um ciclo hídrico por lá, provavelmente parecido com o nosso – com gelo, neve, água líquida na superfície, rios, lagos, nuvens e chuvas. Houve também grandes enchentes, dilúvios marcianos, dos quais já tínhamos evidências muito sólidas.

Pode não parecer muito, mas essa é uma descoberta espetacular. Agora temos mesmo certeza de que Marte não se tornou esse planeta árido, frio e morto de uma hora para outra. Isso foi o resultado de um processo que deve ter durado dezenas, talvez centenas de milhões de anos, no início do período Amazônico.

Quanto às perguntas sobre como se formaram a cratera Gale e o Aeolis Mons, ainda não temos uma história completa, mas podemos começar a montar esse quebra-cabeça evolutivo. Mais ou menos 3,6 bilhões de anos atrás, durante o período Hesperiano, um meteorito enorme atingiu a superfície de Marte, formando a grande cratera Gale – que, em termos marcianos, não é tão grande assim. No início, ela era bem menor e mais profunda. Com o tempo, as bordas foram se erodindo, enquanto o vento e a água transportavam para dentro da cratera o material que se soltou das margens, formando as camadas sedimentares internas.

Milhões de anos mais tarde, por razões e processos que não entendemos ainda, ventos e água erodiram o fundo da cratera, deixando o Aeolis Mons no centro. Não pergunte por que os ventos não o destruíram também. Não sabemos explicar. Parece que eles circulavam por dentro da cratera, causando uma erosão preferencial que não atingiu completamente o monte em seu centro. Mais intrigante ainda é o fato de somente o primeiro quilômetro do Aeolis Mons conter rochas sedimentares. Ninguém propôs uma teoria que possa explicar isso.

Só mais tarde, muito depois da formação do Aeolis Mons – em um período que deve ser contado em milhões de anos –, é que aquele riacho já mencionado se formou do lado de fora e passou a correr para dentro da cratera, carregando os sedimentos e as pedras lisas encontrados pelo Curiosity. A infância desse planeta promissor acabou mais ou menos 2,5 bilhões de anos atrás, quando já não havia mais água líquida suficiente correndo para dentro da cratera. Daí em diante, o planeta não mudou muito e já era bem parecido com o que é hoje.

Outra descoberta interessante sobre Marte aconteceu quando a broca no braço mecânico do Curiosity perfurou a primeira rocha. Foi a primeira vez na história da nossa espécie que usamos uma broca em outro mundo e fizemos um furo na superfície de outro planeta. A mais óbvia surpresa dessa perfuração – e de todas as outras – é que, por dentro, Marte não é vermelho. Somente dois ou três milímetros superficiais das rochas na cratera Gale têm aquela poeira avermelhada. Logo abaixo, Marte é cinza, quase esverdeado!

Esse fato reforça a teoria de que o planeta se resfriou rapidamente e o campo magnético original de Marte se "desligou", permitindo que a radiação do vento solar e dos raios cósmicos galácticos cobrisse o planeta inteiro. Essa radiação então passou a quebrar as moléculas de água. O hidrogênio, sendo muito leve, escapou pelo topo da atmosfera, enquanto o oxigênio se precipitou para a superfície e oxidou os minerais que contêm ferro, causando, assim, a cor enferrujada dos primeiros milímetros da superfície marciana.

Essa teoria faz sentido, mas também tem vários problemas. O maior deles é que esse processo de quebra de moléculas de água também deveria ter acontecido com os gases que contêm carbono (gás carbônico, metano, etc). Marte deveria estar coberto não só por aquele pó vermelho, mas também por carbonatos. Estes, todavia, nunca foram encontrados em grande quantidade – nem pelos satélites orbitando o planeta, nem pelos veículos em sua superfície. Ciência é assim: respondemos algumas perguntas e descobrimos ser necessário fazer outras em que nem tínhamos pensado antes. Essas continuarão sem resposta por algum tempo.

Problemas científicos

Apesar de todas essas descobertas serem muito promissoras, elas também nos trouxeram problemas, sobretudo em relação aos nossos modelos de clima e evolução planetária.

O Curiosity mostrou que houve água líquida no planeta Marte por longos períodos de tempo, por eras geológicas de dezenas ou centenas de milhões de anos, mas nossos modelos climáticos não conseguem explicar esse fato. Os melhores modelos computacionais não conseguem conceber que em Marte tenha havido uma atmosfera densa e quente o suficiente por um período tão longo de tempo. Então temos muitas perguntas a responder: nossos modelos teóricos de como funciona a atmosfera do planeta como um todo entram em contradição com os últimos dados obtidos pelo Curiosity. Um grande oceano no Hemisfério Norte de Marte também entra em conflito com esses modelos climáticos.

Além disso, há também o paradoxo do Sol jovem. Quando Marte e a Terra eram jovens, o Sol também era, já que todo o sistema solar tinha acabado de se formar. Nossas teorias de formação estelar estão bem desenvolvidas e comprovadas por milhões de medidas de estrelas em várias fases, desde as nuvens iniciais de gás e poeira, passando pelo nascimento e a evolução, até sua morte.

Esses modelos indicam que o Sol jovem produzia menos energia do que hoje. Sua luminosidade equivalia a somente 70% da de hoje, tornando ainda mais complexo o problema da água líquida na infância marciana. Se havia menos luz solar, deveria haver menos energia para manter a atmosfera e a superfície do planeta aquecidas a temperaturas acima do ponto de fusão do gelo. Temos, portanto, muito trabalho pela frente para entender como funcionava Marte nos períodos Noachiano e Hesperiano.

Qual é a cor do planeta Marte?

A cor real de Marte também é um problema fascinante, apesar de ser mais filosófico do que científico. Devido à difusão da luz causada pelas partículas microscópicas de poeira em sua atmosfera, a iluminação natural em Marte é bem mais avermelhada que a luz solar na Terra. Sabendo disso, a equipe que projetou as câmeras em cores do Curiosity colocou, em vários pontos do veículo, decalques com alvos de calibragem contendo as cores vermelha, verde e azul. Em seguida eles foram fotografados sob a luz solar aqui na Terra. Em Marte, as câmeras do Curiosity podem incluir esses alvos em algumas fotos da paisagem marciana – que serão depois corrigidas até que os decalques de calibragem voltem a ficar com as cores originais que tinham na Terra. Isso é chamado de *white balancing*, ou balanceamento de branco. É o mesmo processo usado em seu celular para corrigir fotos tiradas sob iluminação incandescente, que antigamente ficavam amareladas. Hoje em dia, quase todas as câmeras digitais, inclusive as dos telefones celulares, fazem esse ajuste.

De posse das correções necessárias para transformar as fotos encardidas dos alvos de calibragem em Marte em cores mais naturais, podemos aplicá-las às outras fotos de paisagens marcianas. Dessa forma é possível ver Marte como se estivesse iluminado pela luz solar que chega à Terra. O resultado é impressionante e quase nos faz esquecer que essas fotografias não foram tiradas aqui neste mundo. Na missão MSL, tanto as fotos originais encardidas quanto as corrigidas são postadas no site do Curiosity, e é interessante comparar as duas versões.

Apesar de tudo isso, a pergunta persiste: qual é a cor verdadeira do planeta em geral? Visto daqui da Terra, ele é aquela estrelinha meio alaranjada. Se estivéssemos em Marte e olhássemos ao redor, que cor a paisagem teria? Essa é uma pergunta muito mais complexa do que parece à primeira vista, porque as cores são muito processadas pelo cérebro humano antes de serem percebidas de forma consciente.

Evidências desse processamento de imagens no cérebro são comuns e você conhece muitas delas. É isso, por exemplo, que está por trás daquelas imagens verdes e vermelhas, deslocadas umas em relação às outras. Quando vistas através de óculos apropriados, nosso cérebro processa as cores dessas imagens e não enxergamos cor nenhuma. O resultado é uma imagem em preto e branco em três dimensões!

Objetos astronômicos mostram outra adaptação e outro processamento de cores pelos olhos e pelo cérebro. Se você já viu a nebulosa de Órion ou a galáxia de Andrômeda, por exemplo, sabe que, para nossos olhos, esses objetos são acinzentados. Ao acoplarmos uma câmera fotográfica a um telescópio e tirarmos uma foto de qualquer um deles, a imagem resultante é muito mais rica do que a que vemos a olho nu – porque é em cores! A nebulosa de Órion, bem próxima às Três Marias, é registrada como uma grande nuvem, com intensa formação de novas estrelas, em que os átomos de hidrogênio emitem uma brilhante luz vermelha.

Como essa nebulosa está muito longe de nós (1.600 anos-luz), a quantidade de luz que chega aos nossos pequenos olhos aqui na Terra é minúscula. Não deveríamos ser capazes de enxergar níveis tão baixos de luz, mas temos uma adaptação notável: à noite, com pouca luz, "todos os gatos são pardos", ou seja, tudo é mais ou menos cinza. Do ponto de vista evolutivo, é mais importante para um animal detectar movimentos do que cores. No escuro, nossos ancestrais hominídeos não precisavam saber se a onça era pintada; precisavam apenas detectá-la e fugir. Isso fez com que, ao longo de milênios, sobrevivessem e se reproduzissem seres cujos olhos, à noite, usam um tipo de detector de luz – os bastonetes – que não distingue cor, mas é muito mais sensível do que as células que funcionam durante o dia e que nos permitem ver em cores – os cones. Herdamos esse olho com dois tipos de detetores de luz e, por isso, somos capazes de ver imagens cuja variação de brilho pode ser de até 1 bilhão de vezes entre o nível mais fraco e o mais intenso.

A visão, portanto, é um fenômeno muito mais complexo do que imaginamos. A imagem projetada sobre nossa retina é somente o primeiro passo, só o estímulo de entrada para a visão. Esta efetivamente acontece por meio de processos desconhecidos, em camadas profundas dentro do cérebro, aonde nenhuma luz chega.

A cor de um objeto qualquer é um tipo de *qualia*, que são as impressões conscientes que temos das informações vindas dos cinco sentidos que chegam ao nosso cérebro. Posto de uma forma simplificada, *qualia* é a forma subjetiva como nós interpretamos o que nos vem do mundo: o verde de um gramado ou a qualidade de uma música, por exemplo. Um gramado reflete, além do verde, luz infravermelha, vinda do Sol. Como nosso olho não detecta esse tipo de luz, não formamos uma impressão consciente dela. Não percebemos esse lado da realidade.

Voltemos então para Marte. Será que ao vivo, em Marte, notaríamos aquele tom "encardido" das fotos tiradas pelo Spirit e pelo Opportunity? As fotos tiradas por esses veículos não passavam pela correção para rebalancear o tom branco. Ou será que nosso cérebro aprenderia em poucos dias a "corrigir" as cores e teríamos a sensação de estar vendo a paisagem marciana como se ela fosse iluminada pela luz solar que chega aqui na superfície da Terra? A única forma de realmente responder a essa pergunta seria ter olhos humanos em Marte. Enquanto os humanos não chegarem até a superfície do nosso planetinha vizinho, não teremos como dar uma resposta definitiva a essa pergunta.

Uma nova odisseia no espaço

Em uma outra frente, surgiram problemas com o veículo Curiosity em solo marciano. O mais grave e assustador deles – que ficou conhecido como a "anomalia do sol número 200" – aconteceu quando o computador principal "pirou".

Tudo estava indo relativamente bem em Marte, sem nenhuma grande anomalia. Pela primeira vez na história da humanidade, havíamos usado uma broca para perfurar uma rocha em outro planeta, retirando material do seu interior e realizando análises químicas de sua composição. Os resultados já haviam chegado à Terra e estavam sendo estudados pelos cientistas. Uns três dias depois, os dados rotineiros de telemetria baixados de Marte mostravam que o computador A não havia "dormido" durante a noite marciana anterior. Além disso, havia muitos erros em sua memória e – o que era mais sério – ao menos uma tentativa de criação de um arquivo de dados havia falhado. Em situações assim, esperava-se que o sistema de proteção de falhas ligasse o computador B e passasse o controle do veículo para ele. Isso não havia acontecido e o computador A continuava feliz, sem detectar problema nenhum.

Estudando os dados de telemetria, que indicam o "estado de saúde" do veículo, os operadores concluíram que a maioria dos comandos enviados no sol anterior havia sido ignorada pelo computador A e não tinha sido executada. Começaram então a desconfiar que a radiação havia danificado uma parte da memória onde alguns de seus programas estavam armazenados.

Os resultados que chegaram na sessão seguinte de comunicação com a Deep Space Network causaram ainda mais surpresa e consternação. Os controladores descobriram que o problema tinha se agravado. O computador A continuava comandando o veículo, mas se recusava a executar os comandos terrestres. O sistema de proteção de falhas também não havia entrado em ação. Até hoje o pessoal de operações brinca e diz que o computador A estava se comportando como HAL, o supercomputador do filme *2001: uma odisseia no espaço*, que se nega a cooperar com os humanos em uma missão para Júpiter.

Uma equipe foi formada às pressas para trabalhar no problema e, a partir de testes em nossos simuladores e protótipos no laboratório, os engenheiros descobriram que era possível reproduzir a anomalia. Avisaram também à liderança do projeto que provavelmente teríamos somente mais uma ou duas oportunidades de comunicação com o veículo. O processo de deterioração da memória iria se agravar e havia também o risco de o computador A ou o sistema de proteção de falhas desligar o sistema de comunicações. Se isso acontecesse, nunca mais iríamos conseguir estabelecer uma conexão com o Curiosity em Marte.

O computador A continuava se comportando como se não houvesse problema algum. Se seu software estivesse funcionando corretamente, ele já teria reiniciado e passado o controle para o computador B. No entanto, seu "desconfiômetro", o sistema que deveria monitorar esses comportamentos aberrantes, não fazia nada. Como o computador A não dava sinais para o sistema independente de proteção de falhas de que estava em apuros, este também não entrava em ação.

Em uma reunião repleta de estresse e preocupação, os engenheiros chegaram à conclusão de que não poderiam mais confiar no computador A. Seria arriscado demais enviar comandos para forçá-lo a reiniciar. Ninguém sabia qual seria o resultado dessa operação. A liderança do projeto tomou então uma decisão drástica: a única maneira de tentar resolver o problema seria enviar um comando para colocar o computador A em um estado de isolamento total, de forma que ele não pudesse mais "enganar" o sistema de proteção de falhas. Testaram essa ideia no protótipo no laboratório e tudo funcionou corretamente: assim que o computador A foi isolado, o sistema de proteção de falhas entrou em ação e "acordou" o computador B, que assumiu o controle do veículo. Era um ótimo sinal, mas não havia garantia de que o mesmo aconteceria em Marte.

Um provável efeito colateral seria inutilizar o computador A. Uma vez colocado em isolamento total, de forma a impedir qualquer interferência nas operações daí em diante, possivelmente não seria mais possível retirá-lo desse estado no futuro. Ou seja, a partir desse momento, o Curiosity ficaria somente com o computador B, sem redundância. Se algo desse errado com ele, não teríamos como passar o controle de volta para o A.

No JPL, à uma da manhã, decidiram correr esse risco e tentar forçar o computador A a entrar nesse estado de isolamento total. Não poderiam esperar até a sessão seguinte de comunicação com o veículo, porque era possível que ele já não respondesse mais. Ao mesmo tempo, não havia nenhuma antena da DSN disponível para transmitir os comandos. Essa rede de comunicação interplanetária é usada constantemente, pois a NASA tem mais de vinte espaçonaves espalhadas pelo sistema solar que se comunicam com a Terra através dessas antenas. Seu uso é coreografado com meses de antecedência.

Foi então necessário declarar um estado de emergência interplanetária de nosso veículo em Marte. Em situações desse tipo com uma espaçonave, ela passa a ter prioridade de comunicação sobre todas as outras. Dentro de uma hora, o estado de emergência havia sido estabelecido, a DSN já havia mudado protocolos de comunicações, reposicionado antenas e estava pronta para receber os pacotes de dados vindos do JPL para serem entregues ao destinatário em Marte. Devido às rotações da Terra e de Marte, a antena na posição ideal para fazer essa comunicação naquela hora seria a de Madri, que estava enfrentando uma tempestade de neve naquele momento.

Mesmo assim, transmitiram os comandos para isolar o computador A em Marte, algo que nunca havia sido tentado antes. Nesse dia, o sinal de micro-ondas levaria em torno de 20 minutos para chegar a Marte e o computador B gastaria 10 minutos para assumir o comando do Curiosity e se comunicar de volta com a Terra. Seus sinais demorariam mais 20 minutos viajando pelo espaço interplanetário até chegar à antena da DSN em Madri. Então, em menos de uma hora, nossos controladores saberiam se as coisas tinham dado certo em Marte.

Minutos antes do momento em que esperavam receber o sinal de comunicação de Marte, projetaram na parede da sala de controle a tela de um analisador de espectros. Esse instrumento deveria mostrar a frequência da micro-onda vinda de Marte, se o veículo estivesse em condições de fazer qualquer transmissão. Sabiam com precisão o horário em que o sinal deveria chegar à sala de controle e, na hora exata, nosso engenheiro-chefe estava de pé, na frente da tela, apontando com o dedo o local onde o sinal iria aparecer. Nada aconteceu. O instrumento continuava mostrando somente ruído elétrico, nenhum sinal de comunicação chegando de Marte.

Vinte, trinta segundos depois, o sinal na tela continuava mostrando somente ruído. Passaram-se dezenas de segundos, um minuto: nenhum sinal de Marte. Não havia a menor dúvida: o veículo simplesmente não estava transmitindo dados para a Terra. Será que o sistema de proteção de falhas não havia conseguido tomar o controle do computador A? Será que havia também algum problema com o computador B? Será que o sistema de proteção de falhas também havia falhado?

A situação na sala de controle do JPL era de tensão e depressão total. De qualquer forma, todo mundo continuava lá, esperando. Haviam perdido o contato com o Curiosity, um veículo que havia custado 2,5 bilhões de dólares e levado anos para ser construído e lançado. Somente 200 sóis haviam se passado desde que tinha pousado em Marte e ele ainda estava longe de completar sua missão principal, que havia sido negociada com a NASA para durar 687 dias terrestres, ou um ano marciano.

Pela cabeça dos presentes provavelmente começavam a passar planos de como anunciar essa catástrofe interplanetária, que cairia como uma bomba na comunidade científica que se ocupa do estudo do planeta Marte. Aquele pessoal que havia construído os dez instrumentos a bordo do veículo não teria como fazer seus estudos. Muitos artigos deixariam de ser publicados, carreiras acadêmicas seriam abortadas. A equipe de engenharia havia simplesmente falhado e produzido um computador maluco, que mais parecia saído de um filme de ficção científica e se recusava a executar os comandos produzidos pelos humanos que o construíram. É possível se deparar com uma situação mais ridícula que essa? Quem iria fazer um anúncio assim para a imprensa?

O sinal projetado na sala continuava mostrando somente ruído, até que, pouco mais de quatro minutos depois do momento esperado, a onda transmitida pelo veículo no planeta Marte chegou à nossa sala de controle. Não havia nada de errado. Assim que o computador A foi posto em isolamento, o sistema de proteção de falhas entrou em ação, acordando o computador B e transferindo-lhe o controle do veículo dali em diante.

Só depois foram entender o que havia causado o atraso. Descobriram que muito tempo havia se passado desde a última vez que o relógio do computador B havia sido sincronizado com o tempo terrestre e com o relógio do computador A. O atraso de quatro minutos havia sido causado pelo relógio defasado do computador B!

Meses mais tarde, com muito cuidado, os controladores do JPL descobriram formas de isolar a metade da memória do computador A que estava com problemas. Com isso, foi possível colocá-lo em condições de uso novamente. Se for preciso, ele poderá voltar a comandar o veículo no futuro, mas terá somente a metade da memória disponível para armazenar programas e dados.

Outro problema grave com o Curiosity – sem solução, mas não catastrófico – tem a ver com as rodas metálicas. Elas sempre tiveram buracos, porque foram projetadas e construídas assim. Existem doze furos nas rodas que deixam marcadas nas areias marcianas, em código Morse, as letras "JPL". Essas marcas, criadas pelas rodas como se fossem nossas pegadas em Marte, podem ser úteis aos controladores do veículo. Medindo a distância entre marcas sucessivas, é possível saber se o veículo está derrapando ou se há algum problema com os motores elétricos individuais de cada roda.

Esses buracos nas rodas não causaram problema algum, mas apareceram outros, que têm crescido com o tempo. Preferíamos não ter feito essa descoberta, mas agora sabemos que há em Marte rochas muito mais pontiagudas do que esperávamos – e muito mais resistentes e firmemente alojadas no solo. O resultado disso é que, ao passar sobre elas, as rodas de alumínio do Curiosity, com poucos milímetros de espessura, estão sendo danificadas. Elas estão amassadas e, em alguns pontos, há enormes buracos no metal. Um deles já tem mais de 10 centímetros.

Não temos como mandar um mecânico lá para trocar as rodas. O melhor que podemos fazer é evitar danificá-las ainda mais. Agora os controladores estudam com muito cuidado as fotos da região à frente do veículo, para escolher não o caminho mais curto, mas o mais livre de pedras. Outra coisa que têm feito às vezes é dirigir o veículo de marcha a ré, para retardar a progressão dos rasgos nas rodas metálicas. Dessa forma, o veículo continua funcionando e somente no dia 11 de setembro de 2014, depois de 872 sóis em Marte (o equivalente a 895 dias terrestres), a NASA anunciou a chegada do Curiosity ao Aeolis Mons, o objetivo principal de exploração da missão MSL.

Um problema menor também foi descoberto logo nos primeiros dias de operações. Como vimos, cada detalhe do veículo foi testado separadamente lá em Marte nesses primeiros dias. Descobriram que a estação meteorológica construída na Espanha não estava funcionando como esperavam. Como vimos, ela tem dois sensores de temperatura e vento. Um desses sensores nunca funcionou em Marte. Como a maioria das medições é redundante, perdemos poucos dados com isso, porque ainda podemos medir a temperatura, a umidade do ar e a velocidade do vento. O que realmente perdemos foi a capacidade de medir a direção do vento, que seria obtida pela combinação dos resultados dos dois sensores. Analisando a enorme quantidade de poeira e o material que foi escavado pelos jatos dos retrofoguetes, já conseguimos algumas pistas para reconstruir uma sequência dos eventos que podem ter causado esse problema. Muita poeira e algumas pedras de 1 ou 2 centímetros de tamanho foram parar em cima do veículo durante a descida em Marte. É possível e bastante provável que alguma dessas pedras tenha acertado o sensor espanhol, ou seja, o Curiosity levou uma pedrada logo na descida em Marte!

Finalmente, apesar de não ser um problema inesperado, é interessante saber das limitações que enfrentamos ao tentar operar um veículo em outro planeta em órbita do Sol. Durante quase todo o mês de junho de 2015, por exemplo, não foi possível estabelecer comunicação com o veículo em Marte, apesar de não haver qualquer problema com seu sistema de comunicações ou com as antenas da DSN na Terra.

Durante esse mês, nós (eu, você, o planeta Terra inteiro) estávamos de um lado do sistema solar, enquanto Marte estava do outro, com o Sol no meio. Essa situação se chama conjunção: Marte e o Sol aparecem juntos na mesma posição no céu. Por isso não dá para ver o planeta vermelho durante essas conjunções. Ora, o Sol não emite somente luz visível, mas micro-ondas também, inclusive nas faixas de frequências usadas pela NASA para se comunicar com o Curiosity. O ruído produzido pelo Sol fica tão alto quando estamos nessa situação de conjunção que é impossível enviar comandos para o veículo ou receber resultados dele.

Além disso, para tentarmos estabelecer a comunicação, as antenas na Terra e em Marte teriam de apontar diretamente para o Sol, o que não é recomendado e pode causar danos a seus circuitos eletrônicos. O dia 1º de junho de 2015 foi o último em que ainda foi possível entrar em contato com o veículo antes da conjunção, que terminou em 26 de junho de 2015, permitindo que as comunicações fossem restabelecidas.

Os estudos do planeta vizinho continuam e já estamos construindo o próximo veículo que mandaremos para lá em 2020. Continuaremos estudando e aprendendo com o planeta vermelho, o irmão pequeno da Terra, pois um dos futuros possíveis da espécie humana depende disso.

19
Próximos passos na exploração de Marte

Desde o início da década de 1950 há a proposta de viagens tripuladas para Marte. É interessante notar que essas missões sempre têm sido previstas para "dentro de duas ou três décadas", um claro sinal de que ainda não há tecnologia para uma façanha dessas. Wernher von Braun foi o primeiro a propor algo assim em 1952. A partir daí houve muitas propostas parecidas, mas nunca concretizadas.

A antiga União Soviética, a Agência Espacial Europeia e a Índia já mandaram espaçonaves não tripuladas para Marte. No entanto, somente o Jet Propulsion Laboratory da NASA pousou e opera veículos na superfície do planeta. Essa liderança com certeza será desafiada nos próximos anos, porque outros países também têm grandes planos para a exploração espacial.

A China, por exemplo, anunciou em 2016 que irá lançar uma missão não tripulada para Marte em 2020 com objetivos similares aos do Curiosity. Ao mesmo tempo, em uma região desolada mais de 3.000m acima do nível do mar, no deserto de Gobi, os chineses estão construindo uma base para suas atividades de exploração do planeta vermelho. Essa região do deserto é muito seca e há milhões de anos a erosão por vento vem esculpindo estruturas que mais parecem a superfície de Marte. A ideia é usar essa área para testar tecnologias para seu próprio veículo marciano e para futuras missões tripuladas. Com uma estratégia bem pensada para esse projeto de longo prazo, também pretendem aproveitar para investir no desenvolvimento do turismo local.

Em um local próximo, haverá um centro de informações para turistas, que poderão visitar a base e passar pela experiência simulada de como será viver em Marte, dentro de cabines pequenas e espaços confinados. Além disso, terão a oportunidade de passear pelo deserto ao redor, possivelmente vestidos com imitações de trajes de astronautas. A ideia é ótima e vai gerar dinheiro e desenvolvimento na área, ao mesmo tempo que aumentará o interesse e o apoio a missões para o planeta vermelho.

O único país que conseguiu mandar uma missão não tripulada para Marte e fazê-la dar certo logo na primeira tentativa foi a Índia. O satélite Mangalyaan (em sânscrito, "Mangala" é o nome de Marte e "yāna" quer dizer veículo) entrou em órbita marciana no dia 24 de setembro de 2014. Uma das muitas realizações notáveis dos indianos foi fazer uma missão extremamente simples e barata. Tudo custou 74 milhões de dólares, um preço quase dez vezes menor que a Maven, da NASA, e o satélite indiano levou apenas 15kg de instrumentos. Na época, o primeiro-ministro indiano até comentou que esse orçamento era menor que o dos filmes de Hollywood sobre a exploração espacial, como o longa metragem *Gravidade*.

A Índia já está se preparando para a versão dois do Mangalyaan, e não é difícil imaginar que um dia seus engenheiros consigam pousar veículos na superfície de Marte. Em mais algumas décadas, pretendem mandar missões tripuladas para lá também.

Já a agência espacial japonesa (JAXA) tem um plano diferente para o médio prazo. Eles já demonstraram dominar a tecnologia necessária para trazer amostras de um cometa de volta à Terra. O pequeno "falcão peregrino" – o Hayabusa – sobreviveu intacto à reentrada na atmosfera terrestre. A intenção agora é aproveitar esse sucesso para realizar uma missão robótica não tripulada e conseguir amostras de Fobos e Deimos, as duas luas marcianas. Na chegada, o objetivo é explorar as superfícies das luas e coletar amostras para serem enviadas à Terra. Com isso, os japoneses tentarão entender como esses satélites naturais se formaram, já que essa é uma questão meio misteriosa. Por razões complexas de astrodinâmica e também por peculiaridades em suas órbitas, Marte não deveria ter essas luas.

A União Europeia também tem um projeto ambicioso para o planeta vizinho. Apesar dos atrasos anteriores, agora o programa ExoMars está em fase de implementação e pretende lançar um veículo para Marte em 2020, em parceria com a Rússia. Um foguete russo Próton será usado para o lançamento e o veículo terá o objetivo de procurar materiais orgânicos, tanto na superfície quanto abaixo dela. Se tudo funcionar de acordo com os planos, ele será capaz de perfurar até 2 metros à procura dessas amostras. Outra inovação é que o método de descida não será o mesmo empregado pelo Curiosity. Na chegada, não haverá aquela etapa do *sky-crane*, ou seja, o veículo não descerá sobre as próprias rodas. Em vez disso, os russos estão projetando e construindo uma plataforma, de onde ele descerá para a superfície marciana. Com essa parceria UE-Rússia, eles pretendem operar uma missão que será capaz de explorar tanto a superfície quanto o interior de Marte.

Empresas privadas também têm demonstrado interesse na exploração do planeta. Elon Musk, o fundador da SpaceX, é quem tem feito mais publicidade sobre o assunto ultimamente. No fim de 2017, ele propôs pelo menos dois voos não tripulados para Marte até 2022 e uma missão com astronautas até 2024! A maioria dos engenheiros e cientistas da área aeroespacial acredita que a tecnologia para fazer isso simplesmente não existe e que não há tempo suficiente para algo tão ambicioso. Também não está claro se eles dispõem mesmo dos recursos necessários para bancar um projeto assim. Além disso, Musk sugeriu enviar um de seus carros Tesla para lá em um dos voos inaugurais para testar o foguete. Com certeza o marketing nessa área tem sido eficiente e vem empolgando as pessoas no mundo todo. Teremos de esperar mais uns dois anos para ver se surgem planos concretos.

Isso deixa claro que haverá muitas missões com diferentes objetivos nos próximos anos e que a NASA terá concorrentes – o que é ótimo. As chances de nós, a humanidade, desvendarmos rapidamente os segredos do planeta vizinho aumentam muito com isso.

A cada dez anos a NASA requisita à comunidade científica um estudo estratégico sobre como ela deve investir seus limitados recursos. Essa é a grande oportunidade de os cientistas formarem um consenso e aconselharem a agência americana sobre quais devem ser as prioridades da próxima década. O mais recente estudo sobre ciência planetária e exploração do sistema solar foi publicado há cinco anos.* Nele estão as recomendações sobre o que fazer em relação a Marte no período de 2013 a 2022. O consenso foi que mandar para lá mais veículos robotizados com objetivos parecidos com os do Curiosity não seria um bom uso do dinheiro. Melhor seria uma missão que pudesse coletar amostras.

Para tentar responder às grandes questões que ainda temos sobre a vida, a evolução e o estado atual de Marte, precisamos fazer estudos detalhados de minerais e materiais orgânicos existentes lá. Aqui na Terra já temos instrumentos e tecnologia suficientes para analisar essas amostras. O grande problema é como levar esses instrumentos para o planeta vizinho. A maioria das técnicas de física, química e biologia envolve equipamentos que ocupam salas inteiras, se não prédios. Não sabemos como fazer versões em miniatura de coisas assim, para serem embarcadas em um veículo. Por isso a comunidade científica recomendou que a melhor opção seria trazer as amostras marcianas para a Terra e fazer esses estudos aqui mesmo. Isso teria ainda a vantagem de preparar o caminho para um dia mandarmos astronautas para lá e trazê-los com segurança de volta à Terra.

A missão Mars2020 é um passo nessa direção e já está em fase de implementação, com previsão de lançamento entre julho e setembro de 2020. No momento, estão sendo construídos e testados todos os seus subsistemas, incluindo o estágio de cruzeiro, o estágio de descida e os instrumentos que irão a bordo. Ela levará para o planeta vermelho um veículo que, para reduzir os custos e os riscos, foi baseado no projeto do Curiosity – exceto pelas rodas, que, a contragosto, descobrimos que deveriam ser mais resistentes.

O ponto principal, no entanto, é que ele terá objetivos bem diferentes, pois será um sofisticado coletor de amostras marcianas. Desta vez o robô vai contar com um novo conjunto de seis instrumentos para escolher com cuidado materiais marcianos que possam conter algum sinal de matéria orgânica e possivelmente evidências de vida. Essas amostras serão coleta-

---

* Esse estudo está disponível na internet: procure por "Vision and Voyages for planetary Science in the decade 2013-2022" ou vá ao site https://solarsystem.nasa.gov/2013decadal/.

das e guardadas em tubos metálicos selados, que serão deixados na superfície do planeta. Já sabemos como anotar suas posições em Marte, para que sejam coletados no futuro e trazidos à Terra. Um sétimo instrumento vai captar gás carbônico e quebrar essas moléculas, em uma demonstração de que podemos utilizar recursos marcianos para produzir oxigênio.

Existe ainda a hipótese de levar um drone ou pequeno helicóptero para o planeta vermelho, mas nada nesse sentido foi confirmado. Outra curiosidade é que o veículo será equipado com um microfone para operações na superfície. Ele terá uso científico e ao mesmo tempo poderá captar pela primeira vez o ruído produzido pelo Mars2020 ao se mover no solo marciano, além do som do vento.

Oito possíveis locais de pouso para o Mars2020 foram considerados, mas, em fevereiro de 2017, os cientistas do projeto reduziram as opções. Eles recomendaram que a NASA escolhesse entre a cratera Jezero, a porção nordeste da região conhecida como Syrtis Major ou então Columbia Hills, dentro da cratera Gusev.

A seleção desses três locais é o resultado de um longo e detalhado estudo. A cratera Jezero, por exemplo, pode ter sido alagada ao menos duas vezes pela água levada por leitos de rios, hoje secos. Isso torna possível que algum tipo de vida microbiana tenha se desenvolvido nesse local há 3,5 bilhões de anos. Por isso essa cratera pode ser uma excelente região para a coleta de amostras com material orgânico.

Localizada perto desta, a porção nordeste da região conhecida como Syrtis Major tem um histórico de atividade vulcânica que pode ter oferecido um berço aquecido para o desenvolvimento de vida no local. Atualmente, as várias camadas do terreno têm um rico registro de diversas atividades e interações entre minerais e água. Isso leva à hipótese de que possam ter ocorrido aí reações químicas com produção de compostos orgânicos.

A última opção para o local de pouso do veículo Mars2020 fica dentro da cratera Gusev, a mesma onde o Spirit pousou em 2004. Antes de encerrar suas comunicações em 2010, o veículo descobriu que essa região das Columbia Hills abrigou, em épocas menos frias e inóspitas, nascentes de água doce. Isso foi uma grande surpresa. Hoje os pesquisadores suspeitam que um lago tenha coberto a área de 160km de diâmetro da cratera no passado remoto. Se esse local for o escolhido, é possível que até haja o encontro entre o novo veículo e o já aposentado Spirit.

Se a Mars2020 for bem-sucedida, uma segunda missão poderia ir para Marte em uma janela de lançamento futura, com um veículo e um pequeno foguete abastecido de combustível. Essa seria uma empreitada mais arriscada, porque nunca entramos no palco de dança de Ares com o módulo carregado de combustível. Presumindo que tudo desse certo e ele pousasse sem problemas, esse veículo coletaria as amostras deixadas na superfície pelo Mars2020. Depois de acondicioná-las no interior do pequeno foguete, este seria disparado de forma a colocar esse material em órbita marciana.

Supondo que essa segunda missão também seja um sucesso, teríamos então, em órbita do planeta, as melhores amostras já coletadas em Marte pela espécie humana. A última etapa seria a mais fácil e mais barata: uma terceira espaçonave não tripulada iria recolher essas amostras e trazê-las para a Terra. No fim dessa aventura, os cientistas poderiam então usar todas as técnicas de física, química e biologia que já existem – e outras que ainda serão inventadas – para estudá-las. Talvez dessa forma possamos encontrar pistas da existência de vida em Marte.

Uma das grandes vantagens desse processo é que, com ele, desenvolveríamos todo o know-how para sair da Terra, ir até a superfície de Marte com combustível e voltar trazendo amostras para cá. Com mais aprimoramentos, essa mesma tecnologia poderia ser usada para levarmos humanos e trazê-los de volta em segurança. Portanto, um dos grandes objetivos da missão Mars2020 é preparar o caminho para uma missão tripulada no futuro.

Os próximos anos e décadas nos prometem o desenvolvimento de muitas novas tecnologias aeroespaciais. Além disso, quem sabe façamos descobertas espetaculares sobre nosso planeta irmão, que um dia poderá ser nossa segunda morada. Uma certeza, porém, é que descobriremos coisas que nem estávamos procurando e seremos levados a fazer perguntas que até o momento não nos ocorreram.

Epílogo

As pessoas às vezes me pedem conselhos, principalmente os estudantes, para ajudá-las a tomar decisões sobre suas carreiras. Com meus tropeços e acertos, sinceramente não me sinto qualificado para dar conselhos a ninguém. Minha trajetória mostra que não tenho o menor talento para descobrir quais oportunidades são boas e me concentrar nelas. Quase tudo que tentei deu errado e muitas grandes promessas evaporaram sem deixar vestígios. Foram as pequenas oportunidades que acabaram sendo as melhores. Por isso o melhor que posso fazer é falar sobre o que foi útil em minha trajetória.

Você deve ter notado que não há uma receita de como chegar à NASA ou de como chegar a qualquer lugar. Se o seu objetivo é chegar à NASA, provavelmente um caminho muito mais curto e proveitoso seja fazer um doutorado no Caltech, no MIT, na Virginia Tech, em Stanford ou em outra universidade americana de renome. Tanto o JPL quanto outros centros da NASA recrutam nessas universidades e até oferecem estágios para os estudantes antes de terminarem o doutorado. Essas instituições só aceitam os melhores estudantes do mundo, então prepare-se bem. É difícil ser aceito por uma delas, mas muitos brasileiros entram todos os anos – e você pode ser um deles.

Cada um de nós sai procurando seu caminho meio às cegas e seu sucesso vai depender de tantas coisas, de tantos detalhes pequenos, que é impossível prever aonde você vai chegar. Não tenho como ajudá-lo a encontrar seu caminho, pois isso seria como um cego guiando outro cego, como me disse uma vez um amigo em Glasgow.

Por outro lado, se você estabelecer um objetivo que seja logicamente possível e trabalhar seriamente durante o tempo que for preciso para alcançá-lo, eu não tenho a menor dúvida de que vai atingi-lo. O segredo é este: trabalhar duro por longos dias, meses e anos. A vasta maioria das pessoas desiste logo nos primeiros dias ou meses. Do seu ponto de vista, isso é bom, porque fica bastante fácil passar à frente dessa maioria. Alguém já disse que aqueles que "sonham acordados", aqueles que têm esses planos de como conduzir a vida, são os mais perigosos concorrentes, porque podem resolver se levar a sério e tomar providências para realizar esses sonhos, para transformá-los em realidade.

Maya Plisetskaya, por muitos anos a primeira bailarina do balé Bolshoi de Moscou, afirma em sua biografia* que a diferença entre uma pessoa excelente em sua profissão e outra que é simplesmente espetacular é que a última trabalha e treina dez vezes mais que a primeira. Na época dos preparativos para a celebração de seu jubileu de 60 anos de balé clássico, ela ainda continuava em forma e dançando. O grande mestre do violoncelo Mstislav Rostropovich, que era referência mundial nesse instrumento, foi convidado a tocar em sua apresentação. Durante os ensaios, ele parecia insatisfeito com alguma coisa e depois, quando todos já haviam ido embora, Maya continuava ouvindo o som do violoncelo. Depois de procurar de onde vinha o som, ela foi encontrar o grande mestre em uma sala dos fundos, ainda ensaiando. Segundo ele, havia algo errado, ele precisava melhorar sua técnica. É provável que a mesma dedicação demonstrada por artistas desse calibre seja valiosa para se obter sucesso em qualquer profissão, em qualquer atividade humana.

Uma das coisas que eu sempre fiz e que parece ter funcionado foi tentar de tudo na esperança de alguma coisa dar certo no final. É preciso "ajudar a sorte", senão nada acontece. "A grande tragédia de nossas vidas não é sonhar alto demais e fracassar; a grande tragédia é ter sonhos pequenos demais e ficar somente naquilo." Vi essa citação, atribuída a Leonardo da Vinci, na mesa de uma secretária no JPL. Fiquei pensando que desafios aquela senhora negra, com 63 anos, se preparando para a aposentadoria, teve de vencer para conseguir sentar ali naquela mesa.

---

* Maya Plisetskaya. *I, Maya Plisetskaya*. New Haven: Yale University Press, 2001.

Uma segunda técnica que me ajudou foi evitar culpar outras pessoas pelo que deu errado ou não saiu da forma que eu esperava. Não dou às outras pessoas esse tipo de poder sobre mim e estou sempre procurando descobrir o que eu mesmo poderia ter feito diferente para obter um resultado melhor. Quando as coisas dão certo, o crédito é meu, pois foi meu o esforço. Aceito que tudo depende de mim e não espero nada de ninguém. Sem muito trabalho, nada acontece. Mesmo alguém como Isaac Newton creditava sua genialidade ao esforço. Então há muito tempo aceitei que o mundo não me deve nada – é mais ou menos o contrário! Eu teria de lutar pelo meu futuro, por mim mesmo. Nada que realmente vale a pena cai de graça em nossas mãos.

É difícil viver assim, o preço parece ser muito alto, mas a vida não é fácil para ninguém. Na minha trajetória, sempre tentei estar no controle de tudo, sem dar a ninguém o poder de determinar meu futuro. Insisto em ser eu mesmo o autor das escolhas que resultaram tanto em sucesso quanto em fracasso. Sei que é sempre possível recomeçar e fazer algo diferente da próxima vez, se eu não me acomodar. Tento ser ágil e aceito que vou tomar muitos tombos pela vida, mas vou "pular de volta" em cima da corda bamba. Continuo tentando ser um trapezista e procuro criar redes de proteção sempre que possível.

Você pode até pensar que esse tipo de comportamento só é possível para pessoas privilegiadas, ou seja, somente para aqueles cujas circunstâncias reduzem seus riscos. Eu penso diferente. Depende muito mais de nós mesmos e de nossa disponibilidade a pagar o preço cobrado pela vida para conseguir nossos objetivos.

Não aceito os falsos limites impostos por outros ou por experiências do passado e creio que a preguiça, a lei do menor esforço, talvez seja nossa maior inimiga. Não aceito essas falsas limitações, porque, se elas existiram mesmo e foram verdadeiras no passado, muito provavelmente já não têm mais valor. Questiono, tento, insisto e aceito mudança sempre. Não deixo o passado ditar quem sou, apesar de deixá-lo ser uma parte muito importante de minha vida.

Por isso acho que o melhor que posso dizer aos estudantes é que tenham uma visão do futuro, de aonde querem chegar, e trabalhem, estudem, façam sua parte. Se você é jovem e estudante, quanto mais cedo começar, melhor. O que você fizer entre os seus 10 e 25 anos provavelmente vai ditar como serão os 50 anos seguintes de sua vida. Por isso, faça o melhor proveito dessa época para planejar o resto.

Infelizmente, a maioria das pessoas espera "alguém" fazer alguma coisa por elas, seja o governo, o empregador, a família. Devido às nossas condições financeiras durante a infância, em minha família não podíamos esperar por isso, e assim não caímos nessa armadilha. Ainda na adolescência, consegui criar uma visão do futuro e de onde eu gostaria de estar em 10 ou 20 anos e me mantive concentrado nela. Acima de tudo, acho importante ter foco e paciência, pois as coisas não acontecem imediatamente, em um ano ou mesmo em três ou cinco. Objetivos ambiciosos levam uma década ou mais, mas, quando a gente consegue manter a determinação, quase tudo é possível. Como diz o ditado: "Certas coisas levam tempo mesmo. Nove mulheres grávidas não produzem uma nova criança em um mês!" As coisas acontecem para quem está de olhos e ouvidos abertos, pronto para aceitar desafios e buscar novas oportunidades.

O escritor irlandês George Bernard Shaw escreveu há 100 anos que o homem razoável se adapta ao mundo. Já o homem que não é razoável persiste em tentar adaptar o mundo a si mesmo. Por isso o progresso da humanidade depende em grande parte das pessoas que não são razoáveis. É bom a gente tentar ser menos razoável de vez em quando. Faz bem.

Em suma, a responsabilidade pelo seu futuro é sua. Faça disso o seu lema. Lembre-se de que não há obstáculo que resista ao trabalho duro e disciplinado durante vinte anos.

Agradecimentos

O Jet Propulsion Laboratory é um local especial para se trabalhar. É impressionante o nível de conhecimento acumulado em cálculos de trajetórias espaciais, sistemas de propulsão, telecomunicações a distâncias interplanetárias, radares e rastreamento de espaçonaves. Também impressiona a experiência com software, a engenharia, o know-how em fabricação eletrônica e em testes para garantir que os equipamentos produzidos lá irão funcionar nos ambientes hostis a que serão submetidos. Os projetos audaciosos que são concebidos, implementados e gerenciados pelo JPL são dos mais complexos já tentados no campo da exploração espacial. Ao mesmo tempo, esse laboratório continua sendo o único centro aeroespacial a pousar veículos no planeta Marte e operá-los por longos períodos de tempo. Tudo isso cria uma cultura de trabalho, de sucesso e de liderança em exploração robotizada do sistema solar. Por essas razões, sou muito grato por fazer parte da elite mundial de exploradores espaciais.

Consegui criar meu espaço no JPL em grande parte devido ao que aprendi com meus pais Sebastião Gontijo da Silva [1923-1966] e Sílvia Maria de Jesus [1931-2014], a quem serei eternamente grato. Meu pai nos deixou muito cedo, mas sua influência continuou através de minha mãe. Ela sempre nos lembrava de que teríamos de estudar muito se quiséssemos conseguir alguma coisa na vida. Honestidade, trabalhar muito e cumprir o que havíamos prometido foram valores que aprendemos desde muito cedo em casa. Minha mãe teve uma vida incrivelmente difícil, mas mesmo assim soube nos incentivar a "olhar longe" e fazer planos de longo prazo.

Um agradecimento especial vai para toda a minha família, especialmente minhas irmãs e meus irmãos. Sempre encorajamos uns aos outros e sempre compartilhei com eles minha trajetória pessoal e profissional. É um prazer e uma conquista poder contar parte da história de nossa infância neste livro.

Agradeço também a todas as minhas professoras e meus professores de Moema, de Bambuí e de Belo Horizonte. Todos eles são em parte responsáveis pela minha trajetória. Eu coloquei em prática o que aprendi com eles e soube criar ou aproveitar oportunidades para meu crescimento profissional.

Recebi ajuda de muitas pessoas na preparação do livro. Agradeço aos grandes amigos e professores do departamento de física da UFMG Dra. Ana Maria de Paula e Dr. Gerald Weber. Apesar de estarem sempre extremamente ocupados, eles me presentearam com seu tempo e sua boa vontade. Além de ler cuidadosamente a versão original, fizeram inúmeros comentários bem-humorados e sugestões valiosas, que usei para aprimorar o texto e explicar melhor certas passagens. Agradeço também à Dra. Débora Milori, da Embrapa Instrumentação, em São Carlos, estado de São Paulo, que leu os seis primeiros capítulos e fez perguntas e sugestões úteis para melhorar o texto.

Ao professor Marcelo Gleiser, muito obrigado pelas dicas sobre o mercado editorial brasileiro. Sua ajuda foi essencial para abrir portas. Agradeço também à Agência Riff pela representação e rapidez em fazer contatos no Brasil.

A todo o pessoal da Editora Sextante, um muito obrigado por acreditar neste projeto. Agradeço em especial a Virginie Leite e Rafaella Lemos pelo extenso trabalho de edição. Este livro ficou muito mais fácil de ler e de ser entendido ao ser editado profissionalmente por elas. Obviamente, se houver ainda qualquer fato ou passagem obscura, eles são de minha inteira responsabilidade.

Finalmente agradeço à minha esposa Possi Gontijo, cúmplice em tudo que tenho feito nos últimos 30 anos. Sua capacidade de se manter otimista e encontrar algo de bom mesmo em situações adversas suaviza os momentos difíceis e a dureza da vida. Seu apoio sempre foi essencial para que eu levasse meus projetos adiante. Partes deste livro foram escritas com ela sentada ao meu lado, trabalhando nos próprios projetos.

Para saber mais sobre os títulos e autores da Editora Sextante,
visite o nosso site e siga as nossas redes sociais.
Além de informações sobre os próximos lançamentos,
você terá acesso a conteúdos exclusivos
e poderá participar de promoções e sorteios.

sextante.com.br